CONG
AERTAI SHAN
DAO
HENGDUAN SHAN

从
阿尔泰山
到
横断山

——地质工作者手记

李忠东 著

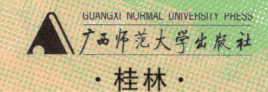

广西师范大学出版社
·桂林·

图书在版编目（CIP）数据

从阿尔泰山到横断山：地质工作者手记 / 李忠东著. -- 桂林：广西师范大学出版社，2025.5. -- ISBN 978-7-5598-7962-2

Ⅰ.P622

中国国家版本馆 CIP 数据核字第 2025M38L75 号

广西师范大学出版社出版发行

（广西桂林市五里店路 9 号　邮政编码：541004）
网址：http://www.bbtpress.com

出版人：黄轩庄

全国新华书店经销

广西广大印务有限责任公司印刷

（桂林市临桂区秧塘工业园西城大道北侧广西师范大学出版社集团有限公司创意产业园内　邮政编码：541199）

开本：880 mm × 1 240 mm　1/32

印张：16.375　　　字数：380 千

2025 年 5 月第 1 版　　2025 年 5 月第 1 次印刷

定价：98.00 元

如发现印装质量问题，影响阅读，请与出版社发行部门联系调换。

它更像是一张有关西部地理的拼图，27 篇文章如同 27 种不同颜色的色块，它拼出的西部一定是斑斓的。

序

对我国大陆最简单、最直截了当的划分就是北方、南方，东部、西部。北方、南方更多用于对气候、地理、性格类型的划分。如北方代表寒冷干旱，南方代表温润多雨；北方人粗犷厚重，南方人细腻温婉。而东部和西部则更多用于地貌、文化和经济水平的划分。如西部代表山地冰川，东部代表平原河湖；西部地广人稀、经济落后；东部人口稠密、经济发达。而且，我们还有以"东西"一词来泛指一切，而以"南北"一词表示差异的用语习惯。

胡焕庸线最初的灵感来源于对中国人口密度分布规律的分析，其实它也是一条对中国大陆"东、西"两分的对角线，不同之处在于后来我们指的东西部更多的是考虑行政区划的因素，而胡线则主要从自然地理和经济地理的角度划分。近100年来，这条神奇的中国对角线，它的意义已经远远超越了人口学的范畴。人们发现，我国的很多自然、地理、人文、经济现象都与这条线息息相关。追溯到古代，这条线甚至是中原王朝与西北少数民族政权之间实力此消彼长的标志线、汉民族和其他民族之间战争与和平的生死线。它一半是"海水"，一半是"火焰"，线的两侧呈现出截然不同的特点。比如，它是农耕文化与游牧文化的分界线，线的东南是平原、丘陵、海滨，是沃野千里的富庶，是田园牧歌的诗意，是江南烟雨的温婉；线的西北是沙漠、戈壁、雪山，是苍茫起伏的高原，是大漠孤城的荒凉，是"策马自沙漠，长驱登塞垣"的豪迈。

这种差异，正是"东部"和"西部"带给我们的最大魅力。

因为工作原因，笔者常年行走在西部。从阿尔泰山至横断山，这是西部的西部，板块之间的激烈碰撞和拼接，沧海桑田、陆地高原之间的切换更替，使这里地势高亢，地貌复杂，景观多元。它几乎汇聚我国全部的雪山冰川，90%的瀚海、沙漠。我国的四大盆地、四大高原、三大水系发源地均位于此。这里还是地球表面海拔最高之地、地形最崎岖之地、峡谷最密集之地。

然而，这片山水现在彼此相连，不分彼此，但在遥远的亿万年前，它们曾经属于不同的超级大陆，之间隔着波涛汹涌的大洋。当我第一次见到西部的这般景象时，它们似乎被时间定住，或者还停滞在过去的时空。眼前的这些岩石，出现在海拔4000米以上的地区，可它们都曾经是2亿年前海底的沉积物。我们走到它面前，用罗盘测量它在大地出露的状态，用放大镜观察它的细微结构，试图去理解这些岩石形成之初的环境，它们曾经是海边的细小砂粒，随波逐流，在地球引力下缓慢沉淀，不紧不慢。它们会把大海的细微变化保留在岩石的结构中，像是谍战片中的特工，在貌似正常的现场，故意给我们留下一些记号。通过观察，我们接收到了这些信息。

从北部的阿尔泰山、准噶尔盆地、天山、塔里木盆地，向南越过昆仑山、帕米尔高原，然后是青藏高原、横断山、四川盆地，一直到云贵高原，我们一路追寻。地质构造的复杂多变，地形地貌的跌宕不羁，不断带给我全新思考，而地球始终充满了谜，总是让人难以捉摸，它既近在咫尺，又似乎遥不可及。大多数时候，我们面对大自然时，都有强烈的无力感。

如何讲述我国西部的地球故事，这是一个难题。我国古代的地理书往往是"八股文"式，充满了学究之气，如言地理必言《山海经》《禹贡》《水经注》《读史方舆纪要》，很快便陷落在古老的神话传说和无休无止的考证之中。就算具备一定科学考察精神的《徐霞客游记》，也仅仅算是带有地理探索成分的行旅游记。而近现代地质、地理学家，也多从自身专业的角度论述西部，虽充满"专业精神"和"专业水平"，却很少有人俯下身段，接地气地写几篇大众看得懂的文章谈谈西部地理。

地球上的山川，皆有故事。我们眼见的每一处景观，也都不是"从来如此"，它们都有自己的前世今生。我们追溯它们的来龙去脉，其实就是在寻找它们的历史，这些历史不应被忽略或忘记。我们眼见的每一处景观，又因何"如此这般"？我们动辄"隆起""抬升"，下笔便是"风化""侵蚀"，并不是为了弄些看不懂的名词来故弄玄虚，也不是为了卖弄"专业知识"，而是因为这景观大多与地球的演化息息相关。地球内部的每一次细微变化、调整，透射在地球表面，都可能是天崩地裂、江河易貌。而景观的形成恰好将地球的演化历程折射给我们，所以探究山水江河的形成，也是在探寻地球留给我们的密码，这不仅很重要，而且很有趣。

大约在200万年前，地球上出现了一个新的物种，这就是人类。人类出现之后，随之而来的就是文化的产生。但人类文化的形成又紧紧附着在地理山川、土地风物之上。追溯文化的源起，我们往往最终会追溯到一座山、一条河。人们因地制宜，结庐而居、筑城造廊、聚人成邑，一切文明与思想最终都和这座山、这条河纠缠交织。

这就是我们要从地理看西部的原因。

阿尔泰山是我国的北境之山，它跨越中国、蒙古、俄罗斯和哈萨克斯坦，从戈壁延伸至西伯利亚。阿尔泰山不仅景观优美，还被称为"金山"，这里蕴藏的稀有金属矿世界闻名，因矿而兴的可可托海充满传奇色彩，而喀纳斯更被称为"北国仙境"。阿尔泰山与天山之间的准噶尔盆地边缘发育一种特殊的花岗岩石蛋地貌，它似山非山，似峰非峰，千疮百孔，又极尽奇绝，干燥而凛冽的定向风吹蚀是这种地貌形成的关键。

天山历来神秘，但天山除了雪山、森林、草场，还有一抹鲜艳的红色。天山北麓的红层带将大自然的瑰丽色彩发挥到极致，这里的泥火山可以和美国的黄石公园泥火山媲美。

说到山，其"祖"在帕米尔，西部的几条重要山脉全部汇集在此。帕米尔是《山海经》记载的"不周山"，是丝绸之路上的"葱岭"，是玄奘翻越过的"波谜罗川"，但它也是中国之痛，帕米尔八帕现在仅一帕半在中国。宽谷是深入理解帕米尔的关键。萨雷阔勒岭与昆仑山之间，塔什库尔干河谷是新疆最美的景观大道，著名的中巴公路就从河谷中穿过。

很多学者认为"中国大陆近百年没有火山喷发"，而唯一能挑战这个结论的，就是昆仑山阿什库勒火山群中的阿什火山。2016年，我们的考察组历尽艰辛进入这个无人区，去探究从280万年前第一次喷发到现在，这里到底发生了什么。

地上的阿里你也许熟知，但从天上看到的阿里呢？军旅摄影师向文军常搭乘米格171直升机执行任务，他通过高空舷窗为我们构建了一个既熟悉又陌生的阿里。

喜马拉雅山脉是地球上最雄伟高大，也最年轻的褶皱山系，仅中段便汇聚了全球 14 座海拔 8000 米以上高峰中的 9 座。新 219 国道康马至萨嘎段，约 400 千米的路程，成为全球绝无仅有的 9 座 8000 米级雪山观赏之路。

我们往往只注意青藏高原的高和寒，很少关注其深。实际上，藏东南是地球表面最深邃的地方和最崎岖的地区之一。从空中俯瞰，易贡藏布大峡谷和雅鲁藏布江就像一柄长剑刺入青藏高原的腹地，印度洋的暖湿气流沿剑锋所指直抵高原腹地，单之蔷先生将这个区域称为"雨舌"。雨舌吻过，气候温暖，降水丰富，森林茂盛，是桃花最高的远征。

澜沧江有"东方多瑙河"之称，在澜沧江长达 4900 千米的行程中，滇藏交界这一段最为狭窄与陡峻。但令人惊奇的是，就是在这样狭束的空间里，人类居然利用洪水冲刷堆积的点滴土地，播种耕耘，繁衍生息，并且凿井架田，背卤晒盐，将人与自然的传奇续写千年，延绵至今。

在构成青藏高原的巨大山系中，横断山是一个美丽的意外。它在青藏高原东南部突然转向，山水南北相间而行，也因此成为全球最别出心裁、最不可思议的神奇之山。

横断山是一个盛产雪山的区域，这里分布着我国最东的雪山群。"香格里拉"一词源于藏传佛教经典《时轮经》中的"香巴拉"，一直是"理想净土"的最高境界，也是现代词"伊甸园""世外桃源""乌托邦"的代名词。据传香格里拉便隐藏在一个雪山环抱的地方，她会是横断山的某一座雪山吗？

稻城北部的海子山是一处类似火星表面的蛮荒之地，这些"异域奇象"来源于 70 万年前的冰帽冰川侵蚀,而这片古冰帽遗迹的存在又引起了科学家们的"争吵",它关乎着在冰川时代的青藏高原是什么样子。

横断山是我国温泉密集区,也是除西藏以外的高温水热活动密集区。在四川巴塘县的措普沟,无数高温水汽、温泉从地下汩汩而出,常年云蒸霞蔚,热气缥缈,并伴随磅礴的间歇喷泉和惊天动地的水热爆炸,这里成为横断山难得的可以观赏的热泉景观。

在四川西部,有一条鲜水河断裂带。历史上频繁发生的地震沿断裂带形成众多的地震遗迹,甚至还因此改变人们的生产生活方式,形成独特的地震建筑——崩柯。这条断裂带还发育一种极为特殊的景观——糜棱岩石林,它与新龙红山的高寒丹霞一起构成横断山"红"与"黑"的奇异世界。

黄河流经四川境内,有两个地方令人印象深刻,一个是它与长江的分水岭巴颜喀拉山最东段的莲宝叶则,一个是它留在若尔盖草原的曲流。莲宝叶则的花岗岩峰丛嵯峨嶙峋,被称为"仙界""魔界"。而黄河遇上若尔盖,也上演着迁徙、漂移、侵蚀、袭夺的大戏,留下最为繁复的曲流和最柔美的倩影。

北纬 30 度线穿过的大陆中西部几乎都是荒漠或半荒漠地区,而唯有四川盆地是一个温润多雨的绿色盆地,成为最适宜人类居住的天府之地。四川盆地是一个红色盆地,中生代形成的紫红色砂岩、泥岩,以低山、丘陵、平坝的形态交替出现。盆地的西南边缘发育一种当地人称为"红圈子"的奇特地貌。在多次考察中,我们发现这是一种新的丹霞地貌形态,以发育大型环形绝壁而区别于其他地方的丹霞,我们称之为"环崖丹霞"。

流淌在四川盆地边缘的大渡河,既是一条蜿蜒的大河,又是一条充满委屈的大河。这条无比美丽的大河既滋润着两岸生灵,也孕育了无数非渡不可的英雄悲歌。大渡河支流青衣江流域的荥经县有一座云峰寺,因殿前有两棵1700岁的桢楠树而闻名,它们又是如何躲过皇木采伐的刀斧之灾,活成一个传奇的呢?

在云南高原,分布着众多的大湖,它们有一个共同的身份——断陷湖。而位于云贵高原与横断山过渡地带的大小凉山历来神秘。这里既有逼仄深幽的峡谷,又发育有宽缓的河谷和盆地,更有众多四面或三顶绝壁环绕的大断崖,仿佛地球的边缘。而云贵高原另一端,在地壳持续强烈的抬升作用下,巨厚的碳酸盐岩被流水切割、溶蚀,最终在湘西形成中国最为壮观的岩溶台地峡谷群。

从阿尔泰山到横断山,由北向南跨及24个纬度,跨越中国西部几乎所有的重要山脉和重要河流。这些山脉和河流都曾经是我从事地质工作的区域。从20年前开始接触地理,它们又成为我的研究对象。地质和地理还是有很大区别的,地质关注地球的内部结构、构造以及演化,而地理更关注地球与人之间的关系,这有点像医学中的内科和外科。我一直试图用地质的思维去解决地理的问题,就像外科的问题往往需要先解决身体内部的问题。也一直试图以"科普"和"人文"的方式去解读地质。后来为《中国国家地理》撰稿,所写大多与西部有关。也陆续出版过一些姑且称之为"旅游地理"类的书籍,2016年还创办了"侠客地理"微信公众号,不遗余力自讨苦吃地一写八年。

在这本《从阿尔泰山到横断山——地质工作者手记》,我选择了27篇最能代表中国西部的篇目,它们大多在《中国国家地理》

上发表。需要说明的是，这本书不是有关西部的地理教科书，它无法系统、完整地阐释西部地理，但它能让读者尽量整体地认识中国西部；它也不是一本有关西部旅行的路书，不具备引导大众出行旅游的功能，但它能为行者提供科学参考。当然它更像是一张有关西部地理的拼图，27篇文章就是27种不同颜色的色块，它拼出的西部一定是斑斓的。

李忠东
2024年12月25日

目录

01 西北之北

可可托海：牧羊人的"金山银海" ……………………………… 002
  3号矿坑："地质圣坑" ……………………………………… 003
  富蕴断裂带与卡拉先格尔地震遗迹 ……………………… 007
  地震造就的美景 …………………………………………… 014
  小东沟花岗岩地貌 ………………………………………… 019

喀纳斯，中国"雄鸡"最美的尾羽 ……………………………… 024
  额尔齐斯河右岸，五彩滩的斑斓世界 …………………… 025
  喀纳斯，一个被称为北国仙境的地方 …………………… 028
   喀纳斯湖 ……………………………………………… 029
   柔美河湾 ……………………………………………… 031
  冰川遗踪 …………………………………………………… 034
  神秘的图瓦人 ……………………………………………… 037

如此"浑蛋"：准噶尔盆地边缘的石蛋地貌 …………………… 042
  千奇百怪的风蚀穴 ………………………………………… 042
  怪石峪，以怪立身 ………………………………………… 045
  神石城，以石为城 ………………………………………… 049

天山北麓，一条斑斓的彩色走廊 ……………………………… 054
  S101省道，丹霞、彩丘构成的色彩走廊 ……………… 055
  为什么这里不能叫"百里丹霞" ………………………… 058

这里的石头为何如此多彩	061
热气泉、泥火山,天山地震带的馈赠	063
斑斓的河谷	067
康家石门子岩画	068

帕米尔高原:多少美丽,多少遗憾? 072

以命换命的河流	072
古之不周,汉之葱岭,唐之波谜罗	076
帕米尔八帕	078
被私分的帕米尔,有多少美丽,就有多少遗憾	082
喀什:中心与边疆,与世界对话	088

塔什库尔干谷地:冰川下的景观大道 092

在路上,我们遇到了一片花海	092
慕士塔格——冰川之父	095
冰山下的塔什库尔干	101

02
青藏苍茫

阿什库勒火山群:世界屋脊上的高海拔火山景观 110

塔里木盆地通往藏北高原的秘道	110
最好的向导仍然无法避免"高原事故"	114
火山喷气孔越往下温度越高	117
最高的火山与出露海拔最高的温泉	119

天上的阿里：四条重量级山脉汇聚下的斑斓大地　126
从塔里木盆地到青藏高原，体验最大的地貌变化　128
班公湖是在断裂基础上，由冰川泥石流堰塞而成　130
舞动在大地的多彩河流　135
象泉河对札达盆地的侵蚀形成雄阔的土林　140
冰雪雕琢的冈仁波齐　146

喜马拉雅山脉：看地球最高的山　152
雪山与湖泊是最完美的景观组合　156
寻找壮丽雪山群的最佳观景点　159
我们为什么要看雪山？　162

念青唐古拉山脉大陆性冰川：滋润拉萨的生命之源　168
青藏高原的地理"新坐标"　171
"冰清玉洁的美人"　173
距拉萨最近的冰川　176
高原河谷变江南的秘密　178

易贡藏布：神奇的"突刺"与"雨舌"　180
高寒与深邃　182
灾难与美景　185
突刺与雨舌　187
冰川与暖湿　190
桃花的远征　193
湿地与湖泊　195
门户与通道　197

澜沧江古盐田：阳光与风的传奇	200
澜沧江，诗意地流淌	202
藏族和纳西族	204
红盐和白盐	206
两种信仰	210

03 横断东西

横断山：为什么不是东西，而是南北	216
为什么不是东西，而是南北	216
从海底升起的横断山	222
最丰富的生物景观，最完整的垂直带谱	223
"过渡"与"融合"，"中心"与"边缘"	227
"古老家园"和"民族走廊"	228
山重水复，古道漫漫，突围屏障的壮曲与悲歌	234
一见倾心，爱上雪山	238
看山就看极高山	238
雪山的正确打开方式	242
横断山的"王者之峰"	243
东方圣山	250
香格里拉地标	253

海子山：冰帽冰川侵袭后的"异域奇迹"   260
    冰盖之争   262
    "王八盖子"   266
    海子成山   273
    古冰帽何处寻？   277

巴塘茶洛：横断山的气热泉群景观   280
    茶洛，可以观赏的气热泉群   281
    奇特的高温间歇喷泉   284
    雪山温泉   288
    横断山，遍地温泉   290

鲜水河断裂带：优美而危险的诗意栖居   296
    鲜水河，不仅是一条河，还是一条危险的活动断裂带   296
    断陷盆地，地震造就的美丽家园   301
    地裂缝，地震留给大地的伤疤   305
    崩柯，因地震而兴的美丽建筑   307

玉石之峰与黄河曲流   312
    巴颜喀拉"玉石之峰"   313
    曲流，黄河在四川的姿态   319

横断山脉的"红"与"黑"   325
    探访新龙红山   325
    被"神秘黑石"刷屏   333

04 天造大盆

四川盆地：曾经沧海的天府之地   340
四川盆地不是"碗"   341
从海盆到湖盆再到陆盆   343
红色盆地造就的独特景观   347
四川盆地成就天府之国的繁华   351
"借蜀立国"，中国的避难所   353
蜀锦、蜀茶、川盐：四川盆地的特殊物质贡献   356
山水相望，雪山下城市的千年意境   359

环崖丹霞：中国丹霞的另类   364
不一样的丹霞   364
在泸州叙永县，我们找到环崖丹霞   367
那些以"洞"命名的景区并非全为环崖丹霞   371
古蔺黄荆沟有一种"红圈子"地貌   374
二渡赤水，发现最大的环崖丹霞   375
江津四面山是另一个环崖丹霞分布中心   376
环崖绝壁是一种丹霞类型吗？   380
环崖丹霞是如何形成的？   383
一种更加特别的环崖丹霞   386

大渡河峡谷：雄阔与幽深之美   392
一条混沌的大河   392
一条蜿蜒的大河   395
一条委屈的大河   401
一条非渡不可的大河   405

1700岁，两株桢楠的故事	410
山水形胜，木石前盟	410
万物生长，一木独尊	413
巨树参天，皇木传奇	418
因寺而活，因树而兴	421

05 云贵高原

阶梯边缘：大小凉山的"宽窄""凉热"	428
边缘过渡带的多重地理	429
"宽"与"窄"	431
"凉"与"热"	437
中心与边缘	440
繁华与寂寞	442
家园与走廊	444
螺髻山，"冰"与"火"的世界	448
触摸78万年前的冰河时代	450
冰川围谷中的湖泊群	452
这里有世界最大的冰川"疤痕"	454
丰沛的降水是螺髻山古冰川发育的重要原因	457
亦瀑亦泉，大漕河温泉瀑布	458

大湖如链：云南高原的断陷湖群   462

    盆山相间，断陷成湖   463
    拥有最多的深水湖，最美的色彩   467
    湖与山的探戈   471
    半湖碧水半湖花   474
    因湖兴城，湖色倾城   477

湘西，云贵高原边缘的台地峡谷   482

    湘西拥有壮丽的高原切割型岩溶台地   483
    洛塔岩溶台地,是岩溶台地的典型代表   486
    岩溶台地往往与深幽的峡谷相生相伴   489
    绝壁上的洞中悬瀑   491
    最美的峡谷，遇上最美的桥   494
    罕见的红石林   496

跋   500

可可托海：牧羊人的"金山银海"

喀纳斯，中国"雄鸡"最美的尾羽

如此浑蛋：准噶尔盆地边缘的石蛋地貌

天山北麓：一条斑斓的彩色走廊

帕米尔高原：多少美丽，多少遗憾

塔什库尔干谷地：冰川下的景观大道

西北之北

第一章 01

可可托海：
牧羊人的"金山银海"

> 阿尔泰山，中国的北境之山，跨越中国、蒙古国、俄罗斯和哈萨克斯坦，从戈壁延伸至西伯利亚，绵亘2000千米。在蒙古语中，阿尔泰山意为"金山"，以蕴藏宝藏而驰名。不仅如此，我国唯一流向北冰洋的河流——额尔齐斯河也发源于此，河流经过之处留下喀纳斯、可可托海等一个个令人心动的名字。

阿尔泰山，中亚最重要的山脉，跨越中国、蒙古国、俄罗斯和哈萨克斯坦，从戈壁延伸至西伯利亚，绵亘2000千米。阿尔泰山与天山山脉、昆仑山脉、塔里木盆地、准噶尔盆地构成新疆"三山夹两盆"的地貌格局，是中国的北境之山。

在蒙古语中，"阿尔泰山"意为"金山"，历来以藏奇纳巧、富金蕴宝而驰名。著名的可可托海超大型稀有金属矿床便位于这里，全球已知的140种有用矿物，这里就有86种。不仅如此，我国唯一流向北冰洋的河流——额尔齐斯河也发源于此，河流经过之处留下喀纳斯、可可托海等一个个令人心动的名字。

3号矿坑:"地质圣坑"

有一段时间,歌曲《可可托海的牧羊人》颇为流行。"那夜的雨也没能留住你,山谷的风它陪着我哭泣",忧伤的旋律,牧羊人和养蜂女的故事,引得众人泪眼滂沱。

歌曲中的可可托海便位于富蕴县东北部的阿尔泰山前山地带。在哈萨克语中,可可托海是"绿色的丛林"的意思,而在蒙古语中,则为"蓝色的河湾"之意。对现代人而言,可可托海可能是一个相当陌生的名字。但对于上一辈人而言,它熟悉又亲切。因为它代表着一个年代,一段岁月。而对生活于此的哈萨克牧人来说,这里是他们世代游牧的家园。

相对于西北的干旱和荒芜,可可托海群山环绕,湿润而绿意盎

额尔齐斯河上游。摄影/杨建

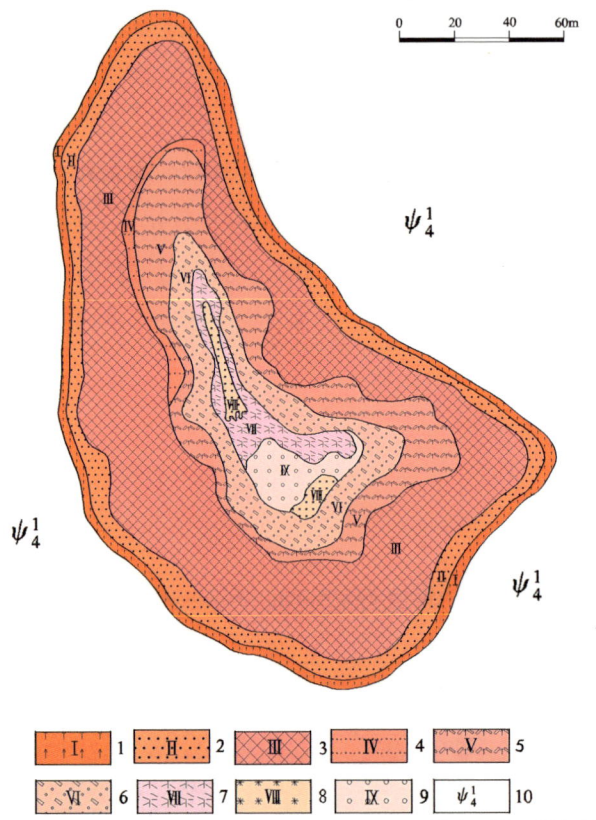

| I₁ | 1 | II | 2 | III | 3 | IV | 4 | V | 5 |
| VI | 6 | VII | 7 | VIII | 8 | IX | 9 | ψ_4^1 | 10 |

1 文象及变文象结构中粗粒伟晶岩带　2 细粒钠长石带　3 块状微斜长石带　4 石英-白云母带　5 叶钠长石-锂辉石带
6 石英-锂辉石带　7 白云母-薄片状钠长石带　8 锂云母-薄片钠长石带　9 块状石英带　10 角闪岩、斜长角闪岩(围岩)

可可托海稀有金属矿床 3 号脉地表平面地质图

然。它的北面和东面是阿尔泰山起伏的群山，南面和西面是一撒千里的准噶尔盆地，山与盆地之间，数个断陷小盆地从南至北依次呈串珠状排列，雪山之水滋润下，这里土地肥沃，牧草丰美。

额尔齐斯河，源于阿尔泰山南麓，由北向南穿过可可托海镇，然后一路向西注入哈萨克斯坦的斋桑泊，最终汇入北冰洋，是我国唯一流向北冰洋的水系。这里是中国第二冷极，仅次于黑龙江漠河，冬季的气温常在 -40℃以下，极度低温甚至低于 -60℃。然而，就是这样一个极寒之地，却拥有无比荣光的历史、极致的风光、独特的文化。

让可可托海闻名于世的是这里的 3 号矿脉。1935 年，一支由著名矿床学家赫洛舍夫领衔的苏联地质考察团，从境外沿额尔齐斯河溯流而来，他们在可可托海发现了这条矿脉。这条矿脉中含有大量锂、铍、铌、钽等地壳中极为少有的稀有金属，而这些元素在电子、航天、原子能等领域有着十分重要而特殊的用途。

新中国成立之后，经过中苏两国地质学家十多年勘查研究，终于完全弄清楚了 3 号矿脉的特征。这条著名矿脉，在地下呈一个巨大的岩钟状，直径和深度均为 250 米，向深部延伸变为板状，沿走向长可达 2000 米。而且地质学家们还发现，这条矿脉的矿物分带十分完整，大致可分为 10 个矿物带，共发现 86 种矿物。早在二战期间，苏联便迫不及待地开始了对 3 号矿脉铌钽铁矿和绿柱石的开采。新中国成立之后，中苏签订《中苏友好同盟互助条约》，根据条约双方共同成立中苏（新疆）有色及稀有金属股份公司，联合对 3 号矿床进行系统勘探与开采。1955 年以后，中国收回矿床管理权，开始了独立勘探与开采。

3号矿脉开采后留下的巨坑。画面中部为可可托海镇，远端为伊雷木湖。摄影／杨建

　　由于持续的开采，3号矿坑越来越深，导致额尔齐斯河的水不断渗入，到20世纪90年代不得不将能够开采的部分全部开采出来，分矿种进行集中堆放，以便根据国家需要以及市场情况加以利用。

　　2000年，3号矿坑曾一度闭坑，数十年的开采在这里留下一个直径约250米、深约140米的巨型矿坑，额尔齐斯河的渗水最终将坑注满，形成一个壮观的人工湖。

　　2006年，已经闭矿了6年的矿山，因为国家需求及市场变化重新恢复开采，人们将湖水排干，著名的"圣坑"再一次重现。

　　可可托海3号矿是全球地质界公认的"天然地质博物馆"，与世界最著名的加拿大贝尔尼克湖矿齐名。20世纪中期，中苏交恶，从这个矿坑挖出的稀有金属矿源源不断地通过额尔齐斯河水路运往苏联，用以抵偿我国欠这个国家的外债。后来有人统计，单是从可可托海的 3 号矿脉运出的矿就偿还了当时外债的三分之一。

因矿而建的可可托海镇曾经熙来攘往，度过了无比辉煌的 70 年。如今，随着大批采矿大军的撤离，这里失去昔日的喧嚣，成了额尔齐斯河上游一个安详静寂的小镇。但长达 70 多年的矿业开采历史仍让这里具有一种独特的气质。尤其是 20 世纪四五十年代，苏联勘采时期，留下了大量的生产生活遗迹。如今，可可托海的街头巷尾仍保留着 18 栋俄式建筑。尖尖的红屋顶，敦厚方正的外墙，使这里流淌着浓郁的异域情调。近年来，随着可可托海世界地质公园的建立，附近的伊雷木湖、小东沟成为游客趋之若鹜的旅游胜地，这个以"冷"著称的小镇正在以另一种形式恢复它的热度。

富蕴断裂带与卡拉先格尔地震遗迹

阿尔泰山之所以"物华天宝，金玉富蕴"，是因为它是一条造山带。这座地壳挤压收缩，岩层褶皱、断裂，并伴随岩浆活动与变质作用所形成的山脉，往往同时成为重要的成矿带和多种复合地貌、多元景观的富集带。

这条断裂带形成于大约 2.5 亿年前的一场造山运动。但真正改变它的，还是印度板块与亚欧板块的那次碰撞。大约在 6000 万年前，从南方大陆脱离出来的印度板块，一路漂移近 6000 千米，与亚欧大陆激情相撞。印度板块狠狠地插在亚欧板块之下，不仅造成喜马拉雅山脉的隆起，导致青藏高原的整体抬升，巨大的能量还一路往北传导，甚至影响到贝加尔湖以北一带地区。正是这次碰撞，导致古老的阿尔泰山造山带重新变得活跃，形成一系列新的断裂，其中就包括富蕴断裂。

这条断裂带北端起始于可可托海北部阿尔泰山区，向南沿阿尔泰低山区边缘延伸至乌伦古河畔。近百年来，这条断裂带曾发生多次强烈地震，是一个引人注目的强震活动区。尤其是发生于1931年8月11日的富蕴8级地震，形成176千米的地表地震断裂带。这条断裂带规模巨大、断裂地貌现象十分醒目，地震断裂类型齐全，断裂组合形态复杂多样。由于这里干旱少雨、人迹罕至，这些珍贵的地震遗迹和各种地震现象被完好地保存在原地，使这里成为世界上罕见的地震断裂带之一和全球最好的地震破碎带现场博物馆。

富蕴8级地震发生时，远在数千里之外的北京鹫峰台地震仪完整地记录了这次地震的整个过程。而远离震区12000余千米的拉丁美洲圣胡安地震台，也记录到这次地震的地震波持续长达三个小时。这次地震的波及范围甚广，有感范围达数千里以外，西至哈萨克斯坦的塞米巴拉金斯克（今塞梅伊），东至甘肃的兰州。地震使包括哈巴河、乌鲁木齐、巴里坤以及蒙古国的科布多一带数百千米范围内，均遭受了不同程度的破坏。地表破坏最集中的区域正好位于富蕴县可可托海至青河县二台之间的狭长地带，形成长达176千米的地震断裂带。

由于富蕴地震发生在阿尔泰山区，当时震区范围内居民稀少，牧民又多住毡房，震中区几乎无固定的建筑，因而在地震中伤亡的人数极少。地震发生后，苏联地质学家奥勃鲁切夫最早报道了富蕴地震的有关情况。不过由于他收集的材料仅限于蒙古国境内，因而误认为地震发生在蒙古国。地震发生时后来担任清华大学地学系主任的袁复礼教授正好在乌鲁木齐（迪化），他记述了当地一些地方的受震情况，断定阿尔泰山为震中所在。1933 年，我国著名地震学家李善邦教授发表了鹫峰地震台关于富蕴地震记录的报告，1934 年又发表了《新疆地震》一文，对富蕴地震（当时称阿山地震）做了专门论述，他根据鹫峰地震台及世界六十多个地震台的记录确定了富蕴地震的震中。

之后几十年，由于种种原因，这个断裂带逐渐淡出研究者的视线。直到 1972 年，我国在阿勒泰地区建立了富蕴地震台，开始对这条断裂带进行长期监测。而大量的研究者也开始翻山越岭，深入荒漠瀚海开展迟到了近 50 年的系统科学研究。好在特殊的自然条件，将地震发生时的一切都完整地保存在原地，留给科学家的这道"盛宴"仍新鲜如初。20 世纪 80 年代初，这里已经俨然成为地震研究的热点地区。

非常有意思的是，当大量科学家来到这里时，却发现之前在其他地区行之有效的"工作经验"和"技术规范"全无用武之地。譬如，按照新的《中国地震烈度表》，以房屋破坏程度作为评定烈度的准则来圈定烈度区和等震线图的研究便难以进行：因为震区居民稀少，牧民多住毡房，几乎在震中找不到固定的建筑；而且地震发生之时，当地牧民正在远离极震区的高山夏牧场放牧，极震灾区几为无人区。所以他们只能根据地表破坏现象、地震断层的规模及位移量来进行类比，最终圈定烈度图和等震线图，就这样十一度区还是因为两侧控制差未能圈定。而对震中、震级的最终确定也颇费周章。

从可可托海的小东沟出来，我们的车一路由北向南穿行在阿尔泰山前山地带的低山丘陵区。半小时前我们还沉浸在额尔齐斯河上

沿断裂带发育的断陷盆地（绿色区域）

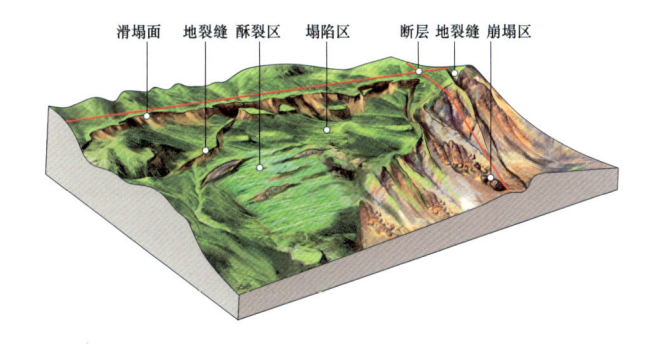

富蕴断裂带卡拉先格尔塌陷区示意图。绘图／杨金山

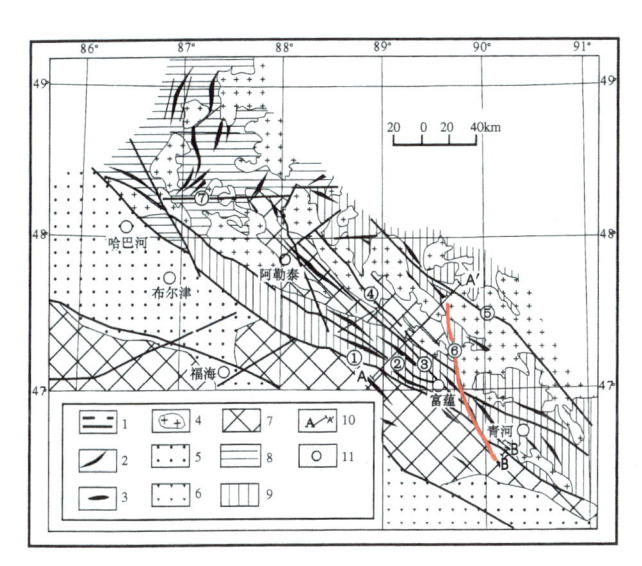

1—断裂；2—褶皱；3—基性-超基性岩；4—花岗岩；5—第四系；6—第三系；7—晚古生代；8—哈巴河群；9—克木齐群；10—实测剖面位置；11—地名。①—额尔齐斯断裂；②—特斯巴汗断裂；③—阿巴宫-库尔提断裂；④—巴寨断裂；⑤—库热克特断裂；⑥—可可托海-二台断裂；⑦—依莱克断裂

富蕴断裂带（可可托海－二台断裂）在阿尔泰山造山带的位置示意图

游绿意盎然、生机勃勃的西伯利亚泰加林,穿过一个山口,四周立即变得寸草不生,满眼焦干苍凉。

越野车在时隐时现的土路上起伏颠簸,这条土路同时又是哈萨克族牧民的传统牧道。每年春天,牧民离开荒凉的冬牧场,便沿着这条牧道,赶着瘦弱的羊群,穿过泰加林往北边的深山夏牧场迁徙。哈萨克族人以及他们的羊群将在雪山滋养下的深山牧场上度过一年中最为愉快的夏天。而到了秋天,赶在雪覆盖整个山脉之前,牧民又沿着这条牧道走出森林,在低海拔的戈壁滩冬牧场熬过漫长的冬天。

汽车驶出山区,准噶尔盆地辽阔而苍凉。一路尘土飞扬地驰骋

以卡拉先格尔为中心,断裂劈山越岭,大规模崩塌地裂、沉陷、喷砂、冒水、溪流改道等现象比比皆是。上图为地震断裂形成的塌陷区。摄影/杨建

在一望无边的戈壁滩，然后又斜插进一条沟谷，季节性洪水将简易公路冲刷成此起彼伏的"弹"坑。将到山顶时，车子终于不堪折磨，趴窝不前。步行到山顶，一条又直又平的地裂缝像铁犁一样将绿毯似的草原剖开。我们已经进入富蕴8.0级地震最为惊心动魄的爆发点——震中卡拉先格尔。

卡拉先格尔，位于阿尔泰山前山带，准噶尔盆地东北，是古老构造活动所形成的一个隆起，长9.5千米，宽5.7千米，海拔约2100米。虽然绝对高差并不算高，但却从海拔1000余米的准噶尔盆地拔地而立，在视觉上仍显得雄阔高大。从空中鸟瞰，卡拉先格尔的形态像一片树叶或豆荚，这是因为卡拉先格尔是一个构造作用所形成的巨大构造透镜体[①]。

以卡拉先格尔为中心，震中区呈南北长145千米、东西宽18千米的椭圆形。在这个区域内，大规模崩塌地裂、沉陷、喷砂、冒水、溪流改道等现象比比皆是。这次地震造成的地表最大水平错动距离可达20米以上，最深的地裂缝可达10米。在吐尔洪盆地，甚至有毡房陷入地裂缝，造成人畜伤亡。而破坏最为严重的还是卡拉先格尔，形成富蕴地震最壮观、最惊人的地震遗迹。

大幅度的沉陷和强烈的震动，完全改变了卡拉先格尔峰的面貌。在卡拉先格尔山顶，地震形成一个长1500米、宽900米的三角形地震塌陷区，塌陷区内地震断裂成组出现，纵横交织。区内所有的岩石都被震得"酥脆"。从卫星图片上看，原本有序的山脊、沟谷等

[①]岩石因构造作用被挤压破裂成的块体，形态上像中间厚、周边薄的透镜。透镜体可大可小，小到只能通过显微镜观察和识别，大的数米至数十米，但像卡拉先格尔这样由透镜体形成的山体并不多见。

地貌震后都显得杂乱无章，如被一脚踩过的蛋糕，惨不忍睹。有一座震塌了的山体，山上裂隙层层环绕，被形象地称为"开花馒头"。走进裂陷区，更是惊心动魄。裂陷区陡坎最大高度达 63 米，相当于 20 层楼的高度。

卡拉先格尔是一个地震遗迹的现场博物馆，几乎全球所有的地震遗迹在这里都可以看到，既有错断山脊、眉状错脊、断头沟、镰形断面、断塞塘等宏观地表地貌，也有陡坎、沟槽、张裂缝、鼓包、垄脊等微地貌组合。

富蕴地震断层的最大水平错动，也是发生在震中区的附近。在阿克萨依，可见成排的近代倒石堆被水平错移 14 米。一株低矮的丝柏——新疆圆柏，在地震中树干被拉断并位移十余米，一棵树活生生被分成两部分，居然仍然生机盎然。

从卡拉先格尔出来，已是黄昏，落日将大漠染得血红。在单调而枯燥的大漠，唯有日月星辰能带给这里难以捉摸的变化、出人意料的色彩，驱走这里的冷寂。夕阳下，一群哈萨克族牧民从前山夏牧场向乌伦古河冬牧场迁徙。他们尘土飞扬地行走在羊道上，羊、骆驼、马和飞扬的尘土都被夕阳点亮，一个十多岁的哈萨克族姑娘奔跑着驱逐羊群，她微微卷曲的头发在夕阳中金光透亮。

地震造就的美景

富蕴地震断裂带所在的阿尔泰—戈壁阿尔泰地震带，近 100 年来先后发生 1905 年蒙古国杭爱山地震、1931 年富蕴地震、1957 年蒙古国戈壁阿尔泰三次 8 级以上的大地震，每次时间间隔为 26 年。这条地震带和环太平洋地震带以及由喜马拉雅山至地中海的欧亚地震带不同,地震并不是发生在板块接合部位的大断裂带上,而是发生在板块内部规模较小的断裂带上。在远离板块边界的内陆地带为什么不断地发生强烈地震,并造成如此巨大的地表破裂与位移?动力来自何方?未来的地震危险性又如何?这些都是富蕴断裂带带给我们的有待解开的谜题。

驱动地壳运动,引起地震、火山等的动力到底是什么?这一直是学术界颇感兴趣的话题。美国《科学》杂志成立125周年庆典时,曾列出了当代未解决的125个科学问题,其中"地球内部到底是如何运转的?"被列为第10项未解之谜。对富蕴地震带的研究,尤其是强震发生机制的研究,也许是解开这个谜题的其中一个密码,这也是大批科学家将这里视为研究热点的原因。

在卫星图上,富蕴断裂带像一把利剑从戈壁滩深深地刺进阿尔泰山。沿着断裂带我们看到几乎所有的水系都被错断,形成了一系列右旋错动溪流和水道,而且几乎所有的河流阶地也被错离河道。

人们在调查1931年富蕴8级大地震的遗迹时,同时也发现在此之前这里发生过的多次大地震遗迹。而且由于这条断裂带的长期活动,在卡拉先格尔以北,沿断裂带东侧,形成长长的构造干谷和三个串珠状盆地,从南至北依次为吐尔洪盆地、可可托海盆地、喀依尔特盆地。受富蕴断裂带的控制,这三个盆地的西缘线条平直,断崖和断层三角极为壮观,在日积月累中,阿尔泰山剥蚀下来的泥沙不断向东侧的盆地淤积,形成广袤的平原或者积水形成湖泊。

群山环绕的盆地成为阿尔泰山前山带的聚宝盆。在雪山之水滋润下,这里土地丰腴肥沃,是准噶尔盆地东缘难得的绿洲。处于准噶尔盆地与阿尔泰山之间的富蕴县是一个农业生产并不发达的地区，但在富蕴断裂带形成的谷地，却风吹麦浪，到处飘荡着田园牧歌，这里成为富蕴县的优质小麦主产区及优质奶牛饲养区。世代逐水草而牧的哈萨克族人，也因此改变传统，在盆地边缘建立起了定居村落，过上了半游牧半定居的生活。

从富蕴县一路向东出发，公路沿着一条灰褐色岩石构成的峡谷横切阿尔泰山的前山地带。汽车越过山顶，偌大的吐尔洪盆地突然出现在茫茫苍苍的阿尔泰山环抱之中。盆地辽阔而平坦，西岸是断裂带通过之处，边缘线如刀斧所切，又平又直。而东部是相对沉降的区域，盆地与山的边缘线弯弯曲曲，极不规则，这是断层形成的构造盆地所具有的特点。

可可苏里湖就位于吐尔洪盆地西侧的低洼处。可可苏里湖，又称月亮湖或野鸭湖，是一个沼泽性湖泊，平均水深仅2米，湖中以发育大量的浮岛而极富特色，共有大小浮岛二十多个。浮岛之上，芦苇丛生。夏天这里碧波荡漾，成群的水鸟在芦苇间起起落落。到了9月底，湖中的芦苇逐渐变成金黄，可可苏里一派"秋色连波，波上寒烟翠"的景象。

离开可可苏里湖，向北穿过一个相对窄束的峡口，可可托海盆地出现在眼前。盆地沿断裂带展布，南北长近16千米，东西宽约5千米。盆地的西岸如刀劈斧切，东侧一条隆起的山地将平阔的盆地分为

沿着断裂带形成一系列串珠状盆地，盆地汇水形成湖泊。下图为可可苏海地震断陷湖。摄影／杨建

群峰簇拥下的伊雷木湖。摄影 / 张学文

两块,北部盆地沿库依尔特斯河延伸,可可托海镇就位于盆地的东侧,著名的3号矿坑位于可可托海镇的南侧。

　　伊雷木湖便位于可可托海盆地的西侧,正好处于额尔齐斯河与支流卡依尔特河交汇处。它是在富蕴断裂带形成的构造湖基础上,后经拦河筑坝汇水而成。在哈萨克语中,"伊雷木"意为"漩涡"。从空中俯瞰,它沿富蕴断裂呈近南北向展布,在北端突然向东折转,将一个半岛揽于湖中,恰像大海中的一个巨型漩涡。与玲珑雅致的可可苏里湖不同,群峰簇拥下的伊雷木湖静躺在平阔的山间盆地,大气而壮美。湖的东、北和南侧均为开阔地,其上阡陌纵横,农舍俨然,树木成行。伊雷木湖随季节呈现出不同的美。春天的湖畔草长莺飞,野花烂漫,大湖被这无边绿色环绕;到了秋天,曲曲折折的湖线将大湖的轮廓勾勒得清晰而柔美。湖的四周,大地被一层金黄色的牧草覆盖,牧草与田舍之间,杨树和桦树组成的细长林线笔直如尺,金黄色的叶片摇曳在夕阳的余晖中。刚刚从高山上转场而来的羊群静静地在阳光中享受着入冬前的最后牧草。湖边的浅水区,几只高大的骆驼一动不动地站在水中,将优雅的身影凝固在水面。

湖东侧的山顶是远眺这一美景的最佳地点。气喘吁吁地登上山顶，伊雷木湖便将它壮阔之美毫无保留地呈现在眼前。山顶背后的岩壁还保留有多处古时游牧民族留下的岩画，内容以羊、马、驯鹿等为主，线条拙朴而生动。湖的北面，有依湖而建的地下电站，发电机组位于136米深的地下，该电站由苏联人于1958年设计，耗时近10年才完成修建，是我国最深的地下电站，也算是可可托海的另一个奇观了。

伊雷木湖向北2千米就是喀依尔特盆地。盆地南北长约7千米，东西宽约2千米。额尔齐斯河的正源喀依尔特河从盆地中央通过，河流从阿尔泰山奔涌而来，流经平缓的盆地，顿时失去了方向，在盆地内形成弯弯曲曲的蛇曲河，并且不断地改道和发生裁弯取直现象，留下一串串废弃的古河道和牛轭湖。盆地中水草丰美，成为哈萨克族牧民最好的前山夏牧场。

小东沟花岗岩地貌

构成阿尔泰山主体的花岗岩不仅蕴藏了丰富的矿产资源，在可可托海北部的小东沟，还形成壮观的穹状花岗岩地貌。

从可可托海镇一路向北沿额尔齐斯河而行，两岸的西伯利亚泰加林遮天蔽日，阳光穿过树梢将斑驳的光影投射在草地上。穿过森林，视野豁然开朗，无数花岗岩山峰在额尔齐斯河两岸拔地而起。这些山峰多呈钟状、穹状、锥状，矗立在碧水彩林之间，山体顶部岩石裸露，形态圆润平滑，四周的岩壁无数沟槽竖向排列，如巨瀑飞悬。岩壁上的裂隙间生长着白桦树、杨树和西伯利亚云杉。秋天，

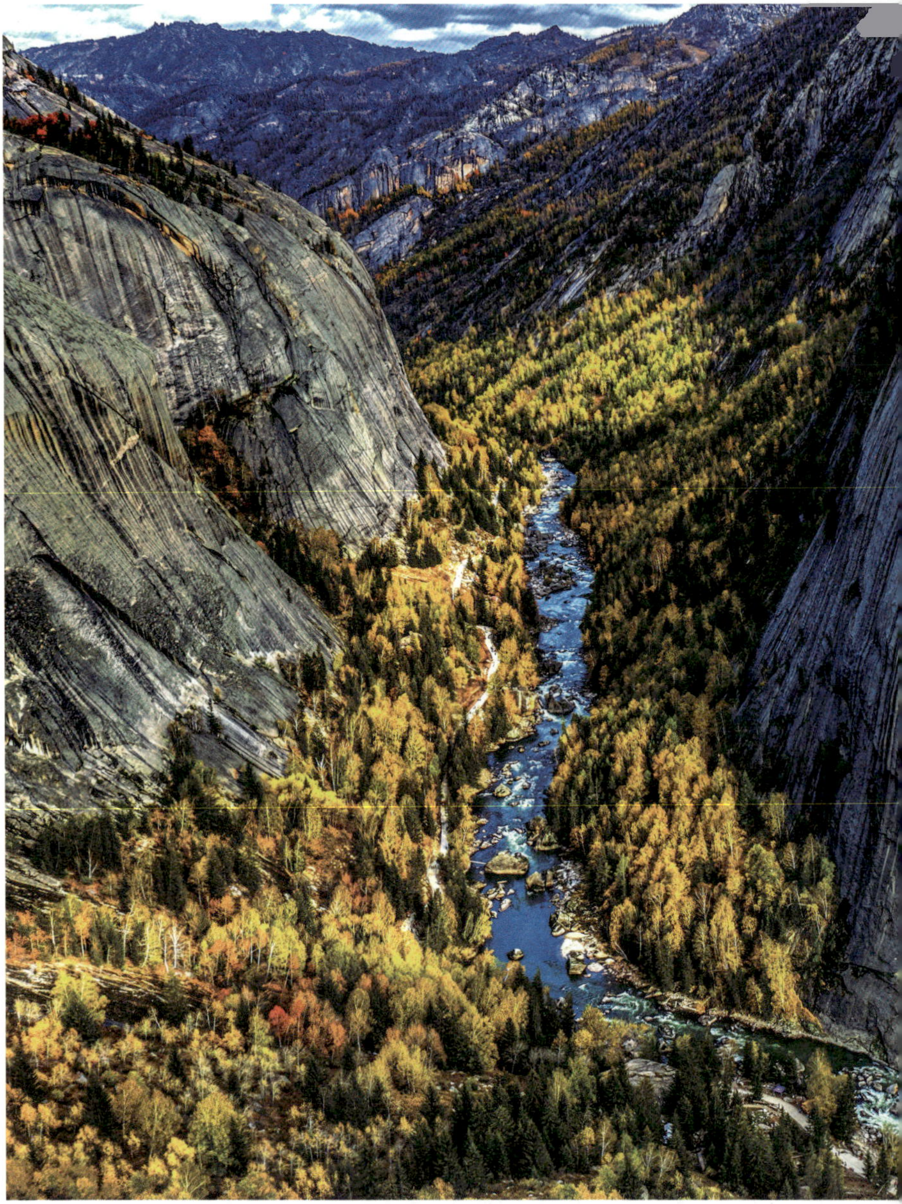

小东沟花岗岩地貌以钟状、穹状、锥状为主要形成，独具风格。上图神钟山为钟状花岗岩石峰。摄影 / 杨建

金黄的白桦、火红的杨树和青黛色的云杉相嵌相拥,将花岗岩石峰装扮得极美。在大小数十座孤峰中,最漂亮的当数位于艾美尔沙娜桥畔的神钟山。这座高351米、造型奇异的山峰,完整地诠释了"横看成岭侧成峰"的深刻内涵。从南侧看,石峰岭若巨墙,临水壁立,壁上沟槽如瀑,山腰彩林点缀其间;但若从艾美尔沙娜北桥头望去,则峰如神钟倒扣,直立如削,猿猱难渡。若有足够的勇气和灵巧的身姿,可以从东侧稍缓的岩壁攀爬至石峰的顶部。站在山顶极目远望,群峰巍峨,层林尽染,额尔齐斯河如丝帛水袖舞动于岩峰与彩林之间。

我国花岗岩地貌众多,也不乏精品。华山,巍峨壮观,其山势险峻天下第一;黄山,千山万壑,其峰林峻秀天下第一;怪石峪,玲珑秀雅,其石蛋怪异天下第一。与黄山、华山、怪石峪等地花岗岩地貌相比,小东沟的花岗岩地貌,险不如华山,秀比不过黄山,怪难敌怪石峪,但它却三者兼而有之,荟萃了华山之险、黄山之秀、怪石峪之奇。

新疆作家李娟,曾经生活在阿尔泰山牧区,她居住的地方正好位于额尔齐斯河南岸戈壁滩上的乌伦古河一带,她跟随哈萨克族牧民放牧的区域,也是富蕴断裂带通过的地方。她在《羊道,前山夏牧场》一书中,曾经描绘她看到的地震遗迹:"身边是一道又深又窄的沟……仔细一看,却是地震断裂的遗迹。两岸交错的石块和空穴有着清晰的曾经嵌合在一起的痕迹。……这条两米多宽的深沟将碧绿完整的草地从中间破开,一直延伸到我们驻扎毡房的那座小石坡的坡脚下。"而且在前山夏牧场,她还亲历了一次震感强烈的地震。

额尔齐斯河内敛沉稳地流淌，如一个哲人，一丝不乱。人类从远古走到现在，因为来路太过遥远，时间太过漫长，以至于越来越远离我们来的方向，也越来越远离大自然。然后，在这里我们发现，人类渐渐失去的一些东西，却在阿尔泰山游牧民族身上似乎还清晰地存在着。延绵176千米的地震带终归会在雨、雪与风沙中逐渐隐淡，最终湮灭，而通往阿尔泰山深山夏牧场的羊道是否也会越来越模糊？

喀纳斯，
中国"雄鸡"最美的尾羽

> 在额尔齐斯河造就的美景中，喀纳斯可以说是最为著名的，它几乎成为新疆尤其是北疆的名片，去过的人不吝赞美之词，称之为"北国仙境""西域明珠""人间净土"。

新疆的河流以内流河①居多，这种河流的最终归宿是沙漠瀚海，永远不会有看到大海的那一天。但新疆也有外流河，额尔齐斯河就是外流河。

额尔齐斯河，起源于阿尔泰山。阿尔泰山是一条国际山脉，横亘在俄罗斯、哈萨克斯坦、蒙古国与中国之间，我国境内的阿尔泰山是其中段南麓。阿尔泰山覆盖着大片的西伯利亚泰加林，高海拔的山顶常年积雪，冰川发育，也因此孕育了额尔齐斯河，与阿尔泰山并称为"银水""金山"。

我国的河流大多由西向东流，或者由北向南流，但额尔齐斯河是一个例外，它由东向西流淌，最终流入北冰洋，是我国唯一流入

---

① 亦称内陆河，是指不能流入海洋，只能流入内陆湖泊或在内陆消失的河流。这类河流大多处于大陆腹地，远离海洋，最终消失在沙漠里或汇集于洼地，形成尾闾湖。

北冰洋的河流。额尔齐斯河是鄂毕河最大的支流，鄂毕河是俄罗斯的第三大河，也是世界上一条著名的长河。源出阿尔泰山的额尔齐斯河一路上将喀拉额尔齐斯河、克兰河、布尔津河、哈巴河等支流纳入其中，然后由东南向西北奔流出中国，流入哈萨克斯坦境内斋桑湖，再向北穿越西西伯利亚平原，注入北冰洋喀拉海的鄂毕湾。

额尔齐斯河有一个颇为奇特的现象，那就是所有支流均发育于阿尔泰山，由干流右岸，也就是河流北侧汇入，形成典型的梳状水系。而额尔齐斯河干流紧贴准噶尔盆地的东北边缘，成为荒漠与山地的分界线。由于有额尔齐斯河的滋润，阿尔泰山才会有大片的牧场，成为哈萨克族传统的游牧区。河流的冲刷与堆积，又在准噶尔盆地北缘与阿尔泰山南麓形成一个个适宜人类居住的绿洲走廊。走廊上阡陌纵横，麦浪棉田翻滚，是北疆的粮仓。相传成吉思汗的蒙古大军曾多次进入阿尔泰山和额尔齐斯河，被成吉思汗尊为大宗师的长春真人丘处机也曾来过这里，并留下三首诗，其中一首这样写道："金山南面大河流，河曲盘桓赏素秋。秋水暮天山月上，清吟独啸夜光球。"

额尔齐斯河在准噶尔语中是"峡"的意思，它上游部分大多表现为"峡谷"形态，沿着峡谷上溯至阿尔泰山的深处，往往有不俗的风景，喀纳斯便是其中的佼佼者。

额尔齐斯河右岸，五彩滩的斑斓世界

欲到喀纳斯，先过五彩滩。五彩滩是喀纳斯路上的风景。西出乌鲁木齐，汽车疾驰在无边无际的准噶尔盆地西缘。天山在车窗的

左侧,连绵起伏,雄伟而壮阔,著名的博格达峰兀立于群峰中,皎洁、神圣而遥远。天山雪水孕育的这片绿洲,处于一年中最美的季节,满目的青翠由近处向雪山延伸。

离天山越远,绿色渐稀,最终隐入茫茫戈壁。绿色再次出现时,我们已经到达额尔齐斯河畔的布尔津县。这个边陲小县位于准噶尔盆地北部边缘,额尔齐斯河右岸。源于喀纳斯的布尔津河在县城西侧汇入额尔齐斯河,汇合的三角形区域,滋润出大片绿洲。以额尔齐斯河为界,两岸的景观有天壤之别,右岸绿意盎然,河曲蜿蜒,湿地如毯,而左岸却是起伏的焦黄色的浅丘,了无生机。布尔津五彩滩是欣赏额尔齐斯河的最为迷人的观景点。从县城出发,只需往中国与哈萨克斯坦边界的方向西行24千米,我们到时正值夕阳将落,余晖洒在额尔齐斯河上,美极了。

眼前的额尔齐斯河河谷宽阔,河水平稳而浩荡,碧莹而妩媚。河上有一座吊桥,将河左岸寸草不生但色彩斑斓的丘陵与右岸金黄或葱郁的青杨林连接起来。牧归的哈萨克族牧民骑着马,赶着牛羊每天恰好从吊桥上经过。此时,众多摄影爱好者早已支好"长枪短炮",激动地等待这一刻,每一次按动快门,都是一幅经典的额尔齐斯牧归图。

这里发育一种彩色的丘陵,以它为前景所拍出的额尔齐斯河有着莫奈油画的意境,五彩滩也因此渐渐知名,成为喀纳斯环线上必游的一处景点。

这种彩色的浅丘分布在额尔齐斯河北岸的一、二级阶地之上,出露面积大约3平方千米。形成彩丘的岩石主要为红色、土红色、浅黄色、浅绿色的砂岩、泥岩、砂砾岩,这种岩石大约形成于2300

五彩滩。摄影 / 天涯流浪者（图虫创意）

万~2140万年前。不同色彩的岩石看似随意，其实极富韵律，在地表水的侵蚀切割下，细沟、切沟、低矮浅丘交错纵横，色彩斑斓。进入沟谷中，恍若卷入颜色的海洋。

喀纳斯，一个被称为北国仙境的地方

布尔津在蒙古语中意为"水草茂盛的地方"，布尔津河是额尔齐斯河最大的支流，喀纳斯便位于布尔津河的上游，它几乎成为新疆尤其是北疆的名片。很多去过的人不惜溢美之词来赞美这里，如"北国仙境""西域明珠""人间净土"。"喀纳斯是当今地球上最后一个没有被开发利用的景观资源，开发它的价值，在于证明人类过去那无比美好的栖身地"，这位联合国官员不经意的一句话，已经广泛地出现在喀纳斯的各种宣传材料中。人们还往往把它与俄罗斯、瑞士、新西兰等一些国家的自然绝景相媲美，其实喀纳斯就是喀纳斯。

喀纳斯地处亚欧大陆腹地，中国的西北端，紧邻中国与哈萨克斯坦、俄罗斯、蒙古国的边界，对于大多数人而言，她太过遥远。即便是在新疆内部，喀纳斯依然属于遥远的远方，它距首府乌鲁木齐760千米，距阿勒泰267千米，距布尔津县160千米，远得如在天边。

可以用两句话来概括喀纳斯自然地理特点：

亚欧大陆的中心区域——当我们打开世界地图，亚欧大陆像一片巨大的树叶，漂浮在太平洋、大西洋、印度洋与北冰洋之间。喀纳斯就像一颗宝石，镶嵌在亚欧大陆的中心，它离这块大陆四周的大海似乎都是那么遥远。

中国的西北极——喀纳斯位于中国大西北的最北端，如果把中国的版图比喻为一只雄鸡，那么喀纳斯就是这只雄鸡的尾巴上翘得最高的那枝漂亮羽毛。

喀纳斯湖

喀纳斯，蒙古语为"峡谷中的湖"，位于额尔齐斯河支流喀纳斯河上游，是一个河道型的湖泊，湖形狭长，随河流方向展示，湖长24千米，宽1～2.2千米，平均宽约1.9千米，平均水深约90米，最大水深188.5米，是我国内陆仅次于长白山天池的第二深水湖。它的湖面面积约45.78平方千米，虽属小型湖泊，但容积竟达53.781亿立方米，超过我国著名的五大淡水湖中的太湖、洪泽湖和巢湖。喀纳斯湖在平面上呈折线式的弯曲状，从西侧的哈拉开特山上的观鱼亭远远望去，像一个镶嵌于峡谷之间的豆荚。湖的两岸，由泰加林组成的森林景观春天青黛葱茏，到了秋天则千山竞艳。湖的远端，阿尔泰山主峰友谊峰总是散发着诱人的光芒。

喀纳斯湖如今的形态和面貌是断层活动与冰川运动共同作用的结果。第四纪冰川时期，阿尔泰山的冰川曾向下扩展，喀纳斯湖所在河谷也曾为冰川占据。气候变暖冰川退缩时，冰川携带的大量泥沙石块停积于河谷中形成垄岗，并壅堵河水形成湖泊，这种湖泊在地质学上称为冰川堰塞湖或冰碛堰塞湖。至今我们仍能在喀纳斯湖的两岸，看到200万年前冰川经过时磨蚀和刻划岩石所留下的羊背石、冰溜面、冰川擦痕、冰川凹槽及冰川漂砾、终碛堤等堆积物。

喀纳斯湖的形成同时还受到断层的影响，断层活动使湖西岸的哈拉开特山抬升而湖盆下沉，喀纳斯湖便是在早期断陷形成的湖盆

喀纳斯晨雾。摄影/王强

基础上，经后期冰川堰塞而成。这种特殊的成因，使喀纳斯湖成为我国的第二深水湖和最深的冰碛堰塞湖。

　　雪山、草甸、森林、碧水，所有美丽的元素都齐聚喀纳斯。难怪有人认为它是天山以北最美的地方，也有说它可比瑞士之美。喀纳斯湖水极富特点，并非人们想象的蔚蓝色，而是随季节、天气、时段和观赏角度不同，呈现出青灰、碧蓝、翠绿、暗紫等变幻莫测的色彩，因此人们又称它为"变色湖"。究其原因是喀纳斯湖水源自上游的冰川，冰川融水中悬浮有颗粒极细肉眼难以分辨的粉砂，近观湖水虽然清澈，但远观湖水，在不同颜色的变幻中始终有一种迷离的质感。

同样令人迷惑的还有"湖怪"。关于湖怪，传说自然是多种多样。据最权威的说法，"湖怪"是湖中的大红鱼（哲罗鲑）。当遇到地震或天气发生变化时，湖中的大红鱼便会跃出湖面或者吞食岸边饮水的牛羊，因为体型庞大，被误认为是水怪。有关"湖怪"的揭秘行动从来没有停止过，但每一次揭秘都是无果而终。也许它太过神秘，也许我们压根就不想弄明白它，揭秘的结果不过让它更神秘而已。

柔美河湾

在很多人心中，最能代表喀纳斯的标志景观，往往不是名声最大的喀纳斯湖，而是喀纳斯河形成的连续河湾。由于受新构造运动影响，喀纳斯河差异抬升明显，河流下蚀强烈，地貌多表现为下蚀地貌和深沟地貌。但在喀纳斯河的下游，由于河流发育于相对宽缓的古冰川U形谷，河流主要表现为侧蚀，形成了一道道极富变化韵律的河湾曲流，加之河谷两侧常有滑坡和泥石流壅堵河道，形成了半封闭的天然堤坝，使堤坝上方的河面变宽，流速变缓，因此形成一系列的河湾滩流，从上而下依次为鸭泽湖、神仙湾、月亮湾和卧龙湾。

月亮湾，喀纳斯最著名的一道湾，距喀纳斯村约8千米，海拔1326米。喀纳斯河在此形成两道极富韵律美的河湾，状如弯月，故而得名。月亮湾的湖心有两个酷似人脚印的小岛，当地人称作"神

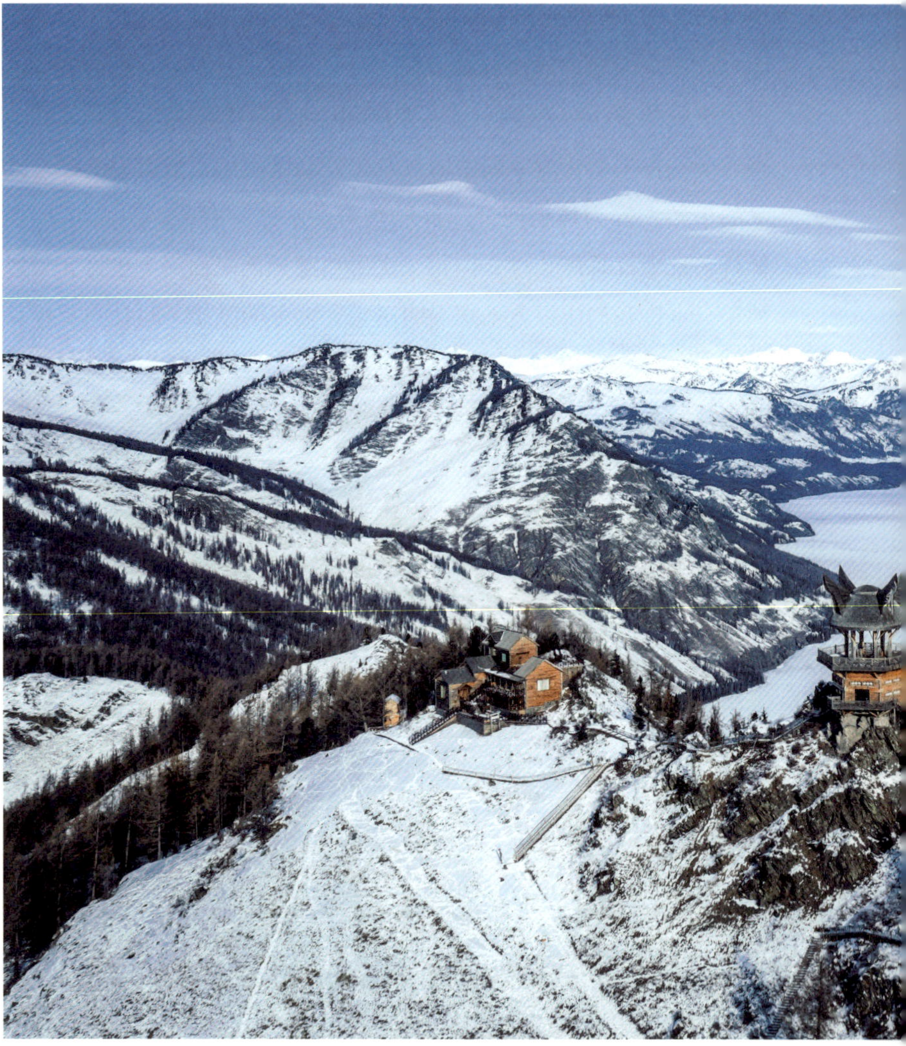

雪野中的喀纳斯湖。摄影 / 青木 Aokiii（图虫创意）

仙脚印"。宝石般碧蓝翠绿的河水、柔美的河曲、五彩的森林，使月亮湾具有梦幻一样的意境，成为喀纳斯最富魅力的景观之一。

如果非要给喀纳斯的景色找一个高潮，卧龙湾当之无愧。卧龙湾位于月亮湾下游，距喀纳斯村约10千米，因河湾中有一酷似龙形的河心滩而得名。而最让人心醉神迷的也恰是这龙形的河心滩。心滩树木苍翠，碧草茵茵，而岛的四周细细的、白白的沙款款依偎。卧龙湾的形成和两段地质历史密切相关，早期的冰川作用将山谷侵蚀成底部宽缓的U形河谷，而喀纳斯河左岸一支沟突然暴发的泥石流将河道淤塞，导致河面变宽，水流变缓，形成似河似湖的河湾。之前河谷中的冰川丘陵，半淹在水中，形成四面环水的沙洲。

月亮湾上游便是神仙湾，神仙湾是喀纳斯最大的河湾，最宽处达700米，它的形成也和泥石流的壅堵有关。因为河水不畅形成大片水域及沼泽地，水中有数个小岛，岛上林木葱茏，芳草萋萋。到了秋天，岛上红杉变成金色，两岸的白桦树变成透亮的鹅黄，碧水秋叶、落霞牧歌，景色诱人。

鸭泽湖是喀纳斯湖前端一个已经沼泽化和退化的小型冰碛堰塞湖，它位于喀纳斯湖口冰碛丘陵的末端，是残留在古河道的一个沼泽性湿地，距喀纳斯村约4千米，湖面呈南北走向，长3000米，宽600~800米，面积约1.3万平方米，形状如碟，湖四周芦苇密布，因湖中野鸭栖息而得名鸭泽湖。

冰川遗踪

来到喀纳斯，不能不去吐鲁克。吐鲁克是地图上的名字，当地人更喜欢把这里叫作"一道湾"。最初知道吐鲁克是因为那里有岩画和羊背石，尤其是羊背石是我们考察的重点，但到了那里我们才发现，它带给我们的不仅是岩画和羊背石。湖光山色、森林草甸同样令人沉醉。

从喀纳斯村徒步到吐鲁克，全程约5千米，中途要穿过一大片阿尔泰山泰加林[2]。这里是西伯利亚植物区系在我国分布的典型地区，其中有30个树种仅分布于阿尔泰山，如西伯利亚冷杉、西伯利亚云杉、西伯利亚红杉、西伯利亚落叶松等。

从吐鲁克看喀纳斯湖，辽阔而壮美。长长的湖岸在阳光下勾勒出优美的弧线。由于角度不同，湖水比其他任何地方看到的都要清澈。倘若早起，还会看到湖面氤氲着的淡淡烟霭，岸边山腰会有缕缕薄薄的白雾，喀纳斯湖就如戴着面纱的哈萨克族姑娘，绰约多姿。

到吐鲁克当然是为了看羊背石。羊背石是一种古冰川遗迹，是冰川以及冰川中所挟裹的岩块，在运动过程中对基岩产生磨蚀、刻蚀所形成的浑圆状岩丘。吐鲁克有三个地方可以见到羊背石，在这些羊背石的两壁发育有大量的冰溜面、冰川刻槽、冰川擦痕等。发生在200多万年前的冰川运动太遥远了，但通过吐鲁克的冰川遗迹，我们仍可以遐想冰河时期，银白色的冰川在山谷中蜿蜒穿行的宏伟场面。

古老岩画绘制在一处羊背石的石壁上。在岩画的图案中，可以分辨出马、羊、狼、狗、鹿、鸡等形态。岩画雕刻手法简洁、拙朴。从制作工具看，是先民使用尖而硬的工具，在岩石表面钻刻和凿刻

---

[2]西西伯利亚代表树种南延的产物，是西西伯利亚泰加林在我国的唯一分布区。

卧龙湾。摄影 / 茶香依旧

而成,所以,严格地讲,它们属于岩刻画。它们的作者是谁、有何寓意,已经无从考证了。但观者在简单的线条之中,极能感悟生命的存在,仿佛看到一个游牧民族的身影。

　　额尔齐斯河流域人类活动的历史十分悠远,据说公元前 2000 年以前,塞种人便迁徙而来建立起游牧的"行国"。西汉初期,匈奴人占领了这里,塞种人被迫南迁。自此,匈奴、鲜卑、柔然、突厥、蒙古、瓦剌、准噶尔、乌梁海、哈萨克等族群先后以此为家园。岩画是草原游牧民族最为独特的文化形式,也许这里的岩画就是其中一支游牧部落的"杰作"。新疆岩画保存最多的便是额尔齐斯河流域。

神秘的图瓦人

"谁知西域逢佳景,始信东君不世情。圆沼方池三百所,澄澄春水一时平。"这是成吉思汗的军师耶律楚材对喀纳斯的赞美。公元13世纪,成吉思汗西征的铁骑曾经途经这里。据传,当年随成吉思汗大军来到此地的蒙古人,很多留在这里繁衍生息,并最终成为居住在这里的蒙古族图瓦人的祖先。

图瓦人或译作土瓦人,自称"提瓦人"。中国史籍称之为"都波人""萨彦乌梁海人""唐努乌梁海人"等。国外旧称"索约特人""唐努图瓦人"等。

唐努乌梁海是图瓦的旧称,是亚洲腹地的一个古老地名,大体上包括了西伯利亚南端,叶尼塞河上游河谷近20万平方千米的地区。唐朝以前,唐努乌梁海地区先后为匈奴、鲜卑、突厥等北方少数民族政权的统治区域,唐代为都播部地,隶属安北都护府管辖。公元13~18世纪时,图瓦处于蒙古控制之下。1655年始,清朝将图瓦纳入版图,但未实行有效统治。乾隆二十三年(1758年),清军击溃准噶尔部蒙古军队后,称"唐努乌梁海",设四十八佐领,实行有效统治。清同治三年(1864年),中俄签订《中俄勘分西北界约记》,沙俄拿走了唐努乌梁海西北部之地。清朝末年,尽管阿穆哈河地区被沙俄侵占,但萨彦岭以南、沙宾达巴哈至博果苏克一线以东的唐努乌梁海盆地仍然是中国的领土。清朝覆亡后,沙俄加强了对这一地区的渗透,唐努乌梁海成为沙俄的"殖民地"。俄国十月革命后,中国军队趁机收复乌梁海中东部三十六佐领。但很快,旧俄白军于1921年3月攻入这里,中国驻军和官员大部分遇害。同年夏,苏联红军赶走了旧俄白军控制了唐努乌梁海地区。之后乌梁海东部九佐领决定归附外蒙古，中部则在1921年宣布成立"唐努图瓦人民共和国"，受苏联保护。1944年图瓦人民共和国结束独立加入苏联。1945年中华民国政府和苏联签订了《中苏友好同盟条约》，该条约对于外蒙古的地位做了明确的规定，但对唐努乌梁海的归属未提及。

居住在我国的图瓦人，是一个人数极少而又具有较强封闭性的民族分支，总人口仅2500多人，并且全部分布在阿勒泰地区。以哈巴河县的白哈巴村，布尔津县的禾木村和喀纳斯村为主要聚居地。由于相对独立发展的历史悠久，目前仍保留着很多古代蒙古人特征和原始游牧民族的习俗，保留着古老完整的氏族血统观念和独特的宗教信仰、语言、服饰和民居，是难得的文化活化石。

禾木的冬天。摄影/beatles1919（图虫创意）

喀纳斯有两个季节非常值得一去。一个是夏季，满目苍翠、满山野花。西伯利亚泰加林保存着最为原始的状态，它们与草原相间，一个深黛一个浅绿，既界线分明，又融为一体，各种颜色的蘑菇藏在草丛野花中。而在森林、草地之间，偶有哈萨克族人和图瓦人毡房。毡房前，几个女主人或在草地上席地而坐，清理羊毛喝着奶茶，或在阳光下翻弄奶渣，旁边必有三两小孩追逐跳跃。这个季节是游牧民族一年中最为惬意的时光，牧场水草丰美，羊奶产量丰盈，气候又温暖，林中物产也丰富。另一个是秋季，这里的秋季来得早而且迅速，一进入9月杨树和桦树便开始变色，几天时间满山遍野就变得金黄。秋水长天，落霞孤雁，最令人心醉神迷。霜叶尚红，白雪已经迫不及待。薄雪轻覆，愈衬托出秋的明艳。此时的哈萨克、图瓦牧人从深山牧场出来，走在转场的牧道上。男人骑在马背上，女人骑在骆驼背上，孩子装在筐里，筐由骆驼驮着。他们身后是尘土飞扬的羊群，他们从这里转场到山下的戈壁滩，他们将在戈壁滩上的冬牧场度过一年中难熬的严冬。

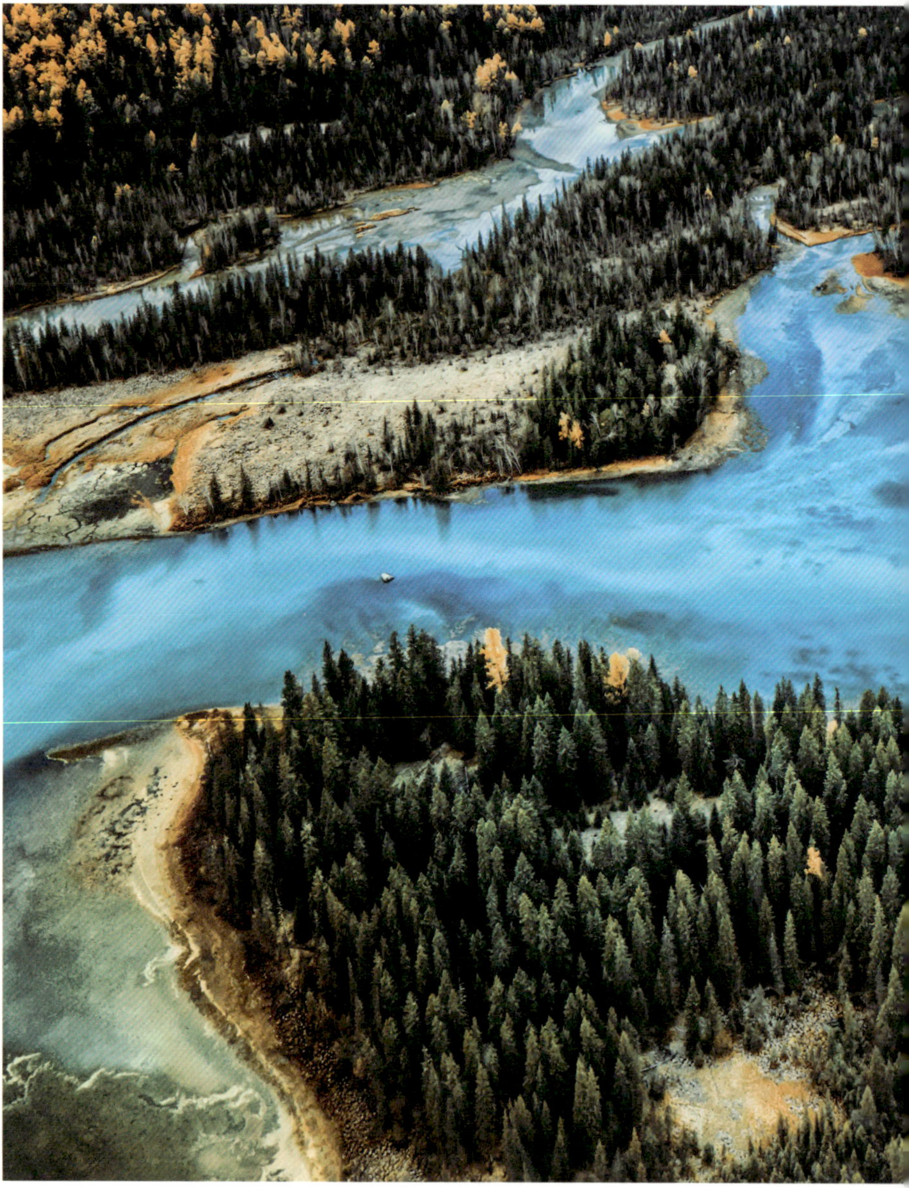

喀纳斯河的秋天。摄影 / 树懒 a 守望（图虫创意）

如此"浑蛋"：
准噶尔盆地边缘的石蛋地貌

> 准噶尔盆地向塔尔巴哈台山、阿拉套山的转换地带为低浅丘陵，没有大山的峻秀，也缺少大漠戈壁的空阔，显得波澜不惊。然而就在这平淡无奇的起伏中，隐藏着一些奇奇怪怪的花岗岩地貌，它们似山非山，似峰非峰，高不盈尺，却状貌万千，千疮百孔，又形态奇绝。它们是风沙吹蚀而成的花岗岩石蛋地貌。

千奇百怪的风蚀穴

夹峙在天山和阿尔泰山之间的准噶尔盆地鲜有人知道它的秘密，古尔班通古特沙漠盘桓在盆地的中央，阻绝着人类的脚步，它的知名度和曝光率甚至不及新疆的另一个死亡之地——塔克拉玛干沙漠，那里至少还有斯文·赫定、斯坦因的惊魂，至少还有余纯顺、彭加木的骸骨。

准噶尔盆地以南是东西纵横的天山山脉，它是新疆的中央山脉，栖息着无数奇绝的雪山冰川、深峡美湖和神话传说。盆地以北，阿尔泰山横亘在中、俄、蒙、哈四国之间，成为阻隔外域的屏障。那里是新疆美景的荟萃之地，雪山森林、奇峰秀水隐匿其中。

相对于南部天山和北部阿尔泰山的美丽与神奇，准噶尔盆地的

安徽天柱山上的典型石蛋景观。摄影 / 李忠东

西缘似乎略显平淡。塔尔巴哈台山和阿拉套山在一北一南平行分布，两山间盆地向山地的转换地带为一片波澜不惊的低浅丘陵。没有山的峻秀，也没有大漠戈壁的辽阔，目光所及皆是此起彼伏的石头，似乎难有故事可讲。然后就在这平淡无奇的起伏中，隐藏着一片奇奇怪怪的花岗岩地貌。它们似山非山，似峰非峰，高不盈尺，却状貌万千，千疮百孔，又形态奇绝。这种花岗岩地貌虽没有华山之险、黄山之秀，甚至也没有百里之外的阿尔泰山花岗岩峰丛那样高大峭拔，但却也精巧玲珑，自成奇景。它们是准噶尔盆地的风沙长年吹蚀形成的花岗岩石蛋地貌。

我们可以轻而易举地列出准噶尔盆地西缘，一串串这种地貌的

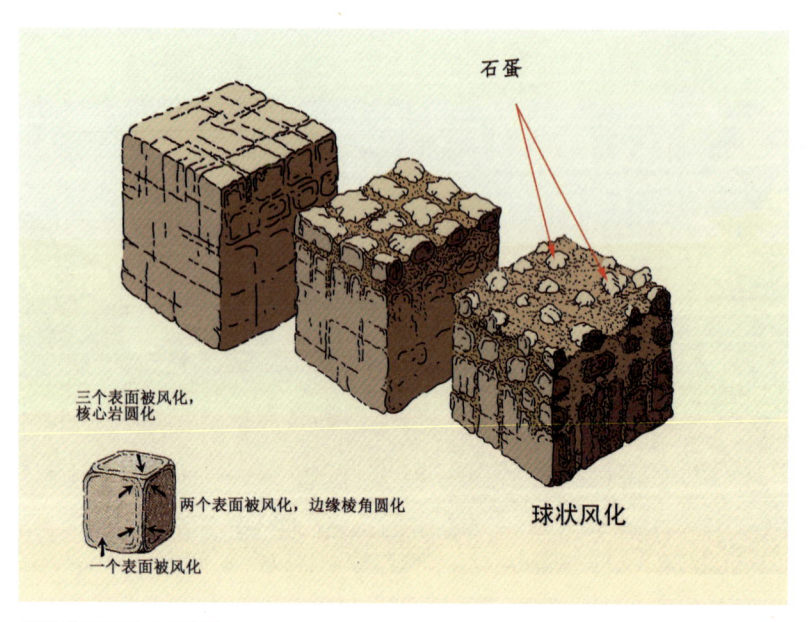

花岗岩石蛋形成示意图

名字，如博乐的怪石峪、哈巴河的哈龙沟、托里的铁厂沟、吉木乃的神石城……不需要专门去寻找这些地方，只需沿着盆地的西部边缘，一路向塔城、博州、布尔津的方向，但凡有花岗岩出露的地方，都可以看到这种奇奇怪怪的石蛋。

2015年第5期的《中国国家地理》有两篇关于花岗岩地貌的文章。主编单之蔷先生在卷首语中，历数了我国的花岗岩石蛋地貌，而旅游地学专家范晓先生则系统地描绘了阿尔泰山的花岗岩地貌景观。然而，两篇文章美则美矣，了则未了。单先生在东南沿海画出了一条"石蛋海岸线"，从海南三亚的天涯海角到福建厦门的鼓浪屿。

他又从南岭与黄河之间的花岗岩带中寻找到多个峰顶石蛋的景观。然而，令人遗憾的是，单先生虽有提及西北寒温带的花岗岩石蛋地貌，但明显着墨不足，意犹未尽。范晓先生将吉木乃的神石城划入阿尔泰山，也有值得商榷之处。实际上，神石城所在萨吾尔山属塔尔巴哈台山脉的东延部分，与阿尔泰山之间有额尔齐斯河相隔，属于独立的地貌单元。此外，形成神石城石蛋的花岗岩也与形成穹状峰的阿尔泰山花岗岩在时代和成分上存在较大差异，将其划入阿尔泰山花岗岩景观带实在有些勉强。

通过查阅地质资料，我们发现在准噶尔盆地西缘，发育着一系列的北东—南西向断裂，沿这些断裂断断续续出露了许多大大小小的花岗岩体。这些岩体随萨吾尔山、阿拉套山的隆升而形成浅丘地貌。之后数百万年间的冰雪冻融，花岗岩沿节理坍塌解体，加上南风和西北风的常年持续吹蚀和盐风化作用①，最终形成以石穴、石龛、石臼、石蛋、石堡为特征的花岗岩风蚀景观，其中尤以石蛋地貌、石堡地貌为其一绝。岩石表面千奇百怪的风蚀穴成为这种地貌最显著的特征和识别码。

在这个条带上，博乐的怪石峪和吉木乃的神石城最为奇绝。两个地方以"怪"和"神"命名景区，足可见景观的出人意料。

怪石峪，以怪立身

穿过准噶尔盆地进入博尔塔拉蒙古自治州，心情会随着大地变

---

①一种普遍存在的物理风化作用，它是指岩石表面的盐分随着降水渗入岩石孔隙（或裂隙）中，结晶、膨胀，导致岩石崩裂，在岩石表面形成坑坑洼洼的风化穴的现象。

绿而心生愉悦。博州位于天山西段的阿拉套山、别珍套山、博罗科努山之间的绿洲盆地。源于这三座山的博尔塔拉河由西向东横贯全州，滋润出大片农田和牧场后，流入艾比湖，消失在准噶尔盆地茫茫戈壁……

博乐市是博州州府所在地，位于博尔塔拉河畔，是中国西部边陲重镇。除了州府，这里同时还是新疆生产建设兵团农五师的师部所在。被称为怪石峪的地方，位于博乐市东北方向约40千米的阿拉套山南麓，恰是中国与哈萨克斯坦两国交界处。1998年通过中国和哈萨克斯坦勘界补充规定才完整地回归中国版图的夏尔希里自然保护区便位于其北面。准噶尔盆地的最低点，新疆最大的咸水湖——艾比湖款款偎在怪石峪的东侧。东起连云港，西出阿拉山口，终点为荷兰的鹿特丹港，横贯中国六省，穿越七国的新亚欧大陆桥不仅是从这里通过，它在中国段的西桥头堡便是位于怪石峪东北角的阿拉山口岸。

来到这里我们发现，怪石峪和阿尔泰山高大雄伟的花岗岩山峰完全不同。这里花岗岩出露于阿拉套山南麓浅丘地带，相对高差不过数十米而已，出露面积约210平方千米，主要为黑云母斑状花岗岩，形成于约2.9亿年前。站在高处极目远眺，远端阿拉套山莽莽苍苍，脚下怪石丘壑千重，如大海波涛。沿着一条名为卡浦达尔依的沟谷溯流而上，很快就进入这种花岗岩所形成的"怪石世界"。只见两侧石丘兀立，层层石蛋，参差垒砌，极尽怪诞之态。石蛋表面，因盐风化作用、常年定向风吹蚀作用和冰雪冻融所形成的景观千奇百怪。崖顶星罗棋布的石臼，崖壁足可容身的石洞，状如佛龛的石穴、石龛，石穴与石穴之间的石槽，飞跨于两石的石梁、石桥，无不生

佛龛状的石穴。(图片由四川省地球物理调查研究所提供)

布满石穴的崖壁。(图片由四川省地球物理调查研究所提供)

动有趣。尤其是无数石穴聚集形成的蜂巢状石穴,将一块块完整的石蛋风化得嶙峋怪诞,观之或如骷髅鬼面,或如妖魔神怪,真是怪到极点而奇,丑到极点而美。

在我们熟知的地貌名称中,"石蛋"是最为亲民的,因为它来源于百姓对这种景观最形象、最直接的称谓,被地理学家直接拿来命名这种地貌。1960年,地理学家曾昭璇在《岩石地形学》中便首次提出"石蛋地形"。而居住在准噶尔盆地西缘的哈萨克族牧民,对这种地貌也有自己的称谓,他们称为"阔依塔斯",意为"羊群一样的石头",同样直接而形象。不仅在怪石峪,这一区域凡是有这种地貌出现的地方,地名都叫"阔依塔斯",它甚至成为在地图上寻找这种地貌的线索。

著名地貌学家崔之久在《中国花岗岩地貌的类型特征与演化》一文中多次提及准噶尔盆地。他认为这里大量带风蚀龛[②]的石蛋地貌,是特定干旱区—半干旱区气候的产物。降水少、蒸发作用强、日照时间长、太阳辐射强、昼夜和季节温差大导致强烈物理风化是这种地貌的形成原因。此外,风力大、风蚀作用强则在岩石表面形成深、宽数米,且口小肚大完全封闭的石穴、石龛。近年来,有学者认为这种地貌的形成主要与盐风化作用有关。

2007年前,笔者在主持怪石峪地质遗迹调查项目时,便提出将"怪石峪式花岗岩"作为北方干旱地区花岗岩风蚀地貌的典型代表。这个观点不断被接受,"怪石峪型花岗岩"不断出现在各种用途的地质遗迹分类表中,并最终作为一种新的花岗岩地貌类型。怪石峪有幸成为这种花岗岩地貌的原型地,终于以"怪"立身。

[②]一种类似于佛龛的风蚀穴,发育于岩石表面,一般认为是由风蚀作用和盐风化作用形成。

神石城,以石为城

我们喜欢把制作精美的工艺品称为鬼斧神工、自然天成,形容其工艺之复杂、制作之精良已超人力所为。另一方面,我们又将大自然的鬼斧神工以"城"来命名,仿佛这些景观都是经过悉心规划,缜密设计,由巧工智匠精心建造而成,绝非大自然的随性而为。

在新疆有许多以"城"命名的景观,如"魔鬼城"。塔里木盆地和准噶尔盆地边缘的浅丘地带,普遍发育中生代以来沉积的河湖相碎屑岩,主要为砂岩、泥岩和砾岩。这种岩石在常年定向风和季节性流水的冲刷下,形成大面积的雅丹地貌和丹霞地貌,这是西北干旱区所特有的地貌景观。在形态上,它们往往如古堡城郭,庙宇

奇台魔鬼城。摄影/姜曦

宫殿，造型幻异，色彩明亮鲜艳。入夜后，古堡城郭幽深诡异，狂风吹过，石、峰之间似有鬼哭狼嚎，让人心生畏惧。所以，这种地貌几乎都被称为魔鬼城。新疆有多少魔鬼城，没有人统计过，但脱口就可以说出好几个，如乌尔禾魔鬼城、奇台魔鬼城、哈密五堡魔鬼城、罗布泊魔鬼城、拜城魔鬼城等等。甚至有专家建议以"魔鬼城地貌"来命名这种奇特的地貌类型。

新疆以"城"命名的景观中，还有一个名叫"神石城"的景观，位于阿勒泰地区的吉木乃县。

吉木乃县位于萨吾尔山东麓，额尔齐斯河南岸，准噶尔盆地西北部。这里位于著名的喀纳斯旅游环线上，心怀喀纳斯的游客从县域东侧绝尘而去，很少有人把目光投向这里。

神石城的花岗岩地貌，主要分布在两个区域。南部的神石城景

神石城，又名"阔依塔斯"，意为"像羊群一样的石头"。摄影/李忠东

区和北部的恰其海景区，两个景区虽同为花岗岩地貌，但因岩石成分和气候条件的差异，景观截然不同。

先说南部的神石城景区。神石城，自然是后来取的名字，在当地哈萨克族牧民的口中，它也是"阔依塔斯"——"像羊群一样的石头"，分布于萨吾尔山北坡前山，海拔在1400～2000米之间，相对高差约600米。

神石城的花岗岩地貌随山体海拔变化和地形的转换，出现有趣的变化。沿着沟谷往上游前行，沟谷两侧的山脊主要为层状节理受强风化所形成的丘状低山，多组垂直节理和斜节理将山体顶部切割得支离破碎，石蛋初具形态，但分离度不高，远观像一个布满裂纹的破碎蛋壳，形成状如虾、蜈蚣、鳄鱼、蚂蚁等节肢动物的象形景观。它们此起彼伏，层层叠叠。

沟谷中，地形转折处，垂直节理占据优势，往往形成陡崖，长度在几十米到几百米之间。崖墙两侧和中间往往受到切割，形成丘状峰、石堡、石壁、石墙、石柱等景观。不同的类型其实代表着花岗岩地貌发育的不同阶段以及风化的强弱差异。规模宏大的崖壁，还形成洞穴。洞穴之中，洞厅、天窗、天生石桥一应俱全，虽不及岩溶洞穴秀美，但因其发育于花岗岩中，更为难得。

继续向上，越接近山顶，石蛋的浑圆度和分离度越高，景观主要表现为石蛋堆垒。无数半圆石蛋层层叠叠垒堆在一起，组合出最令人称奇的象形景观。娃娃寻乳，稚幼可爱，惟妙惟肖；鬼脸娃娃，憨态可掬；铁甲骑兵，威武神奇；非洲少女，多情忧思。神石城的奇妙全在这里。

到了山顶，相互堆垒的石蛋组合体逐渐稀少，兀自独立的巨型

石蛋两两相依或三五成群。石蛋浑圆度在这里也达到最大值，形态接近完美。

考察中我们发现，准噶尔盆地西缘常见的石蛋表面上的风蚀岩穴，在这里却很难寻找。是何原因，实在让人百思不得其解。幸好，相距这里 30 千米的恰其海景区，弥补了这个美中不足。

恰其海是一个长约 5 千米、宽 1 千米的花岗岩岩丘，相对高度在 50~60 米之间，突出于周围的平野田畴。花岗岩石蛋发育于两侧的缓坡，表面的蜂巢状石穴又大又深，结构复杂，常常彼此连通。有些石蛋内部被掏空，像一个个孵化之后的鸡蛋壳，而有些则如精巧的镂空石雕。

恰其海另一个奇观便是克孜里塔斯山上的近千个石臼。它们星罗棋布，大小错落，妙趣横生。尽管在花岗岩顶面发育石臼并不为奇，但如此密集仍属罕见。前几年，有专家将这种石臼称为冰臼，认为是古冰川作用留下的遗迹，但大多数专家的研究结果并不支持这种观点。仔细观察后我们发现，这些凹坑，其实有由小到大的发育过程。发

吉木乃神石城花岗岩石峰（左图）、石蛋（右图）。摄影 / 李忠东

育这种石臼的岩石为斑状花岗岩，矿物颗粒较粗，极容易被水和风带走。当风速达到每秒4米以上时，就会对花岗岩表面产生强烈的冲击，从而将细小颗粒吹走形成小坑。而持续的定向风挟带着的砂砾对这些小坑环形摩擦导致小坑越来越大，久而久之便形成了石臼。原来，是草原盛行的定向风雕琢了这一千古奇观，不解之谜，答案就在身边。

我国是全球花岗岩分布最广的国家之一，花岗岩的分布面积占到了国土面积的十分之一，因而从来不缺花岗岩奇景。华山之险、黄山之秀、三清山之峻、天柱山之雄，很多人都已见识；海南五指山、厦门万石崖、福建平潭这样的巨型石蛋，我也见过。然而，当准噶尔盆地西缘的花岗岩石蛋地貌出现在眼前，我们仍然为之震撼。奇、险、秀、雄，我们习惯用来形容花岗岩地貌的华丽词汇，在面对它们时，显得那么不合时宜。这些石蛋既非生于"名山"，可以借山之势而扬名；也不能自成一岛，悬浮于汪洋，受万众瞩目。它们或兀立浅丘，或独卧碧草，高不盈尺，却极尽怪诞。也许真的唯有"怪"和"神"才足以描述它们的奇绝和独特。

天山北麓，
一条斑斓的彩色走廊

> 天山，历来被视为神秘之域，雪山、冰川、森林、草原在这里交会。然而，它的精彩远不止于此。在天山北麓，有一条长约 300 千米、宽约 50～80 千米的彩色丘陵带，穿越其中，犹如行走在色彩走廊。

我的职业是需要与山打交道的，因为最精彩的地质现象都保存在山体的皱褶之间，最丰富的矿产资源和最动人的地质景观也藏在其中。

天山是新疆名副其实的中央山脉，它不仅将新疆分割成南疆和北疆，而且将塔里木盆地和准噶尔盆地阻隔在南北两端，避免它们合流形成更大的沙漠。

我对天山的认识有一个转变的过程。之前在伊犁、塔城，深入到西天山山体的内部，谷岭之间苍郁葱绿，阡陌纵横，天山带给我的是塞外江南的印象，美则美矣，但毕竟太不像新疆。直到有一次无意间走进天山北麓的 S101 省道。行驶在雪山与盆地的过渡带，如波涛涌浪般的红色碎屑岩所形成的丘陵地貌中，又看到了另一副面孔的天山。

S101省道，丹霞、彩丘构成的彩色走廊

尽管不是新疆人，也没有长期生活在新疆的经历，但我对新疆的熟悉程度却并不亚于我生活的四川。一次和朋友聊天，席间有一人眉飞色舞地讲起他穿越S101省道的经历，其表情令人神往。这是S101省道第一次进入我的脑海。

新疆S101省道从乌鲁木齐至独库，是20世纪60年代修建的一条战备公路。彼时，中苏关系空前紧张，战争一触即发。公路沿着天山北麓而行，而不是沿着一马平川的准噶尔盆地，除了"备战备荒"的战略考虑，还真想不出其他更加合理的理由。但正是这个特殊时期的特殊工程，却让我们有机会领略到天山与准噶尔盆地之间最精彩的段落，最不为人知的风景，这条路也成为色彩最丰富的斑斓之路。

从乌鲁木齐向西南出发，20千米之后向西便驶入S101省道。S101的起点正好位于中国科学院新疆分院测定的"亚洲大陆地理中心"。穿过短窄的戈壁，越野车很快驶进丘陵起伏的硫磺沟，我们立即被明丽的色彩挟裹在其中。裸露的岩层红、黄、绿、褐层理分明，色彩斑斓。各种颜色的山体连绵浩荡，瑰丽壮阔。硫磺沟是南山山区一条产煤量最为丰富的沟，该地的地下煤火一直处于自燃状态，曾经"裂隙纵横，浓烟弥漫，岩隙间火焰呼呼，经年不绝"。直到2003年，这场燃烧了百年的"地火"才终于被扑灭。正因为有这段历史，很多资料中都将红色山体的形成归结为煤层燃烧形成的烧变岩，这当然是一种误解。

硫磺沟其实只是这条彩色走廊的开始，沿着S101省道一路向西，

不同色彩的岩层形成的彩色丘陵。摄影 / 刘志勇

以红色为主调的各色岩层或壁立千仞，色若红霞；或山如波浪，此起彼伏。一直到乌苏市以东的白杨沟，这条连绵了近 300 千米的彩色走廊才算是告一段落。

300 多千米的彩色走廊，貌似景观雷同，其实细究时却有很大差别。这种地貌在地学上统称红层，主要形成于炎热、干燥地质时期的古盆地和湖泊环境。最常见的红层地貌是丹霞地貌，其次是雅丹地貌和彩色丘陵地貌。

进入 S101 省道，行驶在波浪起伏的色彩海洋，我们发现很难用红层中的其中一种类型来概括它们。丹霞地貌、彩色丘陵以及尚未命名的其他红层地貌在这里交替出现。丹霞地貌主要分布在呼图壁一带。这里既有丹崖绝壁、堡状丘山、叠板岩墙、单斜群峰、孤山独峰等宏观景观，又有柱状石峰、孤立岩墙、笋状石芽等微观象形山石。注意观察的话我们会发现，这里的丹霞地貌不仅有"顶平、身陡、麓缓"的典型丹霞特点，同时还大量出现"斜顶"的非典型丹霞特征，这和我们在南方看到的温润气候下所形成的丹霞地貌截然不同。这是因为这里受到天山造山带的影响，发育一系列东西向褶皱和断裂，岩层往往出现不同程度的倾斜，因而大量出现"斜顶"。

在呼图壁，还有一种独特的丹霞形态——砂岩窗棂宫殿构造，这是我国西北旱区特有的丹霞地貌形态，因其立面酷似窗棂，整体结构如宫殿而得名。它的形成与岩石之间的差异风化有关，硬度较低的泥岩形成凹槽，而硬度较高的砂岩等则形成凸棱，凹凸叠置，观之便如无数窗棂悬挂绝壁。崖壁的表面，常常覆盖雨水淋滤作用形成的泥乳状物质，"窗棂"之间，如冰凌悬垂于屋檐。有些崖壁上密布各种盐风化形成的孔穴，大如佛龛，小如蜂巢。

行至七彩山，突兀于地表的城郭状、堡寨状、峰柱状地貌不见了。一片彩色丘陵如流霞飞动、彩虹坠地。走进七彩山，像走进了一个光怪离奇的梦幻世界，各种色彩从四面八方涌过来，紫红色、棕红色、浅黄色、灰绿色、灰白色……各种颜色交杂在一起。

其实，在整条彩色走廊上，分布最多的还是彩色丘陵。形成这种地貌的地层主要为白垩纪的各种颜色的粉砂岩和泥岩，它们交替出现，结构疏松，易于风化。尤其当岩层中含有白色石膏层时，高明度的白色、黄色，中等明度的红色、赭色和低明度的绿色和黑色成为绝妙的组合。明度之间的反差，让整个丘陵区各色杂陈，组合有序，极富韵律感和层次感。而后期的构造运动使其表现为单斜山和单斜群峰，再加上地层极易风化，形成了五彩斑斓的叠层状丘陵景观。岩层间的肌理条纹，像彩带一般，随着山势的起伏，绵延展布。

而有些区域，丹霞和彩丘合二为一。当坚硬的砂岩盘踞山顶，在风雨的侵蚀中，它们更多地保存下来，并被风雪和岁月雕刻成城堡、宫殿，

丹霞石峰。摄影/刘志勇　　　　　　　　廊柱状丹霞。摄影/刘志勇

或者突兀的岩柱，仿佛这一领域的"王宫"和至高无上的王者。而"王宫"之下，波涛起伏的彩色丘陵，如王宫之下铺设的彩毯。彩丘与丹霞的结合处，隐藏着石头垒砌的羊圈，这里是牧民的冬牧场，当高山的草场被雪覆盖之后，牧民们举家赶着羊群和骆驼来到这里，在羊圈旁边搭起毡房，高耸的丹霞长墙可以为他们抵挡北方的寒风，他们将在这里度过漫长的冬天。

为什么这里不能叫"百里丹霞"

沿线的旅游宣传资料都习惯将这条彩色走廊称为"天山百里丹霞"，其实不够严谨。

丹霞地貌自命名以来，对其定义始终存在争议，"顶平、身陡、麓缓""有陡崖的红层"被认为是最常用的判别方式，要形成这种标准的丹霞地貌，岩层水平或近水平则是关键。然而，这里构造复杂，

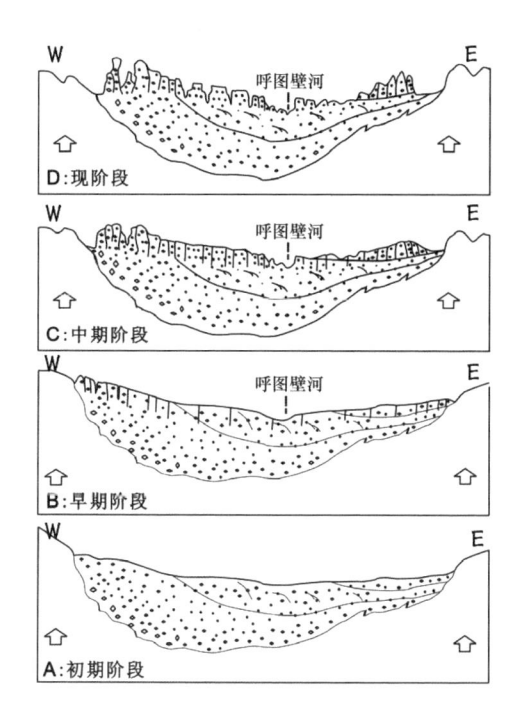

呼图壁丹霞地貌形成模式图。

有着4排褶皱的天山北麓乌鲁木齐山前坳陷带，很难有成片的水平岩层，因而也就难以形成大规模的典型丹霞地貌，只有在背斜的核部，地层相对平缓的地方，才具备这种条件。所以在这个区域所形成的丹霞地貌往往并不典型，更多表现出"顶斜、身陡、麓缓"的非典型特点。

此外，形成丹霞的岩石也要相对坚硬，具备一定抗风化能力。中生代白垩纪的块状砂岩、砾岩是丹霞地貌的最佳造景岩层，而形成这条彩色走廊的岩层，除了中生代砂岩、砾岩，还有大量的泥岩、粉砂岩以及新生代固结程度较差的岩层。尤其是越往西，岩层形成的时间越短，岩石的固结成岩越差，抗风化能力也越弱，也就越无

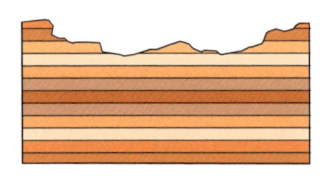

白垩系早期沉积的水平岩层

构造运动形成褶皱，并接受沉积

地壳抬升，剥蚀上覆地层出露地表

彩色丘陵形成示意图

法形成陡峭的山崖和连绵的绝壁长墙，而更容易形成波浪状起伏的丘陵。有些地方因淋滤作用将岩石中易溶成分溶解带走，地表岩石逐渐失去其完整性、致密性，丘陵表面覆盖着一层残留在原地的松散物质，让丘陵变得更加浑圆。

同样，红色是丹霞地貌最显著的识别码。由于沉积环境多变且交替出现，相应形成的岩石也随环境呈红、紫红、黄绿、灰绿、灰黑等颜色并相间出现，呈现出七彩的效果，这也与丹霞地貌有很大差别。

记得一次在飞机上和一位旅游地学专家聊天，他提到新疆，尤其是天山南北的山前丘陵与盆地之间，存在着一种特殊的红色碎屑岩地貌，它们既不同于丹霞，又不同于风蚀形成的雅丹，他给这种地貌取名为"赤砂山地貌"。他的观点让我茅塞顿开，我们看到这种地貌的确具有颠覆性和特殊性，也许真的特殊到需要用一种新的名称来称呼。

这里的石头为何如此多彩

崇尚风雅的古人创造了许多美好的文字,用来形容色彩。如红色就有绯、彤、品红、桃红、绛、朱红、赤、赭等。在他们看来,尽管都是红色,但细看却又有许多不同,如赭为深红色,赤为火红色,绛为大红色,绯为橙红色,光看这些名字就充满了诗意。

天山北麓的红层地貌发育于乌鲁木齐山前坳陷[①],坳陷西起乌苏以西,东至乌鲁木齐附近,呈近东西向展布,长约 300 千米,南北宽 50～80 千米,形成于大约 2.5 亿年前的海西运动[②]末期。进入中生代之后,这里发育大型陆相浅水湖盆,干湿与冷暖气候频繁交替,坳陷内沉积了厚达万米的红层,以红色为主调,多套色彩斑斓的地层,如灰色、灰绿色、灰白色、酱红色、红褐色、砖红色、紫红色、土黄色等,更为神奇的是各种彩色地层呈现出韵律式变化,它们不仅很好地记录了地质历史过程中沉积环境与古气候演化等信息,而且也为这条彩色走廊的形成奠定了丰富的物质基础。

颜色是岩石学中一个简单而直接的表现形式。地质学家经常用颜色来描述岩石或区分矿物组成,而岩石的表面颜色也常常成为遥感技术中的解译标志。中国科学院广州地球化学研究所的马英俊利用穆斯堡尔谱法研究过吐鲁番盆地沉积岩中的总铁含量和铁化学种的分布与岩石颜色之间的关系。研究表明,沉积岩中的含铁矿物可

---

①一种地质构造名称。山前坳陷中往往堆积了大量的砂岩、砾岩等粗碎屑岩,容易形成丹霞、土石林景观。
②又称为华力西运动,是晚古生代地壳运动的总称,得名于德国的海西山。在海西运动过程中,形成了许多重要的山脉和地质构造,如乌拉尔山脉、祁连山、天山等。

以使岩石表现出特定的颜色，如赤铁矿使其呈红色。大部分的 3 价铁化合物会导致岩石呈橘红色—黄色，2 价铁化合物如绿泥石和铁硫化物会使岩石呈暗色，如绿色、灰色甚至是黑色。

北京大学地球与空间科学学院王熠哲则对准噶尔盆地南缘白垩纪—新近纪地层颜色韵律与古环境和古气候之间的关系开展过研究。研究结果表明，沉积岩中最常见的颜色为白色、灰色、黑色、绿色、红色、棕色和黄色等，反映了沉积岩不同的矿物组成及其形成环境。白色至浅灰色表明沉积物纯净，有色矿物或有机质含量低；黑色往往反映了还原环境或局限环境；而红色以氧化环境为主，在炎热干燥和潮湿季节交替中沉积物常常会间歇性地暴露于水体之上，从而更容易形成红色岩层。

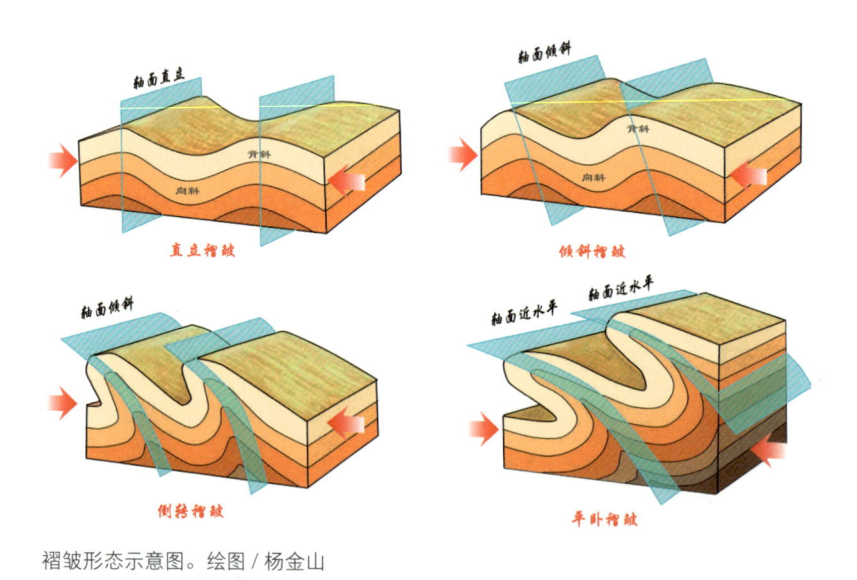

褶皱形态示意图。绘图 / 杨金山

天山山脉。摄影 /pengyou92/deposit（图虫创意）

热气泉、泥火山，天山地震带的馈赠

大约4000万年前，印度板块从遥远的南方漂洋过海数千千米与亚欧板块激情相拥，这个重大的地质事件不仅造成喜马拉雅山的隆起，它的巨大能量一路向北传导，还引起数千千米之外的天山山脉的强烈隆升。不仅如此，在天山两侧山前的坳陷内还形成强烈变形的挤压构造带，也就是薄皮构造，就像挤压三明治时，引起三明治上层较软的部分发生变形。乌鲁木齐山前坳陷就形成了4排东西走向、平行排列的断裂和褶皱带。这些断裂和褶皱是形成丹霞地貌和彩色丘陵地貌的关键。断裂让山体高低错落，岩石沿节理崩塌形成陡崖，而褶皱则让岩石发生变形，形成单斜山和波状起伏的丘陵。

不仅如此，天山造山带同时还是一条活跃的地震带，乌鲁木齐山前坳陷就位于北天山地震带。自有历史记载以来，这里就是地震活动强烈的地区，历史上曾发生过多次强烈地震，如1906年沙湾7.7级地震、1944年新源7.2级地震、2016年呼图壁6.2级地震等。

地震活动并非只有灾害，沿着地震带还形成一系列的温泉、热气泉群，这算是北天山地震给予人类的补偿。比如东侧的硫磺沟就有几十处终年喷涌的天然热气泉，一路向西至头屯河、玛纳斯火烧洼，也都有热气泉出露。仅呼图壁县的南山地区就有多个温泉群和热气泉群。

乌苏市赛力克提牧场艾其沟双泥火山锥。（引自《新疆地质遗迹——大地绽放的景观群》）

断裂带给予这里的第二件礼物就是泥火山。泥火山是由泥浆喷溢形成的假火山，它只是形状类似火山，具有喷发口，和真正的火山一样会出现剧烈喷发，但泥火山并不是真正意义上的火山，泥火山的喷发物主要是泥质、黏土质沉积物以及水和气体的混合物，不具有岩浆通道，也不喷发炽热的岩浆。

全球在陆地和浅海区已经发现的泥火山约有2000余座，主要分布在阿尔卑斯山—特提斯缝合带和环太平洋带。在我国，台湾地区有十几个泥火山活动区，而在新疆天山的北麓存在多个形态各异、规模不一的泥火山，其中最具代表性的泥火山在沙湾市南霍尔果斯、独山子、乌苏市白杨沟镇、乌苏市赛力克提牧场艾其沟等地。每处又有数个至几十个喷溢出口，其中乌苏的白杨沟镇分布着亚洲最大的泥火山群，赛力克提牧场则有亚洲最大的泥火山堆。这些泥火山都处于天山北麓乌鲁木齐山前坳陷带内，均位于背斜褶皱的轴部，显然其形成也与这里的构造密切相关。

泥火山作为一种奇特的自然景观，不但具有观赏价值，而且和构造活动及油气带之间的联系密切，使得它具有重大的研究价值。地震和泥火山都是现代地壳运动的显著标志，而且泥火山的喷发与地震具有较强的关联性，如1948年10月5日土库曼斯坦共和国首都阿什哈巴德市发生7.3级地震时，在极震区就引起泥火山的重新活动；2004年中国台湾地区发生了6.2级地震，地震之前高雄县的泥火山便多次喷发。北天山的泥火山分布带，也是中、强地震活动频发的地区。有学者研究表明，这一区域泥火山活动与天山地震强烈活动有紧密的对应，特别是北天山一些5.0级以上地震的前后，有时就伴随有泥火山喷发。

天山北麓的红层地貌。摄影 / 天雨之光（图虫创意）

斑斓的河谷

天山的北麓，数十条河流由南向北流淌，它们相间而行，几乎等距，分布极有规律。受到相同构造作用控制，所有河流均向一个方向偏移，数条河流就像芭蕾舞剧《天鹅湖》中的四小天鹅，动作整齐划一。

穿行在河流切割出的峡谷中，给人带来另一种视觉享受。河流将平阔的大地拉开一个口子，外面平淡无奇，但进入箱形的谷地，你会看到河流将色彩斑斓的岩层切开，在流水的冲刷下，形成了无数的细沟、切沟，如一幅绚丽多彩的抽象派油画作品。在河谷底，河流千转百回，时分时合，时大时小，交织缠绕，乱如发辫的流水在河道中留下一道道的河心滩，像一条条游动的海豚。而河水冲刷彩色岩层带来的物质也在河床沉积，整条峡谷五彩斑斓，明亮动人。安集海峡谷、奎屯河峡谷、玛纳斯峡谷、塔西河峡谷等，所有穿越天山北麓彩色走廊的众多河谷都呈现令人惊诧的色彩和线条。

依连哈比尔尕山是天山山脉中的北天山的一部分，属天山支脉，东起于新疆乌鲁木齐南，西止于乌苏市南。依连哈比尔尕山数量众多的冰川为河流提供了足够的水量，雪山之下牧草丰美，是优质的夏牧场。再往下，则是森林草原带，阴坡或半阴坡天山云杉成片生长，而阳坡则高山草原起起伏伏，这里是优质的冬、夏牧场。再往下则是以低山丘陵为主的红层带，这里山势平缓，为半干旱草原，雪山带来的湿润水汽已是强弩之末，而古尔班通古特沙漠的干燥空气也到不了这里，所以这里既没有天山深处的大片森林，也不似荒漠带那样焦干而荒凉。山体斜坡、山麓起伏的浅丘、沟谷的底部都覆盖着绿草和灌木，即便是赭红色赤裸的崖墙绝壁，也并非寸草不生，往往有三两成簇的草灌点缀。

河流穿过这片红层，将大量的物质带出山区，在天山北麓、准噶尔盆地南缘沉积形成冲积平原，形成与红层带平行的一条绿洲带。沿着这条绿洲，阡陌纵横、花果飘香，昌吉、呼图壁、玛纳斯、沙湾、石河子、乌苏……一个个绿洲之城像珍珠一般点缀在河流带来的丰腴大地上。

康家石门子岩画

雪山与河流滋养出的土地，自然会伴随人类文明的生生不息。历史上这里曾经是丝绸之路北干道的重要组成部分。西汉之前，塞种、大月氏、匈奴、突厥、蒙古等族人曾经在此游牧。"一望平畴、沃土千里、物产丰富"的自然资源,带给这里的不仅是富庶,还有兵祸战乱。之后,东且弥、乌贪訾离、劫国、车师、高车、高昌、柔然、突厥、回鹘等均在此"建功立业"。而更早之前的距今3000年前,这里已经有了文明的火种。在呼图壁的南部山区有一块石壁兀立如阙,当地老百姓称之为"康家石门子"。据说是因为清朝时期有户康姓人家为躲避战乱逃到这里而得名。1983年呼图壁县"地名办"主任李世昌为编纂《呼图壁县地名图志》,在普查与走访中,根据当地牧民的描述发现了康家石门子岩画,后经王炳华教授考察,认为这里"是一处非常重要的遗迹。很可能,他们是与公元前3世纪以前,在新疆北部地区活动的塞人有关的一支居民……"他的这个观点获得苏北海教授的认同,后者在《丝绸之路与龟兹历史文化》的"龟兹石窟壁画中裸体艺术溯源及其贡献"部分中作了进一步的说明:"呼图壁县康家石门子的巨幅生殖崇拜岩画,属父系氏族社会时代凿刻,因为岩画上所反映的以男子为中心的生殖崇拜,但还未进入奴隶社会。根据中亚进入奴隶社会的大体时间是在公元前5~前3世纪,则康家石门子的巨幅裸体岩画应该产生于公元前500~公元前1000年之间,即距今约2500~3000年时间。"

岩画刻于侏罗纪砂岩绝壁之上,这处绝壁是一面砂岩窗棂构造的组成部分,远望岩画所在的山体如连绵山峦中的一座城堡,软硬相宜的砂岩为岩画的雕刻创造了条件,崖壁之上差异风化形成的岩腔为岩画提供了风雨不侵的保护,让这处珍贵的文化遗产得以保存至今。岩画分布的范围长14米,宽9米,下沿距地面2.5米。在这面积达120平方米的画面上,总共雕刻了300多个大小不等的人物,高者超过真人,小者不过二三厘米,人物或站或坐、或舞或蹈,千

康家石门子岩画。摄影 / 邵开山

姿百态，变化无穷。其中，岩画中心表现男女媾和的双人舞和生殖图腾最为神秘，令人遐想。据考古学家考证，康家石门子岩画为 2500 ~ 3000 年前的夏商时期，天山的古代先民塞人为祭祀天神，祈求生育，由巫师和族长组织石刻艺人经过长时间雕刻而成，表现了岩刻民族祈求生育、子孙兴旺的美好愿望。纵观整个岩画，气势恢宏，布局精致，技法精湛纯熟，它不仅给人一种赏心悦目的艺术享受，更重要的是它向人们传递了古代社会的宝贵信息，对研究古代社会的政治、宗教、习俗、舞蹈有着十分重要的科学价值。

登上康家石门子岩画所在的丹霞崖壁顶部，天山山脉的雪山隐逸在远端，雪山之下群山苍茫，赭红色的崖石在覆盖着青草的浑圆状山丘之间显得特别醒目。星星点点的毡房，珍珠一样的羊群，骑在马上执鞭放牧的牧民，成为这幅图画的点睛之笔。这种自然环境孕育的人类生产和生活，其实从雕刻岩画的那一刻起，似乎从来没有消失和改变过，眼前的牧民似乎就是从岩画中走出来的。

帕米尔高原：
多少美丽，多少遗憾？

> 说到山，其"祖"在帕米尔。构成亚洲骨架的喜马拉雅山、喀喇昆仑山、昆仑山、天山、兴都库什山均在此汇聚，然后向四周延伸。帕米尔是《山海经》中记载的"不周山"，是丝绸之路上的"葱岭"，是玄奘翻越过的"波谜罗"。清朝鼎盛时期，整个帕米尔高原均属中国管辖，经过英国和俄罗斯的多次强夺与私分，帕米尔八帕中仅塔克敦巴什帕米尔的全部和郎库里帕米尔的部分现属中国，其余已沦入他国之手。

以命换命的河流

每一个初到新疆的游客都会被告知两句话，第一句是"不到新疆不知道中国有多大"，第二句则为"不到喀什不能算到新疆"。

喀什俨然成为新疆的形象代言。

事实上，南疆也的确是一个蕴藏神秘与神奇的地方。塔克拉玛干的漫漫黄沙，楼兰的神秘与神奇，塔里木河千年不倒的胡杨，和田莹润如羊脂的美玉，帕米尔的辽阔与高远的山地高原，喀喇昆仑山起伏的雪山脊以及丝绸之路和玄奘古道等无不像磁石一样吸引着求知者和探索者,法显、玄奘、马可·波罗、斯坦因、斯文·赫定以及近代的彭加木、余纯顺……无论是在了无边际的沙漠还是雪峰耸峙的高原山地,那些探秘者留在这里的艰涩足迹和被夕阳拉长的背影总是让人肃然起敬。

2014年6月,我们考察组一行从乌鲁木齐出发前往帕米尔。此行的目的是开展这一区域的地质遗迹调查,这是全国重要地质遗迹调查的一部分。飞机从乌鲁木齐的地窝堡机场腾空而起,舷窗下的街道、房屋、山川、田园迅速远退,最后定格成绿、灰和白色的色块。白色是天山山脉的最高处,这条呈东西向绵亘的大山,如一个巨大屏风将新疆分隔为南疆和北疆。它的山顶大多数时间被云霭所罩,

慕士塔格峰下的花海。摄影/李忠东

帕米尔高原。摄影/镜观天下SYB（图虫创意）

每一次飞机从它的头顶掠过，尖锥状的博格达峰，总是半隐于云中，隐逸而矜持。也许正因为这种若隐若现颇具神性之美，武侠小说总是出奇地"迷恋"这里。"天山童姥""七剑下天山""天山仙女"，无数的英雄侠客、神仙妖怪似乎都不约而同地选择这里作为他们的居所。

在西北的很多地方，雪山的出现意味着绿洲的出现，也就意味着文明的起源与发展延续。天山孕育了南北两侧前山带、沿塔里木河的大片绿洲以及吉尔吉斯斯坦、哈萨克斯坦境内的大片绿洲。围绕这些绿洲，匈奴、月氏、乌孙、柔然、悦般、高车、突厥等游牧民族和西域古国曾经创造了无数的荣耀与辉煌。那些驰骋于雪山之下、大漠之上的游牧部落，享受着天山赐予他们的牧场，用马蹄、金戈和追随在身后的羊群书写着西域文明的铁血与柔情。

飞机越过天山，航线向南。机腹下，雪山之水难以滋养的地方，大地呈现出单调的黄色，这是了无生机的颜色。塔克拉玛干用连绵千里的"焦黄"诠释着大漠。远离雪山的土地，了无边际的空阔与死寂，总是让人窒息。等到大地重新有了绿意，飞机已经临近喀什上空。透过舷窗向下俯瞰，喀什的北面是连绵起伏的西天山的余脉，西南是帕米尔高原皑皑积雪，唯独东面塔克拉玛干大沙漠，黄沙一撒千里。从飞机上俯瞰喀什平原，更像一块飞毯轻轻地搁在黄色的大漠之上。这绿色似乎是因为你的出现才出现的一样，显得既突兀又和谐。随着飞机不断下降，绿色不断扩大，最后淹没了视线。

河流就在这个时候恰好出现在舷窗，它就像舞者的水袖，在大地上旋转、飞舞出眼花缭乱的柔美线条。源于帕米尔雪山的吐曼河、克孜勒苏河是喀什最主要的河流，这两条河流演绎着雪山、绿洲和大漠的永恒传奇。雪山融水越过高地，一路劈山斩岩而来，在这里制造出一连串绿洲，然后于大漠中消失殆尽。这是新疆所有内流型河流的宿命，不会有"纳溪聚微而成大江"的机会，更没有终归大海的那一天。它们滋润了山前有限的土地之后，再无力前行，显得多少有点悲怆。然而，只要是河流流淌过的地方，则是生命盎然的绿色、多如繁星的牛羊和代代相传的文明。河流把生命延续给了路过的树木、草根，留给了牛羊以及每一个活着的生命，这种以命换命的豪爽符合这里的性格与特质。

古之不周，汉之葱岭，唐之波谜罗

一直以为青藏高原是地形起伏最大、地貌变化最为丰富的区域，甚至一直固执地以为青藏高原的这个特征是世界所独有的，我来到新疆后，改变了这种看法。在北疆，穿越准噶尔盆地，然后随山前丘陵的起伏进入阿尔泰山深处，我惊奇地发现，其地貌的变化和精彩程度完全可以和青藏高原媲美。而在南疆，从塔里木盆地到海拔7000多米的慕士塔格峰，更是将地貌变化之美推到了极致。从燥热的沙漠到挂满冰川的雪山，甚至只需要2个小时的车程，其地貌的转换之快，既挑战着心脏的承受力，同时也挑战了对山的认知。

6000万年前，印度板块与亚欧大板块碰撞形成喜马拉雅山脉，而且在西北和东南方向形成两个"山结"，这两个山结在地势图上就像顶入亚欧大陆的两个犄角，其中西北的山结就是帕米尔高原。山结，就是山脉在这里"打结"，构成亚洲大陆骨干的几条巨大山系——喜马拉雅山、喀喇昆仑山、昆仑山、天山、兴都库什山都在这里聚首汇结，然后以此为中心向四周延伸，让这里有"万山之祖"的美称。

帕米尔，史称"春山""葱岭""波谜罗"。而在最古老的记载中称为"不周山"，有关这个名字的最早记载出现在《山海经》："西北海之外，大荒之隅，有山而不合，名曰不周。"诗人屈原在《离骚》中便有"路不周以左转兮，指西海以为期"的诗句。而同时期创作的《淮南子·天文训》则对不周山的"不周"作了更为神奇的描述："昔共工与颛顼争为帝，怒而触不周之山，天柱折，地维绝。天倾西北，故日月星辰移焉；地不满东南，故水潦尘埃归焉。"仿佛不周山的风水，直接影响着地球的安危；仿佛它的每一次变化，都会引起全球地貌的重组。

为何在几千年前的远古,这里便有了如此高的知名度?几千千米之外的中原,为何要将这里当成天朝的风水之地?留给我们的,只是神话……

帕米尔的另一个称谓"葱岭",最早出现在汉朝,据说是因山中多野葱或山崖葱翠而得名。伴随着汉武帝对西域的苦心经营以及丝绸之路攀越其间直达黑海,"葱岭"之名频繁地出现在史籍中。东汉时期,地处帕米尔高原的疏勒国[①]是联系东西方的交通枢纽,无数的丝绸从内地运到这里,然后转贩到安息[②]和罗马。大批的西方珍宝和香料经过这里被运往中国内陆,成为后宫嫔妃的最爱。

在这一时期,同时通过这里传入中国的,除奇珍异宝而外,还有佛教文化。东晋的法显便翻越葱岭,抵达恒河。在他写的《佛国记》中,不乏帕米尔各国山川地理和风土人情的记载。

追随法显脚步,还有大名鼎鼎的唐代僧人玄奘。那时,葱岭已经有了一个新的名字——"波谜罗"。研究表明,"帕米尔"的称谓极有可能正是由"波谜罗"的发音演变而来。深邃的峡谷,陡峭的山体,此起彼伏的雪山以及变化莫测的恶劣气候,给这个倔强而坚定的行者制造了难以想象的麻烦。如今,我们仍能在《大唐西域记》中读到帕米尔带给他的寒意:"国境东北,逾山越谷,经危履险,行七百余里,至波谜罗川。东西千余里,南北百余里,狭隘之处不

---

①西域古国,著名的西域三十六国之一。位于塔里木盆地西缘,即现在的喀什地区,汉时与于阗、龟兹、楼兰、车师等均为西域大国。
②又名阿萨息斯王朝或安息帝国,是亚洲西部伊朗地区古典时期的一个奴隶制帝国。与汉朝、罗马、贵霜帝国并列为当时亚欧四大强国。

慕士塔格峰冰川峡谷。摄影 / 向文军

逾十里。据两雪山间，故寒风凄劲，春夏飞雪，昼夜飘风。地碱卤，多砾石，播植不滋，草木稀少，遂致空荒，绝无人止。"

帕米尔八帕

当地人称帕米尔为"班伊邓亚"，就是"世界屋脊"的意思。帕米尔虽然也被称为"世界屋脊"，但和青藏高原完全不同。帕米尔高原并不是典型的高原，因为它并没有平阔的高原面，而是由多条山脉和山脉之间的宽谷和盆地组成。2006年7月，我从喀什向南翻越帕米尔，便深深体会了这个词的生动内涵，海拔由1200米跃升到7600米的高峰，一路上岩石和冰雪如巨大的围墙耸立在峡谷两侧。

但一旦穿过峡谷，越上平台，地势突然空阔。两侧耸立着此起彼伏的极高山，山顶覆盖冰雪，山腰是树枝状的冰川，然后是布满砾石的坡地与河流冲积形成的河谷相接。雪山下的河谷更像是一个巨大的广场，河流在河谷中或翻腾，或蜿蜒如蛇，然后注入一个或多个湖泊。而河溪和湖泊的四周，则是宽阔而又平坦的沼泽湿地，夏天绿草茂盛，野花遍地，牛羊散落其间；而到了冬天，花草枯黄，河流冰冻，草地和垭口甚至积雪深埋，人畜难以通达。英国探险家柯宗在《帕米尔和奥瑟斯河的河源》一文中称帕米尔"既是肥沃的，又是贫瘠的；既可居住，又是荒芜的；既是明媚的，又是可厌的"。

帕米尔被当成高原，据说极有可能是因为它的名字。"帕"在当地人的语言里，意为"高寒而平坦之地"，是对山脉之间相对平坦的平原盆地的一种称谓，有点类似于四川的"坝子"，一个平原盆地，称为一"帕"。而"米尔"是"高山"的意思。所以"帕米尔"组合起来的词意便是"由若干平原盆地形成的高山"，或无数"帕"组合成的"总帕之山"。

帕米尔共有大大小小8个"帕"，由北向南依次为：和什库珠克帕米尔、萨雷兹帕米尔、郎库里帕米尔、阿尔楚尔帕米尔、大帕米尔、小帕米尔、塔克敦巴什帕米尔、瓦罕帕米尔。其中塔克敦巴什帕米尔的全部和郎库里帕米尔的部分现属中国，其余属于塔吉克斯坦、阿富汗和吉尔吉斯斯坦。八"帕"几乎由一系列东西向的宽缓河谷所组成，它们的两端皆为峡谷，之间以山脊分隔，从一个"帕"到另一个"帕"往往需要顺着河谷走到下游河流交汇处，再顺着另一条河谷进入，或者翻越各"帕"间山脊的垭口，无论哪种方式都极为困难。

通常我们说的帕米尔高原，有比较明确的地理界线：北以阿赖山脉为界，南至兴都库什山脉南麓，西抵喷赤河，东至慕士塔格峰和公格尔峰以东，面积约 10 万平方千米。其最高峰是位于巴基斯坦境内的兴都库什山主峰蒂里奇米尔峰，海拔 7690 米，但仅比中国境内的公格尔山高出 41 米。

由于帕米尔民族成分复杂，山河地名称谓纷繁，往往令人不得要领。所以对帕米尔最简单的划分就东、西两分，萨雷阔勒岭便是东帕米尔和西帕米尔的分界线。萨雷阔勒岭以东为东帕米尔，这里地形相对开阔平坦，由一系列山脉和一组河谷湖盆构成，山体浑圆，山脉被宽浅的河谷分割，发育冰碛平原和荒漠平原。萨雷阔勒岭以西为西帕米尔，由若干条大致平行的东北—西南走向的山脉、谷地构成，地形相对高差大，以高山深谷为特征。

萨雷阔勒岭是解读、理解帕米尔高原的关键，因为它不仅分割东、西帕米尔，而且是一条非常重要的分水岭，是叶尔羌河（塔里木河水系）和喷赤河（阿姆河水系）的分水岭和河源区。这条并不险峻奇崛的连绵起伏的山脉也是中国与塔吉克斯坦、阿富汗、巴基斯坦等中亚国家的界山。从塔里木盆地甚至中国内陆通过中亚的通道很多都会从它的达坂（山口）通过，如红其拉甫达坂、乌孜别里山口、瓦罕山口、明铁盖达坂等。尤其是萨雷阔勒岭与西昆仑山脉之间的宽缓谷地更是留下了无数探险者、求法者、商贾驼队的身影。

四面八方汇聚而来的高大山脉，使帕米尔成为现代冰川汇聚之地。尤其是我国境内的东帕米尔由一系列高山、极高山组成。公格尔峰、公格尔九别峰、慕士塔格峰海拔均在 7000 米以上，均为冰川分布的中心。据《中国冰川目录》统计，仅我国境内的帕米尔高原就有冰川 1289 条，冰川面积 2696 平方千米，冰川储量 249 立方千米，公格尔峰、公格尔九别峰、慕士塔格峰被称为昆仑三雄。

公格尔峰是西昆仑山脉上的第一高峰，海拔 7649 米，山峰呈金字塔形，峰体陡峭。据说，征服公格尔峰之难不亚于征服珠穆朗玛峰。直到 1981 年，英国登山队才从南坡首次登上公格尔峰峰顶。公格尔九别峰，海拔 7530 米，是西昆仑山脉上的第二高峰，由于山顶终年积雪，犹如牧民头上所戴的帽子，所以当地牧民就称它为"公格尔九别"（意为"白色的帽子"）。慕士塔格峰，帕米尔高原现代冰川的分布中心，也是世界著名的登山滑雪胜地，海拔 7546 米。与我们常见的尖棱状雪山不同，慕士塔格峰山体浑圆，无明显的角峰。这是因为慕士塔格发育的是一种冰帽冰川。慕士塔格有着"冰川之父"的美称，现代冰川主要沿山峰及两侧山脊呈放射状分布，2022 年时共有现代冰川 128 条，冰川分布面积达 377.21 平方千米。

与雪山相对应的便是河谷，帕米尔高原就分布着多条宽缓的河谷，平阔的地形，丰富的冰雪融水所滋润的牧场为人类生息提供了条件。生活在帕米尔高原的主要为柯尔克孜族和塔吉克族。柯尔克孜族在国外的同源民族汉语译作"吉尔吉斯人"，也是唐代所称的黠戛斯人，是生活于帕米尔的古老民族之一，其发祥于叶尼塞河的上游，长期保持游牧的生活方式。而塔吉克族属欧罗巴人种印度地中海类型，也是帕米尔地区的一个古老民族，其远祖可追溯为公元前 10 世纪前后来自欧亚草原的一些使用伊朗语的部落以及东西帕米尔的塞种人。公元二三世纪，生活在帕米尔高原的塔吉克族先民们建立了揭盘陀国，这个出现在玄奘《大唐西域记》中的小国存在了 500 年之久，是丝绸之路的重要驿站。据《中国统计年鉴·2021》载，中国境内塔吉克族的人口数为 50896 人。

被私分的帕米尔，有多少美丽，就有多少遗憾

　　历史地理学者唐晓峰曾说过，历史渊源和地域意识是识别民族的两项重要内容，而地域意识不仅是生存的地盘还包括"祖先圣地"，世代体系和地理体系的结合才能形成地域意识。在帕米尔我们发现，尽管这里地理体系完整，看上去是一个完整的地理单元，人类进入的历史也十分久远，但在历史的长河中却没有形成统一的、有影响力的民族和国家，也就是说这里缺少形成统一、完整的世代体系。而在帕米尔高原的四周却形成了历史悠久而强盛的文明，如印度、

塔什库尔干谷地。摄影 atviva（图虫创意）

吐蕃、象雄、波斯、康居，甚至北面和东面也有龟兹、疏勒、于阗的辉煌。这也许和帕米尔独特的地理有关，我们常常将帕米尔的地形概括为一纵四横。一纵是指萨雷阔勒岭，而四横则指西帕米尔四条东西向的平行山岭，山岭之间是瓦罕河、帕米尔河、阿尔楚尔河、贡特河、巴尔坦格河和穆尔加布河，沿着这些河谷，可以抵达中亚的四面八方。这样的地貌格局形成一个有趣的现象，帕米尔貌似四通八达，可以通向不同的地方，但却没有一条河谷可以完整地穿越帕米尔，也无法通过这些河谷从四面八方汇聚到帕米尔的一个点，它的地貌看起来有点乱，就像一个迷宫，缺少由四周汇聚或辐射向八方的中心点,正是这个特点阻隔了八帕之间的沟通和交流。操着不同语言的族群在各自的空间发展、延续着自己的文明,而从塔里木盆地通往中亚的通道,也只是从某条河谷穿过,它们仅仅只是通道,对整个帕米尔高原的影响十分有限。

但从 19 世纪开始,已经具有现代地理意识的西方人开始关注这里。因为从地理和地缘政治的角度,帕米尔在世界的位置显得极其重要,它位于亚欧大陆中心偏南的位置,像亚欧大陆的心脏,又像是亚洲的坐标中心,将亚洲分割为东亚、南亚、西亚和北亚。不仅如此,由于帕米尔地势高亢,自然有一种居高临下俯瞰众生的气势,似乎控制了帕米尔就可以控制整个欧亚,甚至整个世界。这个地理发现一夜之间让满脑子都是扩张思维的探险家、战略家、野心家欣喜若狂,犹如发现新大陆,他们从四面八方进入这里,为帝国收集情报,勘测地形。一直默默无闻的帕米尔突然之间成为全球热点,成为列强兵家必争的战略要地,导致本来全域属于中国、原本无领土争议的帕米尔最终被英俄瓜分,大部分脱离清时的中国版图。

1837 年 11 月在印度服役的英国海军中尉约翰·伍德从喀布尔出发,进入帕米尔高原腹地,成为这一区域现代探险考察的先驱,他行走的路线,据考证就是当时宋云、惠生、玄奘以及马可·波罗所走的路线。1860 年,一支印度情报勘测队受英国人的委托前往帕米尔开展持续 15 年的调查勘测。然后英国人福尔西斯、内伊·埃利阿斯、洛克哈特、荣赫鹏等纷纷进入帕米尔,同时进入的还有瑞典人斯文·赫定、法国人邦瓦洛特、荷兰人比朗特等。而在北方,俄国也不甘落后,他们组织了多支科学考察团多次进入这里,科考团中除了地理学家还包括大量的测量人员和军事情报人员。1895 年,由什维科夫斯基率领的俄国考察团在帕米尔考察时与英国军人杰拉德率领的英国考察团相遇，他们私自划分了两国在帕米尔的势力分界线。

在清朝鼎盛时期，整个帕米尔都在清政府的管辖之下。1759年，清廷平定大小和卓叛乱后，在伊西洱库尔淖尔（叶什勒池）湖畔建纪功碑，随后即设伊犁将军，管辖天山南北和帕米尔地区。1864年清政府与沙俄签订的《中俄勘分西北界约记》规定，中俄两国边界，"行至葱岭，靠浩罕界为界"，帕米尔在中国境内。1865年，被称为"中亚屠夫"的浩罕汗国人阿古柏在英俄的幕后支持下侵占新疆南疆。1878年，阿古柏余部被陕甘总督左宗棠击败后，清政府从阿赖岭至喀喇昆仑山一线，设立了八座卡伦，派兵驻守，我们仍牢牢控制着帕米尔。即便是到了1890年，英国利特尔戴尔和夫人穿越帕米尔时还写道："在一个没有偏见的观察者看来，在穆尔加布河以南的任何帕米尔地区不属于阿富汗，长久以来实际上是属于中国的。"

但进入19世纪末，中亚形势发生了巨变。位于北方的沙俄在征服浩罕等一些小汗国之后，加速向南扩张。而英国为了维护印度殖民地的利益，也向北扩张。1884年，英俄议定双方势力以阿姆河为界，阿姆河源头的帕米尔地区未定。而在同年，中俄通过协议（《续勘喀什噶尔界约》），把中俄两国在帕米尔地区分界线的起点，从帕米尔北部的阿赖岭移到了东北部的乌孜别里山口，并规定，从乌孜别里山口往南，"俄国界线转向西南，中国界线一直往南"，中间形成一块顶角为45度的三角形地区，为"待议区"。这样，沙俄就侵占了我帕米尔西北部大片领土，并把我国"现管之界"以内的一部分领土变成"待议区"，使其归属发生了问题。协议签订后仅仅过了数年，俄国便毁约侵占了待定的三角地带，不仅如此，还占领

塔什库尔干石头城。摄影/向文军

叶尔羌河上游昆仑山中的史前岩画。摄影/向文军

了协议中划归中方的萨雷阔勒岭以西地区。1895年，英俄私自划界，英国为了避免两个帝国直接碰撞，确保阿富汗拥有瓦罕走廊，默许了沙俄的侵略行为，大半个帕米尔落入沙俄之手。而此时的清政府在得知英俄密谋瓜分帕米尔后，多次与之交涉，无奈弱国无外交，交涉自然是无果。英俄划界之后，清政府提出抗议，但当时内忧外

患，也只能无可奈何地申明："日后必重申前说。"

之后，清政府倒台，沙俄变成了苏联，被沙俄占领的土地并入苏联领土，中华民国政府虽无法对帕米尔高原实施有效统治，但始终将帕米尔高原西边的喷赤河视为中国的极西点。1963年，中国和阿富汗签订边界条约，正式承认瓦罕走廊归属阿富汗。苏联解体后，沙俄侵占土地属独立后的塔吉克斯坦。秉着平等原则，1999年，中国与塔吉克斯坦共和国签署了《中华人民共和国和塔吉克斯坦共和国关于中塔国界的协定》，2002年，双方又签订了《中华人民共和国和塔吉克斯坦共和国关于中塔国界线的补充协定》；2010年，《中华人民共和国和塔吉克斯坦共和国政府关于中塔国界线勘界议定书》正式生效，进一步确认了两国边界精确位置，并于2011年举行了新划定国界的交接仪式。由此，长达数十年的边界争议得到和平解决。中国极西点向东移至今日位置。

瓦罕走廊可以说是英俄瓜分帕米尔，玩弄地缘政治的产物。瓦罕走廊，又称阿富汗走廊、瓦罕帕米尔，在历史上长期是中国的领土，唐时曾在此设鸟飞州都督府。在现在版图上，它像一只手臂，从阿富汗的东北部远远地伸过来，直抵中国边界。整个走廊东西长约300千米，南北最窄处仅15千米，最宽处约75千米。中阿两国在狭长的瓦罕走廊东端相毗邻，边界线只有92.45千米。走廊南北分别是巴基斯坦和塔吉克斯坦。划分边界时，这两个国家分属英属印度和俄罗斯，所以它又像一枚钉子，深深地嵌在两个帝国之间。

这条走廊一直是中亚通往塔里木盆地南缘绿洲最为直接的重要通道，也是古丝绸之路和玄奘之路的关键一环。公元747年，唐朝大将高仙芝率轻骑通过瓦罕走廊灭小勃律国，重新打通丝绸之路。喷赤河大部分河谷宽缓,驮运的牲口一年四季都可通行,两岸有大片庄稼和零星的居民点,可以为旅行者提供食宿,十分利于旅行者穿越旅行。

1895年参与英俄帕米尔划界的英国首席参谋霍尔迪奇,深知这样划界的用意。他在《印度的边界》一书中写道:"从阿富汗伸出的一只手臂,它伸展的指尖可以触及中国……它是一个政治上的屏障——好像是一条篱笆——俄国要超越它,就不得不侵犯阿富汗,而对阿富汗的侵犯,可能会(也可能不会)被当做战争的挑衅。"

这条"篱笆",目的是将英属印度与俄国隔离,但却从未考虑过阿富汗的感受。而实际上,阿富汗在很长一段时间,拒绝接受这样的划分。更为奇怪的是,划界的双方都没意识到或者意识到了但根本不在乎,他们是在中国的土地上划分边界。

作家萧春雷在《帕米尔,群山的"玫瑰结"》一文中写道:"英俄两大帝国博弈的结果是,帕米尔变成一个破碎的高原,重归神秘。这更像一种历史讽刺:他们原来争夺亚洲的枢纽,当双方如愿以偿,却发现这枢纽已经不存在。曾经有那么多道路穿越帕米尔,但它们无力穿越重重国界,行旅断绝,终成寂寞的遗迹。"

喀什:中心与边疆,与世界对话

从古至今,我们对新疆的印象都是西域、边疆。虽然早在西汉便在此设立西域都护府,唐设安西都护府,更有著名的"安西四镇",但这里始终是边远之地,中原王朝对这里的管治和影响也是时强时弱。

然而边疆和中心,从来都是相对的。对于中原王朝而言也许是边疆,但对于亚欧大陆而言这里却是一个中心。可以说,正是中心与边疆,共同构成喀什地理的完整体系。

从地质的角度,南天山、昆仑山和塔里木盆地三大构造单元在塔里木盆地西北缘交会,形成了帕米尔—西昆仑山北麓—西南天山南麓逆冲褶皱带,它们控制了喀什地区的地形地貌、河流水系的分布。

而从地理的角度,这里是众多山脉、高原、盆地的交会承转之地。青藏高原、帕米尔高原、塔里木盆地、中亚荒漠皆在此相聚,昆仑山、喀喇昆仑山、天山、兴都库什山等皆以此为根基,向四周延伸,俨然万山之祖,群山中心。杏花春雨是我们对江南的固有印象,有趣的是每年的三、四月份,塔什库尔干县东侧的库科西鲁格乡杏花开满塔吉克族的房前屋后。"山下杏花山上雪",俨然江南的杏花村。沙漠瀚海与雪山绿洲,塞北秋风与杏花春雨,竟然毫无违和地统一在了喀什这片土地。

从文化的角度,古老的中国文化、印度文化、波斯文化、阿拉伯文化皆通过这里交流融合。历史上佛教、伊斯兰教、萨满教、基督教、摩尼教等不同宗教都影响过这里。桑与棉代表着两种不同文明,来自东方的桑蚕丝绵,来自南亚、中亚的棉花织品,亦成为彼此的舶来品。"中国制造"和"粟特制造"在古老的丝绸之路上交相辉映。

从地缘的角度,这里处于西亚、中亚、南亚、东亚的交会点,以一区之地与四国接壤,另与三国为邻。丝绸之路的南北道在此交会,塔莎古道、乔戈里古道、瓦罕走廊均从这里经过。这里历来是西域诸国必争的战略要地,是进出中亚的孔道。突厥、回纥、契丹、蒙古……那些北方部落、逐鹿中原的失意者,都曾将部族的希望托付给这方水草。大唐王朝、蒙古帝国、马其顿帝国、波斯帝国、阿拉伯帝国也都曾经驰骋在这片土地,大国之间的激烈碰撞既改变着这里的发

喀什老城。摄影 / 向文军

展进程，也给这里的文明带来特殊的印记。

从 19 世纪开始，已经具有现代地理意识的西方人开始关注这里。英国地理学家麦金德预言，谁控制中亚在内的亚欧大陆枢纽地区，谁就控制了世界。受麦金德的影响，西方野心家们从四面八方进入这里，喀什及其身后的帕米尔，成为英国和俄国等西方列强竞相争夺的战略要地。

1882 年，俄国便在喀什设立领事馆，1884 年 5 月，斯文·赫定就曾在这个领事馆小住了几日。1908 年，英国也将新疆唯一的领事馆设在喀什，领事馆漂亮的小花园被称为"秦尼巴克花园"，意为"中国花园"。总领事马继业年轻貌美的妻子在这里生活了 17 年，并写下《一个外交官夫人对喀什噶尔的回忆》这本畅销书。英、俄两国纷纷在喀什设立领事馆，当然不仅是为了方便本国商人，更不是为了今后的浪漫回忆。他们都各自代表着背后的帝国，而他们争夺的却是中国的固有领土。

早在17、18世纪的清朝中叶，喀什便经过几次扩建成为"房屋稠密、街衢纵横、规模宏大、气象雄伟"的西域大都市，其规模甚至超过当时的迪化（乌鲁木齐），居全疆之冠。如今老街区仍基本维持着16世纪形成的格局，28条主要街巷是中国目前唯一保存完整的伊斯兰文化特色的迷宫城市街区。

这里不仅文化、建筑古老，历来是商贸中心。丝绸之路在塔里木盆地东缘兵分南北两路，绕过塔里木盆地，在喀什汇合，然后越过葱岭进入帕米尔高原，通往印度、伊朗等南亚、西亚、欧洲等地。彼时"驰命走驿，不绝于时月，商胡贩客，日款于塞下"（《后汉书·西域传》）。来自西方的皮货、药材、香料、珍宝等，来自东方的织锦、瓷器、金银器等，在这里"街衢交互，廛市纠纷"，十分热闹。其中波斯的孜然（安息茴香）在这里找到了知音，它与烤羊肉的混合刺激了人们的味蕾，让新疆的美食顿时有了灵魂。

清末民初，这里便设有电信局、通商局、银元局。据当时生活于此的外国人或外国探险家描绘，当时欧洲的商品在喀什十分常见和流行，欧洲的服饰需求量十分惊人，而且白色餐布和西洋餐具也出现在传统的伊斯兰餐厅。当时喀什的货币也五花八门，中、俄、印度的货币都在此流通使用。当时的喀什，算得上是一个边陲国际都市。

如今，喀什作为我国向中亚、西亚、南亚开放的桥头堡，凭借"五口通八国、一路连欧亚"区位优势，成为丝绸之路经济带核心区的重要支点、中巴经济走廊的起点，正焕发出新的生机。

塔什库尔干谷地：
冰川下的景观大道

> 单之蔷先生曾就帕米尔的"宽"和横断山的"窄"做过有趣的对比。他将宽谷作为帕米尔的独特之处，是深入理解帕米尔的关键。萨雷阔勒岭与昆仑山之间，就发育着一条长约 400 千米，宽数千米，大体呈南北向展布的高原河谷，这就是塔什库尔干河谷。河谷两侧雪山峙立，冰川蜿蜒，底部河溪纵横、湖泊密布，著名的中巴公路就从河谷中穿过。

在路上，我们遇到了一片花海

塔什库尔干河谷地质遗迹调查科考项目组从喀什出发，越野车行驶在中巴公路，后备箱被馕、西瓜、哈密瓜以及其他干粮和水塞得满满当当。

中巴公路，又称喀喇昆仑公路。起点是中国新疆城市喀什，终点为巴基斯坦北部城市塔科特，全长 1224 千米，中国境内长 415 千米。这是一条著名的国际公路，在中国境内，这条公路等级至少相当于山重三级，路面平整，各种标识系统完整，而从红其拉甫达坂进入巴基斯坦境内后，这条路便变为碎石泥结路，和我们的乡村公路没有什么区别。从这个侧面可以看出两国社会经济水平的巨大差距。

中巴公路完整地穿越塔里木盆地、盖孜大峡谷、帕米尔高原、喀喇昆仑山脉、兴都库什山脉以及喜马拉雅山脉西端，沿途屹立着100多座超过7000米的高峰，包括海拔8611米的世界第二高峰乔戈里峰。中巴公路大部分路段，都是沿着塔什库尔干谷地而行，一路荟萃了沙漠、丘陵、峡谷、宽谷、雪山、冰川、湖泊等奇绝景观，成为新疆最美的景观大道。

塔里木盆地西缘，车窗之外的沙砾地焦干而枯燥。车上的新疆同行却称它为草原，大大出乎我们的意料，这完全与想象中风吹草低见牛羊的草原相距甚远。但据新疆同行解释，干旱地区草原的评判标准是根据每平方米生长草的数量来确定，只要有三棵以上，皆可称之为草原。果然，不远处便看到有羊群在砂砾中啃食草根。

车过乌帕尔，前方有低矮的浅丘在远端起伏，愈往前，山丘愈高大。进入盖孜峡谷，我们便被帕米尔的群山裹挟在其中，中巴公路细若游丝地随着山势和河流蜿蜒起伏，连绵的雪山不断涌入视野。盖孜峡谷是帕米尔高原与塔里木盆地转换陡跌地带形成的深邃峡谷，有"帕米尔天梯"之称。60千米的路程，2个小时的车程，我们将完成从海拔1700米的塔里木盆地到海拔3500米帕米尔谷地两大地貌单元的切换。汽车紧贴着岩壁向上盘桓，盖孜河在岩壁下咆哮怒吼，历史上这条峡谷也是不同时期塔里木盆地通向中亚古道的必经之路，在这条古道上，玄奘、马可·波罗、斯文·赫定都曾吃尽了峡谷的苦头。

穿过盖孜峡谷，我们便进入西昆仑山与萨雷阔勒岭之间的塔什库尔干谷地。河谷地形宽缓，视野豁然，一个大湖像八爪鱼一样平摊在大地上，赭色裸露的山石和白色的雪山环绕在它四周。这就是著名的沙湖。几年前这里还是半湖、半河、半沼泽的湿地，沙山映海的景观，如今在盖孜峡谷西入口筑起了一道水坝，沙湖遂成了布伦口水库，沙山有一半被埋于水中，湿地也淹没了。

布伦口湖往西北方向行50千米便是塔什库尔干谷地的最北端——木吉盆地，我国当代版图的极西点便位于这里的木吉乡。木吉盆地内分布着数十座泥火山，也有专家认为是一种名为泉华丘的地质景观，可惜因为附近发现大型矿产资源，出于保密禁止外客进入，虽经多方协调，我们仍被拦在检查站之外。

我们只好掉头沿雪山下的宽谷向南而行。公格尔峰、公格尔九别峰簇拥于东侧，慕士塔格峰则屹立在前方的远端，著名的穹状峰体散发着迷人的光芒。从喀拉库勒湖流出的康西瓦尔河一路随行，时而奔涌，时而隐没在广袤的草地。视线转向窗外，远端河谷中一条暗红色的条带若隐若现，《中国国家地理》杂志上曾经刊发过的一张照片突然在脑海闪现。在那张照片上，一大片花海以慕士塔格峰为远景，印象极深。忙叫司机将车停在路边，那条暗红色条带果然便是河谷中开得正盛的花海。野花铺满整个河谷，延伸至公格尔九别峰、慕士塔格峰的冰川下，像雪山下的红地毯。

跨过小溪，我们便置身在这片花海之中。这是一种成片开放的天山报春花，花葶修长，花梗纤细，花萼钟状，花冠粉红色。它们的花期极短，只有每年的7月底至8月初不足一个月的时间。单株并不起眼的报春花是高原常见的植物，常常悄无声息盛开在路边，但当纯色的报春花成片绽放时，竟然可以将整个河谷染成红色。几个柯尔克孜族牧羊女在草地上席地而坐，他们并不介意我们的突然闯入，他们与雪山、繁花、碧草构成的画面极美。

慕士塔格——冰川之父

从进入塔什库尔干河谷，慕士塔格峰就一直在我们的远方。塔什库尔干河谷是东帕米尔最为著名的河谷，东帕米尔虽然山体高亢，极高山林立，但河谷宽阔平坦，有些区域甚至像一个广场，有人形象地称它是盛装开花白馒头的盘子，开花白馒头指的就是花瓣一样的慕士塔格雪峰。

海拔7546米的慕士塔格峰（Muztag Ata）在柯尔克孜语中意为"冰川之父"。这里是帕米尔高原现代冰川的分布中心，还是中巴公路上具有地标意义的景观。这座高度并不十分突出的雪峰长期被欧美登山者所关注，这在我国的极高山中是非常少见的。换言之，慕士塔格峰在欧美的知名度要远远超过在中国的知名度。在中国，她常常只是路边的风景，游客不远千里而来，匆匆忙忙站在喀拉库勒湖边，远远地向她伟岸的身影投去波澜不惊的眼神，然后淡定地向塔什库尔干和红其拉甫绝尘而去。

19世纪，著名的瑞典人斯文·赫定曾萌发过登顶慕士塔格峰的想法，但他的这个想法直到1956年，才由中苏登山队完成。慕士塔格峰之所以受到欧美登山爱好者的青睐，重要的原因之一就是这里是极高山中最容易攀登的。不仅如此，由于山顶平缓，这里还是著名的登山滑雪胜地，无数登山滑雪爱好者，身背滑雪板，登上峰顶，然后从山顶飞驰而下，这样的刺激与畅快唯有阿尔卑斯山能与之媲美，但阿尔卑斯山最高峰勃朗峰海拔不过4805.59米，又如何与海拔7546米的慕士塔格峰相比呢？

慕士塔格峰有"冰川之父"的美称。据说，这个有着相当威严的名字，是源于斯文·赫定的一次一知半解的误会。当年，斯文·赫定在绘制地图时，不知雪山的名字，便问柯尔克孜族向导，向导告诉他"慕士塔格，阿塔"。在柯尔克孜语中，"慕士塔格"就是冰川之意，而"阿塔"就是父亲的意思，斯文·赫定便以"冰川之父"来命名了这座雪山。其实向导所说的"阿塔"是对斯文·赫定的尊称，意思是"冰川，尊者"。如今，欧美登山者仍然称她为"慕士塔格阿塔"。

尽管冰川之父不过是斯文·赫定的误会，但慕士塔格峰并没有辱没这个美称。在我们认知中，冰川所形成的山体总是棱角分明，大多有着金字塔状的尖棱峰顶，如珠峰、贡嘎山，再如博格达峰、乔戈里峰。但慕士塔格峰颠覆了我们对传统雪山的认识，她的峰体

慕士塔格峰冰川。摄影／向文军

浑圆，无明显的角峰。这是为什么呢？

一般来说，冰川有两大类，即大陆冰盖和山地冰川。前者主要分布在高纬度地带，如格陵兰岛大冰盖、南极大冰盖。后者分布于中低纬度的山地，如青藏高原、天山、帕米尔高原等。然而，位于帕米尔高原的慕士塔格峰，既不属于大陆冰盖，又不属于山地冰川，她是这两种截然不同冰川的过渡类型。从远处望去，慕士塔格山顶仍保留着原始的夷平面，浑圆的山顶上冰川覆盖，形成了一种罕见的冰川类型——冰帽。神奇的是，在山顶的四周，有数十条深达上千米的冰川峡谷，峡谷内巨厚的坚冰向上溯源侵蚀，将山体切割成花瓣状。同时，峡谷中的冰川又因重力作用，缓慢向下移动，在山麓铺散开来形成山麓宽尾型冰川。山顶为冰帽，山麓发育山地冰川，大陆冰盖和山地冰川就这样在同一个区域内同时出现。

慕士塔格峰冰川前端的登山营地。摄影 / 李忠东

要领略慕士塔格峰之美，最好的位置是喀拉库勒湖畔。黄昏，我们驱车爬上湖北侧的一个高地，这里与喀拉库勒湖、慕士塔格峰正好呈一条直线，夕阳的斜晖洒满河谷，将镀金般的慕士塔格峰倒映在喀拉库勒湖平镜一样的湖面。

"喀拉库勒"意为"黑海"，面积约5平方千米。其实它是一系列湖群的统称，在喀拉库勒湖的北面还有两个稍小的湖泊，一个是沙特瓦拉德库勒湖，一个是巴色克库勒湖，湖的成因及构造与冰川侵蚀有关。远望喀拉库勒湖，我们发现湖水会在不同的时段，不同的部位，呈现不同的色彩。或碧绿，或湛蓝，或青灰，或金黄，如梦似幻。这是因为喀拉库勒湖水源来自上游的冰川，冰川融水中，悬浮有颗粒极细的粉砂，正是这些粉砂对阳光的反射、折射和散射，造就了"七色美湖"的色彩变换。玄奘在《大唐西域记》中描绘过一个名叫大龙池的湖泊："波谜罗（即帕米尔）川中有大龙池，东西三百余里，南北五十余里，据大葱岭内，当赡部洲中，其地最高也。水乃澄清皎镜，莫测其深，色带青黑，味甚甘美。"帕米尔湖泊众多，玄奘路过的大龙池究竟是哪一个，虽无定论，但喀拉库勒湖肯定是其中最有可能的那个。

喀拉库勒湖的湖口及湖头，由于水浅，往往形成湖滩及沼泽性湿地景观。花开的季节，漫步在这些浅滩湖沼旁，丰茂的水草，无边的花海，成群的牛羊，起落的水鸟，在远端雪山、近处碧湖的映衬下，美轮美奂。

而要近距离触摸冰川，则需要绕行到雪山西侧的苏巴什达坂，然后向东靠近雪山。苏巴什达坂是塔什库尔干河谷的分水岭，塔什库尔干河谷其实有两个水系，其北侧为盖孜河水系，南侧为塔什库尔干水系，分水岭正是苏巴什达坂。从苏巴什达坂垭口，我们驶上一条简易便道，向东朝着雪山的方向行驶 10 余千米，然后弃车徒步约 2 千米便来到慕士塔格峰西坡登山大本营。由于慕士塔格峰像一个被切开的西瓜，耸立着四条巨大的山脊，分别为南山脊、西山脊、西北山脊、东北山脊。这四条山脊中，惟有西坡坡势平缓，北坡和东坡均十分险峻。平缓的西坡便成了登山、滑雪的好场所，吸引了大量国内外的登山滑雪者。

说是大本营，其实无非是冰川前的一个平台，适合于搭建帐篷而已。我们去时，正好有外国登山者在此搭着几顶帐篷。走进帐篷，一个瑞典男人刚从雪山上下来，一身疲惫瘫坐在地上喝咖啡，滑雪板还湿漉漉地放在帐篷门口。过了一会，另一个也背着滑雪板从远处的雪山上下来，他的身后还有一个人正由远而近。半小时后，远处的这个人才疲惫不堪地走到帐篷边。是一个中年女人，她显然已经精疲力尽，坐在门口花了很长时间才艰难地脱掉脚上的滑雪靴。

我们通过塔吉克族向导询问可不可以接受采访，其中一个男人表示很愿意，但要等他再休息一下。半个小时之后，他容光焕发地出现在我们摄影机前。采访中，他拿出一本英文版的登山手册，上面密密麻麻地标注着全球著名山峰。他告诉我们，手册上的很多山峰他都成功登顶，慕士塔格峰在欧洲久负盛名，这是他第二次来到这里，第一次因为天气原因登顶失败，这次他们花了三天时间终于成功登顶，不过路上也遇到了些险情。临结束时，他告诉我们，他们的下一个目标是非洲的乞力马扎罗雪山，至于以后的打算，也许会尝试珠峰，也许会去 K2 峰（乔戈里峰），那本手册就是他的人生目标，除非自己老去或者死去，否则决不会停止脚步。

慕士塔格峰顶数十条深达上千米的冰川峡谷，将山体切割成花瓣状。摄影 / 向文军

慕士塔格峰下的喀拉库勒湖。摄影 / 李忠东

冰山下的塔什库尔干

走出冰川区,视野重新开阔。覆着浅草的山体,如波浪般起伏在远端,身后的慕士塔格峰半隐在云雾中,离我们越远,它反而越伟岸。

回到苏巴什达坂,驰上中巴公路,我们进入塔什库尔干河谷的另一条水系——塔什库尔干水系,也来到慕士塔格峰的南侧。苏巴什达坂将塔什库尔干河谷分割成北段和南段,同时源于慕士塔格峰的冰雪融水一条向北汇入喀什噶尔河,一条向南流进叶尔羌河,然后又各自穿越昆仑山,向东奔向塔里木盆地,最后消失在塔克拉玛干茫茫沙漠。塔什库尔干河谷将这两大水系串联起来,这条宽谷北起阿克陶的木吉乡,南至红其拉甫,一路雪山环绕、冰川蜿蜒、河溪纵横、湖泊密布。

苏巴什达坂,同时也是一个自然地理分界线和行政分界线,以此为界,北侧为阿克陶县,南侧为塔什库尔干塔吉克自治县,之间的慕士塔格峰在南北两侧也呈现出完全不同的地貌特征。从塔县境内看慕士塔格峰,山体拔地而立,角峰尖锐,更加气势磅礴。

越过苏巴什达坂便进入了塔什库尔干县境内。在地图上看,昆仑山、喀喇昆仑山、兴都库什山、萨雷阔勒岭等几条高大山脉由四面八方迤逦而来,均汇集于此。塔什库尔干竟有一半的土地覆盖在永久性冰雪之下。而从地势图上看塔县,则更有趣,整个县域被代表极高山地的深色调包围,仅北部有两条代表河谷的浅黄色条带。这两条浅浅窄窄的条带,生生不息地滋养着塔县全部的居民,也散布着这里不同寻常的文化遗踪。《中国国家地理》总编单之蔷先生曾把塔什库尔干称为中国最牛的县,他给出的理由除了一县对三国,便是塔什库尔干只有两种地形——山地和谷地。

冰川之下的塔合曼便是慕士塔格南坡极美的山间盆地。塔合曼,在塔吉克语中意为"四面环山",非常形象地表达了这里的地貌特点。盆地的中央,生活着近600户共3000多塔吉克族人。宽缓的河谷,源于慕士塔格峰的冰雪融水为他们的生息繁衍提供了条件。盆地之中,阡陌纵横,河溪蜿蜒,村寨井然,杨树环绕,俨然是雪山环抱中的世外桃源。站在村子南端的桥头,整个盆地尽收眼底,远景中的雪山冰川、中景的村寨田园、近景的河溪清流,塞上江南的极致美景大概也就如此了。

塔合曼盆地处于几条断裂带的交汇处,盆地内多有温泉出露。有名的塔合曼温泉位于盆地西侧山麓,水温达65℃,已成为当地老乡和游客洗尘、沐浴之处。在塔合曼,我们与正在这里开展温泉调查的新疆地矿局第二水文队相遇,他们已经在此工作了两个多月,通过物探、工程揭露、钻探等手段,摸清这里温泉的形成机制,并寻找更多可供利用的温泉。新疆的同行告诉我们,在塔合曼以南已经完成一口温度超过110℃的地热井的钻凿,从这里到县城的地热管道也即将完工,塔县将成为世界上第一个利用温泉供暖的县城,这是塔合曼盆地给予高寒恶劣环境中的塔吉克族人民弥足珍贵的温度。

穿过塔合曼盆地边缘的红色砂岩峡谷,便是塔什库尔干盆地。

萨里科尔是西方对塔克敦巴什帕米尔一带的旧称,意思是"黄金河谷",大概范围应当就是指塔什库尔干县。历史上的塔什库尔干在西域诸部的征服与反征服中,纷纷扰扰。汉代属西域蒲犁国,之后又在此建立揭盘陀国,唐时在此设立葱岭守捉,明代被叶尔羌国所征服。但不管历史如何凌乱,这里作为葱岭要冲的地位始终不变。

从中原、西域诸国通往中亚、印巴的道路均在此汇合。玄奘西游的艰涩脚印曾留在这里,丝绸古道的悠悠骆铃也曾在这里此起彼伏。有关这个城的故事,被记录在城北石头城的残垣断壁之中。

事实上,塔什库尔干一词的来源,便是这座石头城。塔什库尔干在维吾尔语中,即为"石头城"之意。石头城位于县城以北的山丘,地势上明显高出塔什库尔干河谷。有关这座古城的历史混沌不清。有人说始建于汉代,有人说是塔吉克族先人建立的"朅盘陀国①"的都城,有人考证是唐代的遗存,也有人说是1000多年前色勒库尔国人用120天建成的,但色勒库尔国又是何方国度,只有传说,史籍无考。果戈里说"当歌曲与传说缄默时,唯有建筑还在说话",但这里的建筑好像也是默默无语,留给我们无尽的猜想。

在普通游客眼里,如今的石头城,仅余石头,不见城郭。然而在考古学家眼里,这里的每一块石头都是故事,都可以拼装成完整的历史。据专家的考证,石头城依山势而建,用石块夹土垒砌,分为内外两部分,外城方圆3600米,城垣周长1285米。城堡建在高丘上,城虽小,地势却极为险峻。而走进城内,城墙、炮台、城门、城垛、女墙,还有城东的寺院、城西残存的民居……似乎一座城郭的全貌已在他们心中搭建完成。

石头城终究是一座废弃已久的古城,它曾经的辉煌,记录在一个叫马可·波罗的意大利旅行家的游记中,他写道:"荒凉的沙漠中,坐落着一个又一个繁华昌盛的古城,它们连接起了丝绸之路。在那里,各民族人民聚集在一起,繁荣富足……"然而这段记录怎么看都像

---

①西域古王国,又称渴盘陀国、喝盘陀国、渴饭檀国、汉盘陀国、喝啰盘陀国、大石国等。位于今新疆塔什库尔干,是塔吉克族祖先建立的王国。

是现代人炮制的文宣广告。而1300年前的《大唐西域记》里则记载，是迎亲路上公主受孕于天，使臣畏罪不敢回归而靠这小队人马"即石峰上筑宫起馆"同样让人充满疑虑。

　　石头城就这么让人不得其解，但这并不影响我们去欣赏它的雄阔气质。石头城适合远观，尤其适合站在阿拉尔金草滩隔水相望。

　　阿拉尔金草滩是塔什库尔干县城东侧的湿地。塔什库尔干盆地的地貌十分有趣，发源于萨雷阔勒岭琼塔什阔勒的辛滚河在西侧形成一个面积约40平方千米，高差达100米的巨大冲积扇，冲积扇上被开发成耕地，成为塔县难得的粮食产地。而县城的东侧，塔什库尔干河流经盆地的平缓地带时立即失去方向感，流水分成无数的细小汊流从一侧散开，然后在另一端重新汇聚。在这里，河流没有主河道，无数细小的河流不规则运动、互相交织缠绕、轨迹曲折混乱，并因此滋润出长10千米、宽约5千米的金草滩。清晨，阳光照耀金

草滩，流水滋润的地方，水草恣意，羊群埋首其中，认真吃着细草。炊烟在远端的毡房升起，几个塔吉克族小姑娘在河边汲水，明艳的服饰在阳光中犹如盛开的花朵。晨曦中的石头城被朝阳染成金色，阳光徘徊勾留在迤逦的墙碟。亘古静穆的城墙，在高原纯粹的蓝色天空下，雄伟、壮丽、仪态万方。它仿佛自古便立于这里，任头顶风云变化，任脚下马蹄声碎，金戈铁甲。在时空无涉的永恒中，又仿佛看到城中人影绰绰，国王、王后、奴仆、公主……行者的脚步纷沓，商队的驼铃声悠……似乎每个石头都是活着的。

作为中华文明连接古希腊文明、波斯文明、印度文明的古老洲际大通道，塔什库尔干除了在典籍留下众多传说故事之外，河谷内还留下了密集的人文遗迹。众多的古墓、古渠、古城堡、古驿站不仅将跨越时代、地域、文明的历史连在一起，也将昔时的繁华盛景保留在这残垣断壁之中。

塔什库尔干河谷。摄影/李忠东

塔什库尔干金草滩与石头城。摄影 / 李忠东

　　帕米尔高原是古代丝绸商道上的重要战略要地，像河西走廊一样被历代中原王朝所重视。在历史上的大多数时期，中原王朝都通过建立组织完善的卫戍制度和外交手腕牢牢地控制着这里，当受到周边其他游牧部落侵扰时，则会派出远征军进行征伐。唐朝中期，居住在南侧青藏高原的吐蕃国进入帕米尔地区，并欲借道进入塔里木盆地控制西域，而居住于西侧的阿拉伯人也对这里虎视眈眈，不断向东扩张。当时的葱岭上主要有两个国家，即小勃律和大勃律[②]。在吐蕃的威胁利诱之下，小勃律归附于吐蕃。吐蕃进而控制了西北各国，"西北二十余国皆臣吐蕃"，唐几任安西节度使三次远征，皆因地势险要无功而返。于是唐玄宗下诏安西副都护高丽人高仙芝率军征讨小勃律。公元747年（唐天宝六载）春天，高仙芝率领一万军队从库车出发，翻越葱岭，在帕米尔高原西部的连云堡击溃吐蕃军队，然后三

[②] 勃律国，又称波伦、钵卢勒、钵露勒、钵露罗、钵罗等，克什米尔东部拉达克地区印度河流域上游地区的古国，大约在公元七世纪初以后分裂成大勃律与小勃律。

天急行军，从坦驹岭（今巴基斯坦达尔科特山）进入亚辛河谷占领小勃律首府孽多城（吉尔吉特），小勃律重新归附大唐。高仙芝的远征军正是以葱岭守捉（塔什库尔干）为基地，然后兵分三路才取得成功的。高仙芝的远征对当时中亚地区的格局产生了深远影响，吐蕃势力一时间退出这一地区，周边的国家都大为震惊并纷纷表示臣服，而阿拉伯帝国也因此收到了中亚方向石国的求援并进入这一区域，不久后著名的怛罗斯之战便打响了。进入20世纪后，英国探险家斯坦因注意到了1000多年前高仙芝的这次军事行动，他不仅实地考察当年的行军路线，还对大规模正规军如何克服帕米尔的重重困难进行了研究。斯坦因对高仙芝的卓绝才能极为钦佩，称他为"伟大的统帅"。

塔什库尔干河谷的上游有两条河流，一条是从兴都库什山流出的明铁盖河，河谷与瓦罕走廊相接，古丝绸之路也从这里经过。再往南，则是有死亡山谷之称的塔敦巴什河谷，我国与巴基斯坦的边境口岸红其拉甫便位于此，口岸海拔4733米，是世界上海拔最高的口岸，越过边境就是巴控克什米尔，这里曾经是大月氏人建立的贵霜帝国的一部分。到帕米尔的游客大多喜欢站在两国交界处的界碑前拍照留念，中巴公路在这里结束了中国境内的行程，进入巴基斯坦段。早在分路往公主堡的岔路，其实中巴公路便已脱离了古丝绸之路，陷入喀喇昆仑山的冰峰雪岭。那么是什么原因让中巴公路舍弃行走了数千年的古道线路，选择完全不适合修路的"死亡山谷"呢？当然是因为地缘政治的影响。20世纪60年代，中国面临西方国家的封锁，中苏关系也剑拔弩张，若沿古道修筑，开阔的河谷极易受到攻击，中巴公路不得不从红其拉甫连绵不断的雪峰之间穿过。而旁边那条曾经辉煌数千年，留下无数先辈足迹的古道终被荒弛，只是偶尔转场的塔吉克族牧人行走在路上。

- 阿什库勒火山群：世界屋脊上的高海拔火山景观
- 天上的阿里：四条重量级山脉汇聚下的斑
- 喜马拉雅山：看地球最高的山
- 念青唐古拉山脉大陆性冰川：滋润拉萨的生命之源
- 易贡藏布：神奇的"突刺"与"雨舌"
- 澜沧江古盐田：阳光与风的传奇

青藏苍茫

第二章 02

阿什库勒火山群：
世界屋脊上的高海拔火山景观

> 尽管中国的火山景观为数众多，但真正的活火山却并不多见，新近喷发过的则更少，中国火山学界存在着"中国大陆近百年没有火山喷发"的说法，而唯一能挑战这个结论的，就是位于昆仑山深处的阿什库勒火山群。

塔里木盆地通往藏北高原的秘道

横亘在青藏高原北缘，新疆与西藏交界处的昆仑山，历来有"万山之祖"的美名，古人更将其视为中华的"龙脉"所在。这里之所以充满神秘色彩，大概是因为它超过了人类生存的极限，恍若天边的遥远和人迹罕至的荒凉更容易让人心生神圣。

昆仑山是青藏高原与塔里木盆地两大地貌单元的分界线。这两大地貌单元在外观上有天壤之别。位于北部的塔里木盆地千里瀚海，黄沙漫漫，天地空阔，中央是我国面积最大的沙漠。而位于南端的青藏高原则山势高亢，雪峰林立，分布着我国最为密集的雪山和冰川。

乌鲁克火山。摄影 / 刘志勇

青藏高原和塔里木盆地都有生命禁区之称，只有最具韧性的民族，才能在这样恶劣的环境中繁衍生息。历史上，生活在塔里木盆地和藏北高原的人民，曾经通过昆仑山一条极为隐秘的古老通道相互交流，或者发动战争。譬如公元7世纪中期，吐蕃军队就是通过一条古道从青藏高原进入塔里木盆地，攻占于阗，并在塔里木盆地反复进出长达百余年。据史料记载，这条古道还曾经成为唐蕃古道的一部分，只是后来荒芜在岁月的长河，慢慢不为人知。

这条跨越昆仑山的秘道被称为"克里雅山口道"，海拔5000米以上，极端恶劣的高寒环境下，古人从此道通行，艰难程度难以想象。《西藏志》："其路冬夏不可行，困难异常。"

1950年，刚刚建立的新中国开始为进军西藏积极做准备，解放军一支136人组成的先遣连，从于田出发，经克里雅山道口进入西藏阿里地区。第二年，新疆军区会同南疆军区，开始沿这条古道修筑新藏公路，但修了130千米之后，这条公路最终放弃。放弃的原因，除环境过于恶劣而外，据说修路的解放军遭遇了火山喷发。

《新疆日报》在1951年7月5日报道了此次火山爆发："在于田县苏巴什以南，昆仑达坂西沟一带，5月27日上午9时50分发生火山爆发。第一次爆发时只见一个山头上发出轰隆巨响，接着烟灰像一条大圆柱似的自山顶冒出。接着又连续爆发了3次，每次只隔几分钟，未发出巨响，只有烟灰上冒。以后几天又看到火山冒烟……"这是新中国成立之后第一次关于火山喷发的报道，因而引起了国内外的广泛关注。

报道中喷发的火山就是阿什火山，位于一个名为"阿什库勒"的盆地之中，距于田县120千米。阿什库勒盆地是昆仑山南缘的一个山间构造盆地，它的形成主要受到阿尔金断裂带、东昆仑断裂带和康西瓦断裂带的影响。由于它处于三条断裂带的交汇处，位置特殊，地壳活动强烈，因而成为中国大陆现代火山和地震活动最活跃的区域之一。

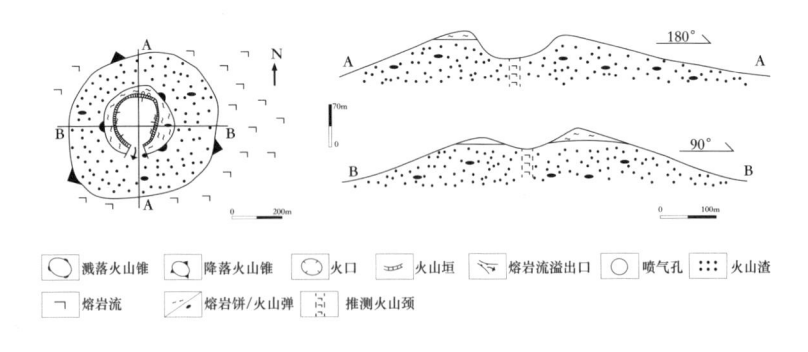

阿什火山锥平面地质图

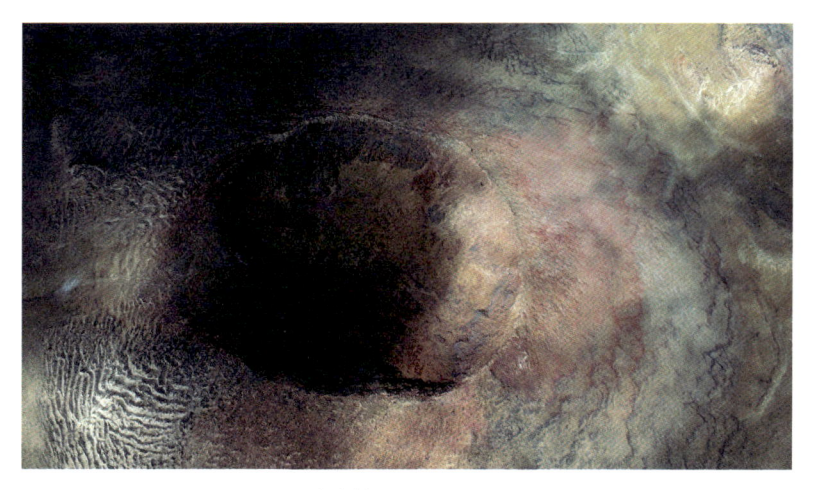

从空中航拍阿什火山保存完好的火山锥。摄影 / 刘志勇

    由十余座主火山和数十个子火山组成的阿什库勒火山群，分布在阿什库勒盆地南部海拔 4700～5600 米的区域，是世界上海拔最高的火山区之一。这些火山均为中心式喷发，形成多个圆锥状或截顶圆锥状的火山锥，并在附近形成大量火山熔岩台地、熔岩谷等火山地貌，熔岩流的分布面积约 200 平方千米，绝大多数的火山地貌是第四纪（从约 260 万年前开始，一直延续至今）以来喷发形成的。因而有专家认为它们是青藏高原内部，甚至中国大陆最有可能有过最新喷发的火山。

    需要说明的是，我国的火山地貌和火山景观尽管数量众多，但活火山却并不多见。正因为此，《新疆日报》的报道才引起地质学家们极大的关注，尽管之后的科考并没有发现最新喷发的痕迹，其是否喷发在学术界一直存在较大争议，但这并不影响科学家们对这

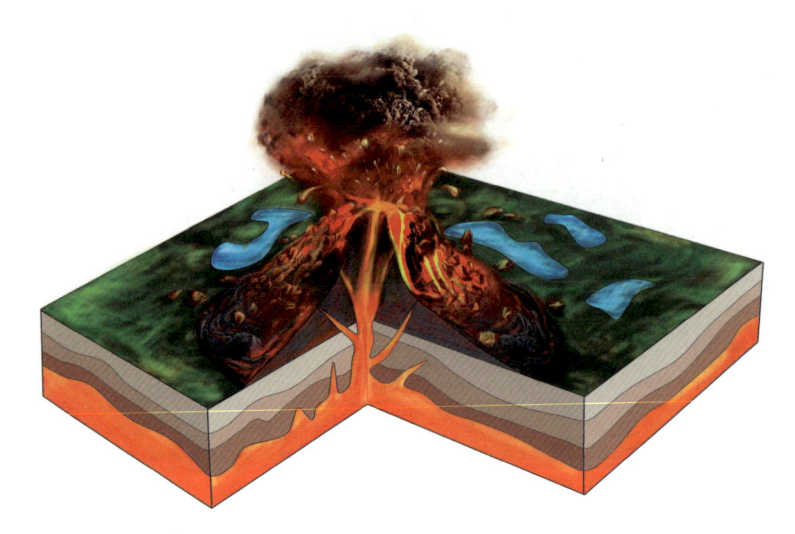

斯特朗博利型喷发示意图。绘图 / 杨金山

些火山地貌的兴趣。20 世纪 80 年代末和 2008 年于田地震发生后，都曾有地质工作者前往做短期考察。然而由于条件太过恶劣，人们对阿什库勒火山群的了解还远远不够。1951 年 5 月 27 日那次喷发事件，也一直像谜一样。

2016 年 8 月，我们决定走进这个禁区，去看看从 280 万年前（阿什库勒火山群第一次喷发的时间）到现在，这里到底发生了什么。

最好的向导仍然无法避免"高原事故"

得知此次考察任务后，小伙伴们既充满期待又有些担心。对于一个地质工作者而言，这块人迹罕至的区域始终充满了诱惑，但高寒、缺氧、杳无人烟的蛮荒，又让人难免有些惴惴。

为了确保安全，项目组邀请了有"天山派野蛮登山家""迷恋探险的疯子"之称的王铁男老师担任本次科考的向导和领队。王铁男老师曾7次登上博格达峰，是第一个登上博格达峰的中国人，曾经十余次进入昆仑山和藏北地区探险，2018年5月16日，62岁的他成功登顶珠峰。更重要的是，他曾于2005年率队冬季负重到达阿什库勒盆地，又于2008年再次率队穿越阿什库勒盆地，沿克里雅古道到达西藏羌塘地区。对于其他人，这座盆地可能是生命禁区，对于老王而言，它更像是熟人。他说他要借这次科考的机会再度拜访这个老朋友，重温当年激情燃烧的岁月。

经过一周的物资准备，我们终于踏上漫长的征途。五辆越野车组成的车队从乌鲁木齐出发，途经库尔勒，穿越塔克拉玛干沙漠，历时两天到达于田县。在于田县补充物资后，离开相随1500千米的塔里木盆地，向青藏高原深处进发。

按照王老师的计划，为了避免海拔爬升太快而引起强烈的高原反应，我们将分成两天到达阿什库勒盆地。第一天先在苏巴什扎营，第二天再翻越硫磺达坂。然而，当我们到达昆仑山脚的普鲁村后，却得知近段时间因山上一直下雨，普鲁河河水暴涨，车辆无法过河。一行人只好借宿在当年给王铁男老师担任向导的伊塔洪家里，等待河水消退。

次日，天气尚好，我们沿普鲁河向山里进发，到达一个叫"阿拉叫依古驿站"的地方，正如王老师在他的《昆仑秘道》一书所说的，"过了阿拉叫依古驿站，便如同跨入了地狱之门"，很快，我们便进入深邃的普鲁河峡谷，只见两岸悬崖陡壁，高逾百米，山上岩石

阿什库勒盆地火山锥。摄影 / 刘志勇

破碎，摇摇欲坠，一条羊肠小道盘旋在峭壁间，泥泞、颠簸且惊险。果不其然，在一段陡坡前，一辆越野车的低速四驱出了问题，无论如何也挣扎不上去，最终，只好将车上的物资卸下，让其他车辆先前往当天的宿营地苏巴什，再返回来接这一车的人员和物资，问题车辆则原路撤回。

我与同事留守原地等待返回车辆。在这海拔 4000 米以上的无人区，焦灼地看着太阳渐渐西沉，脑子里全是出发准备时同事们添油加醋讲的"高原事故"，还有狼群虎豹出没的画面……直到那辆熟悉的陆地巡洋舰在夜色中出现，我们这才如释重负。

经历了几天的折腾，我们终于到达阿什库勒盆地，大本营就建在盆地南部的乌鲁克库勒（维吾尔语中，"库勒"即"湖"的意思）旁。由于前一天海拔爬升过快，加之缺少一辆车造成的多次装卸物资，大多数考察队员当晚都出现高原反应。次日清晨，三位队员均出现发烧、呕吐、难以进食等严重症状，不得不提前下山，让这次考察有了种"出师未捷"的悲壮。后来的考察途中又遇到有队员心率过快等惊险状况，好在我们最终坚持了下来，看到了壮美的高海拔火山群，也见到了大名鼎鼎的阿什山。

火山喷气孔越往下温度越高

2005年春节，王铁男率领的乌鲁木齐登山探险协会一行9人从于田县阿羌乡普鲁村出发，进入"冬夏不可行"的克里雅古道，在零下20多摄氏度的严寒中，经过7天的艰难跋涉，最后只有他和马玉山、甄晨光3人抵达阿什山火山。他在后来出版的《昆仑秘道》一书中，将这次探险称为"地狱之火的诱惑"。

阿什火山，前人资料中所称的1号火山，静静矗立在盆地中部偏南，阿什库勒与乌鲁克库勒两湖之间。和当年王老师的探险相比，尽管仍然艰苦，但条件已经好了许多，至少我们已经可以把车开到了湖边。阿什火山形成于晚更新世[1]，其活动一直持续到全新世[2]，是盆地内最年轻、形态最完整的火山，亦是1951年报道中喷发的火山。倘若这次喷发得以证实，那将是中国大陆最新的火山活动。

---

[1] 更新世属地质时代第四纪早期，亦称洪积世，距今约从260万年前至1.1万年前。晚更新世距今约12.6万年至1.1万年。
[2] 最年轻的地质时代，从1.1万年前开始至今。

阿什火山锥保存完好,由早期的渣锥和晚期的溅落锥组成。火山顶部海拔 4907 米,相对高差约 300 米,西北高东南低,锥体底部东西长 650 米,南北长 530 米;火山口东西长 140 米,南北长 170 米,深 48 米。锥体南侧有一个火山缺口,推测为熔岩流溢出口。

与盆地中的其他火山一样,阿什火山的熔岩流已被大量火山灰与风积物所覆盖,但由于火山活动时期较近,周围出露的熔岩和散布的溅落体、火山渣更多。阿什火山熔岩流的形成阻塞了双羊达坂北部水系,形成了面积达 25 平方千米的火山堰塞湖,也就是阿什库勒盆地中最大的湖泊——乌鲁克库勒湖。

在调查中,我们在火山口北侧的斜坡上发现了一个喷气孔,但是孔口已经因塌陷被封堵过半。曾有专家推测,这种喷气孔可能就是 1951 年喷发所遗留的产物。据王铁男老师讲,他 2005 年前来的时候,气孔还很深,向导依塔洪甚至钻进过里面,越往下温度越高。

火山的喷发,必然伴随有喷发物或溢流物的出现,但我们在喷气孔周围仔细探寻,却并没有发现新的熔岩,只好在其周边采集了样品进行年龄测定,最终结果与前人基本一致,样品显示的喷发时间约在 8 万年前。这就意味着我们依然没有找到直接的岩石学证据,证明阿什火山曾经于 1951 年 5 月 27 日爆发过。

但还有一种可能,这次喷发只有大量气体喷出而无岩浆喷溢,或喷溢物极少,导致科考人员难以观察和获取样品。如果是这样,当年筑路的解放军看到的极有可能是火山喷发的气体和烟尘。真相到底如何,还需要进一步通过科考来回答。不过,不管怎样,阿什火山顶部的熔岩饼至今大部分仍呈红色,也就是经过最新烘烤形成的"红帽子",而且这种极易被破坏的井状喷气孔仍然存在,都足以证明它的最近一次喷发离我们很近。

最高的火山与出露海拔最高的温泉

火山喷发往往伴随火山温泉的形成，火山活动过的区域也因此往往有大量温泉出露，如长白山、五大连池温泉均为火山温泉。据已有资料，阿什库勒盆地的南部有一个温泉群。那么它的形成与出露是否与火山喷发有关呢？我们决定把调查目标锁定在这个温泉群。

翻过盆地南缘的双羊达坂，昆仑山连绵的雪峰横亘在天际之间，雪峰之下银白色的冰川像巨龙伸出的爪子。长达数千米的阿拉克沙衣冰川是阿拉克沙衣河的源头之一，冰舌前端是一层一层呈堤坝状的冰川松散堆积物。沿着阿拉克沙衣河顺流而下，便是因出产和田玉羊脂籽料而著名的玉龙喀什河。温泉群就出露在玉龙喀什河的一个弧形河湾，温泉出水口与河面一致。经测量温泉温度在 40℃ 左右。温泉水直接注入河中，导致河水温度升高，大量喜热的浮萍类植物飘浮在河湾上。温泉周围为近于直立构造变质岩，说明这里地壳运动十分强烈。尽管在这一带并未发现熔岩存在的迹象，但温泉应该与岩浆活动有密切关系，它是火山喷发后，地下未冷却的岩浆不断释放热能，将地下水加热而形成。这里的海拔已接近 5000 米，它极有可能成为我国出露海拔最高的温泉。

在淌水越过冰冷的玉龙喀什河到达河南侧的奈勒湖之后，下起了冰雹，而且越来越大，我们只好结束考察返回营地。

从营地出发沿乌鲁克库勒湖西岸驱车向北，越过一个小山梁之后，便看到了矗立在湖畔的乌鲁克火山。典型的截顶圆锥状，锥体顶部海拔 4801 米，相对高差约百米。火口近似圆形，北高南低，东西长 220 米，南北长 210 米，深 30 米。锥体底部东西长 680 米，南北长 570 米。锥体外侧受长期的风化侵蚀而发育羊尾巴冲沟。火山锥顶部主要覆盖黑色火山渣，夹有粗粒安山岩。在火口东侧我们发现有大量火山玻璃，它是火山喷发出来的熔岩，迅速冷却来不及结晶而形成的玻璃质结构岩石。火口南侧已被初步破坏，使火口形成了朝南的圈椅状，熔岩流从此溢出，在其脚下形成了黑红相间、高低起伏的熔岩台地，一直延伸至乌鲁克库勒湖之中。

形态完整的火山锥、高低起伏的熔岩台地、碧莹如玉的堰塞湖，在远端雪山、荒原的衬映下，配以高天流云，有一种旷远的雄奇。春夏，时有野牦牛饮水湖边，藏羚羊飞驰而过，各种水鸟类在湖面翩翩而舞。而初秋，薄雪覆盖在火山锥口，隔湖相望，极像日本富士山，令人有时空迷离之感。

乌鲁克火山东侧，还有迷宫火山、月牙火山、牦牛火山等，这几座火山呈东北—西南向展布，均已破坏严重，除了迷宫火山尚能看出近似环形的结构外，其余两座很容易被当成较为集中的火山溅落物堆积。

大黑火山是盆地内海拔最高、出露面积最大的火山机构[3]，是一个地标式的存在，即使在沙格斯库勒湖畔，也能看见其高耸的身影。大黑火山为一座大型的复式火山。复式火山，是火山多次喷发而形成，每一期喷发都对前一次形成的锥体造成一定的破坏，然后在此基础上又形成新的堆积，因此又称为成层火山或混合火山。复式火山外

---

[3] 也称为火山体或火山筑积物，是构成一座火山的各个组成部分的总称。它包括地表以上的锥体和岩浆在地下的通道。

火山锥与抚星湖。摄影 / 刘志勇

观对称优美,世界著名的维苏威火山、富士山均属此类。

　　大黑火山锥体底部东西长 1100 米,南北长 1240 米,火口东西长 510 米,南北长 440 米,整体形态保存完整。火山口的海拔高度达 5086 米,相对高差近 500 米,仅攀爬时间就耗去我们近三个小时,5000 米以上的攀登,每一步都十分艰难。上到火山口的顶部,我们看到锥体东南西北各有一个缺口,说明当时熔岩主要沿这 4 个缺口向外溢流。火山锥的表面火山灰及风积物呈黑色条纹状,颇为奇特,表面覆盖的火山熔岩、火山渣以黑红两色为主。其喷发模式大致经

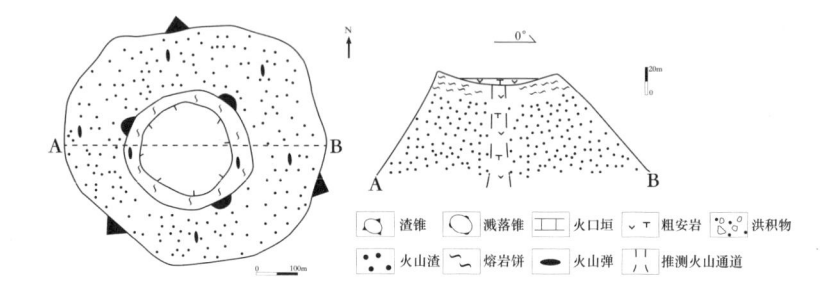

乌鲁克火山锥体平面地质图。（资料来源：许建东等《西昆仑阿什库勒火山群地质特征和活动分期》）

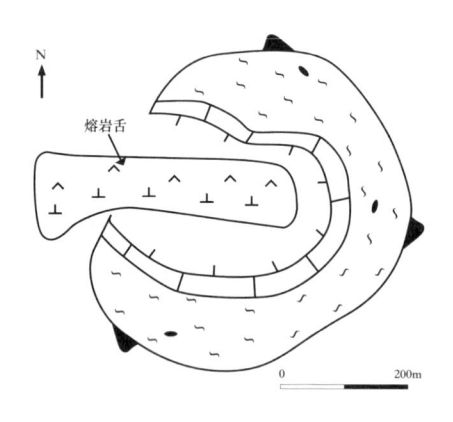

迷宫火山平面地质图。（资料来源：许建东等《西昆仑阿什库勒火山群地质特征和活动分期》）

乌鲁克火山与乌鲁克库勒湖。摄影 / 刘志勇

火山喷发后岩浆冷却后形成的浮岩，比重小，能浮于水面。摄影 / 刘志勇

火口溅落堆积物。摄影 / 刘志勇

历了爆破式喷发—溢流式喷发—岩浆溅落—熔岩流溢出四个阶段，其熔岩流一直延伸至阿什库勒湖东侧，南部与乌鲁克火山熔岩流相接，但如今已经几乎完全被火山灰及风积物掩埋，只有部分熔岩碎片、火山渣分布在地表。

大黑火山与乌鲁克火山都形成于距今60万年的中更新世时期，是阿什库勒盆地火山活动最剧烈、喷发最密集的时期。这一时期同时还形成椅子火山、迷宫火山等火山群。不仅如此，大量的熔岩流还堵塞了当时盆地中的河流，形成了阿什库勒与沙格斯库勒两大火山堰塞湖。

就在我们完成科考即将撤离之际，昆仑山卜的雨水渐多，原本尘土飞扬的盆地已经变得绿意盎然。火山灰中丰富的矿物质给了高山植被养分，供它们在雨水中疯长。阿什库勒火山群和它形成的湖泊，让这个海拔高达5000米的荒原有了自己独特的生态系统。无数野生动物在火山锥前漫步，在火山灰覆盖的荒野上觅食，在火山形成的堰塞湖中饮水。远离人类的侵扰，野驴、野牦牛、藏羚羊以及无数的不知名的飞禽走兽成了这片土地上真正的主人。

（本文作者彭相荣、李忠东）

天上的阿里：
四条重量级山脉汇聚下的斑斓大地

> 在向文军的笔记本电脑上，我第一次看到他透过米格171直升飞机的舷窗所拍摄的阿里。连绵起伏的雪山、冬雪覆盖下的原野、冰川刨蚀下的角峰、山谷中长长的冰舌、蔚蓝如大海的湖泊、游荡在河谷的蛇曲河……这些本以为了然于胸的山水，像是焕然一新。一个丰富而庞杂、熟知又陌生的阿里隐约交替着浮现在面前。

我们常有这样的困扰，面对簇拥的群山，面对逶迤的江河，面对如此种种大尺度的景观，纵有单反在手，也有心无力，只恨不能两肋生出翅膀，扶摇九天，一览众山小。对于我们脚印所能到达的高度，可以获取的视角太过局限，就算登顶珠峰又能怎么样？能获得的也仅是冰山之一角。

军旅摄影师向文军，在阿里、喀喇昆仑山、帕米尔驻防20余年。由于常常搭乘直升机执行巡逻、救援、运输等空中任务，曾经无数次飞越在阿里地区的上空，他比任何摄影师都有机会获得梦寐以求的高度和视角。

阿里是雪山、冰川荟萃之地。摄影 / 向文军

　　在向文军位于成都西郊蒲江县的家中，一张厚实而拙朴的长条木桌占据了整个书房兼工作室的大半。桌上摆着成套的茶具和一台笔记本电脑，旁边的书架上，清一色全是有关鸟类的书籍。此君从军队退休后痴迷拍鸟，自己快成鸟类学专家了。

　　在他的笔记本电脑上，我第一次看到他利用工作之余的时间，透过直升机的舷窗，所拍摄的大量照片。这些照片几乎全拍摄于西昆仑、喀喇昆仑山、冈底斯山、喜马拉雅山以及阿里地区的上空。连绵起伏的雪山、冬雪覆盖下的原野、冰川刨蚀下的角峰、山谷中长长的冰舌、蔚蓝如海的湖泊、状如发辫的河流、游荡在河谷的蛇曲河，这些照片迅速将我们带向遥远的雪域高原。这是熟悉的地方，

航拍阿里雪山群。摄影 / 向文军

我曾经分别从西藏和新疆两个方向进入这一区域开展地质遗迹调查,对这里的地貌特征自以为了然在胸。然而,当这些照片在我们眼前出现时,貌似相识却又陌生。

在其中一张照片上,向文军告诉我南侧是喜马拉雅山,东侧为冈底斯山,北侧喀喇昆仑山。一张照片上,居然将多座重大的山脉一网打尽,让我目瞪口呆。而另一张照片上,断层从河谷通过,在地表留下的裂缝像一条拉链,又直又长,这一张照片隐藏的地质构造信息,同样让人惊讶。

从塔里木盆地到青藏高原,体验最大的地貌变化

在很多人的心目中,新疆和西藏是完全不同的两个地理区域。沙漠、戈壁、瀚海、绿洲、神奇诡谲的魔鬼城,这是固化在很多游

客心中的典型新疆。而雪山、冰川、湖泊，以及各种倚山而建、与山合为一体的红色佛教建筑，这也是固化在游客心目中的典型西藏。

其实在中国地形图上还真有一条分界线，分隔着这两个不同风格的地貌。这就是昆仑山和喀喇昆仑山。这条界线分明的山脉，它的北侧是我国面积最大的内陆盆地——塔里木盆地，我国有一半的沙漠面积就出现在盆地中心，是一个极度干旱的区域。而南侧，高原形态完整，地面坦荡，湖泊星罗棋布，宽缓河谷中游荡着辫状河道。

而这两个地貌之间的过渡区域就是阿里高原。阿里高原位于青藏高原西部，昆仑山、喀喇昆仑山、冈底斯山、喜马拉雅山由北向南构成高原的骨架。并且我们还发现这四条山脉都有一个共同的特点，即由东向西，逐渐收缩，最后在西北角交汇在一起，像是打了一个结。这个"山之结"，正是位于西昆仑山与喀喇昆仑山之间的帕米尔高原。

借助向文军的航拍图片，我们可以由北向南，对横亘在新疆与西藏之间的这个山界来一次空中巡礼。

从位于新疆疏勒县的喀什机场起飞，飞机沿着塔克拉玛干西侧沙漠与绿洲的边缘飞行。舷窗下的街道、房屋、山川、田园迅速远退，最后定格成绿、黄和白色的色块。绿色是绿洲，黄色是沙漠、戈壁以及起伏的山体，而白色是雪山。

在叶城与皮山县之间，飞机向南沿一条不知名的河谷飞越昆仑山。机腹之下，昆仑山与塔里木盆地过渡带，特有的红色碎屑岩所形成的大面积丹霞、土林惊艳出现又渐渐远去。雪山随即铺天盖地而来。越过6248米的桑珠达坂之后，进入昆仑山与喀喇昆仑山之间康西瓦河谷，这里虽然仍属新疆的地盘，但实际上已经进入了阿里高原！

康西瓦在地质学上如雷贯耳，是因为这里发育一条著名的断裂带——康西瓦断裂带。这条断裂带是青藏高原与塔里木盆地之间的重要边界断裂，是南部青藏板块和北部塔里木板块碰撞两不相让的结果。这条断裂带除了造成南北两侧地质、构造诸多差异外，在生物地理上也大为有趣。如北侧属北方型或蒙新型生物区系，而南侧则为喜马拉雅生物区系。这显示现在我们看到连成一片的大陆，在漫长的地史演化过程中曾经分属两块不同的大陆，之间远隔重洋。

　　夹峙在昆仑山、喀喇昆仑山之间的康瓦西，成为雪山环绕之地。谷地之中喀拉喀什河蜿蜒流淌，而两侧的山体则出现连续的陡崖。地质工作者有一句谚语"逢河必断"，意思是说大江大河的形成一定和断裂带有关。我们看到的喀拉喀什河以及两侧的陡崖，正是康西瓦大型断裂带的杰作。

　　康西瓦的西侧是著名的阿克塞钦。阿克塞钦，源于古突厥语，意为"中国的白石滩"。这里的地势由高亢转入平坦，平缓的高原面一撒千里，大大小小的咸水湖各尽其态，完全是青藏高原的典型面貌。从空中看，咸水湖水色湛蓝，湖周有明显的古湖岸线，一圈一圈将几万年来的湖面消减变化的信息留了下来。20 世纪八九十年代，科学家在这里通过湖泊钻孔为青藏高原推演了 24 万年来的古环境气候变化。

班公湖是在断裂基础上，由冰川泥石流堰塞而成

　　离开阿克塞钦，直升机继续向南沿新藏公路飞行。越过界山达坂，即进入阿里境内，连绵的雪山出现在机腹之下，无数雪峰如刀剑簇拥，

之间是冰雪覆盖的雪原，四周则是逶迤的冰川。飞机从雪峰头顶越过，班公湖静谧地躺在山间，如一柄晶莹碧翠的玉如意。

同样是严寒干燥，新疆多沙漠，而西藏多湖泊。其中藏北高原是世界上海拔最高、湖泊数量最多的湖盆区。由于在藏语中，湖泊称之为"错"，因而有人将穿越藏北的路称为"一错再错"。

然而，这些湖泊大多分布在海拔4000米以上的高原面上，行驶在路上，因为缺乏制高点，往往只见湖之一隅，或一段湖线。空中是欣赏高原大湖的最佳方式，高度改变了我们对于湖泊的单调视角，最能体现湖天一色的纯粹和空灵。

空中的班公湖果然出人意料，它的湖面形态首先就颠覆了我们对湖泊的传统认知。在大多数人印象中，湖泊要么如碗似碟，要么如盘似盆，总之，要么是圆的，要么是曲曲折折的多边形。而班公湖则湖面如线，狭窄细长，它更像是一条略微"粗大"的河流。实际上，班公湖的确就是一个典型的河道型湖泊。它东西长150千米，南北的平均宽度仅为4千米，中段的最窄处只有100～150米，其长宽比的悬殊惊人。

班公湖的湖面一波三折。三段转折处均呈钝角，极像上下镜像后的"Z"字。这种奇怪的湖盆形态，让人想起受断层控制的河流常常出现的"Z"字形追踪侵蚀。经查阅地质图我发现，班公湖正好处于班公湖断裂带上，这条断裂带是著名的班公湖—怒江大断裂的西北端。

众所周知，大陆漂移、海洋扩张以及板块学说是公认的近现代地球科学的重大突破。其主要理论是我们的地球在远古曾经有一个叫冈瓦纳的超级古大陆，在某一时期这个超级大陆分裂成几个板块，并各自漂移，后来科学家通过海底地磁图进一步发现，推动大陆漂来漂去的是海底扩张。通过这个理论，地质学家发现青藏高原由多地块、多板块多次拼合而成，因此寻找板块与板块之间的缝合带便成为20世纪七八十年代地质科学家们的重大课题。他们在青藏高原一共寻找到五条缝合线以及所连接的六个地块，从而勾勒出青藏高原形成初始的时间边界。其中班公湖—怒江大断裂便是其中的第二条缝合带，甚至有专家认为它还是冈瓦纳大陆的北界。

我们眼中起伏的山脉、纵横的江河、空阔的草原在地质学家眼中却成了造山带、缝合带、断陷盆地，这些地貌迅速在他们的脑海中转化成地质符号，然后是各种拼合、拆离、拉分、隆升、断陷……

在向文军航拍的图片中，我发现了诸多湖泊形态受断裂控制的蛛丝马迹。如湖两岸的三角形断崖，两侧水系出现同步弯曲，线性山脊等，它们都是断裂活动留下的痕迹。原来班公湖一波三折的湖形变化，始作俑者就是断层。东西向断裂控制着河道的中段，而东西两段的河道则随北西断裂而发生折转，源于喀喇昆仑山的冰雪融水沿两组断层形成的软弱带侵蚀切割，形成河流。河流两侧雪山林立冰川发育，冰川消融形成的泥石流时常堵塞河道，导致河水水位越来越高，最终形成河道型湖泊。

有一张图片将湖泊的成因完美诠释。湖泊的南北两侧各有一处泥石流冲积扇相向伸入湖中，呈犬牙交错，湖泊在此变得极为窄束。班公湖曲曲折折的河道就是在无数次的堰塞、决堤、再堰塞、再决堤中逐渐形成。断裂形成湖泊的雏形，而雪山融水为湖泊提供了丰富的水源，频繁暴发的山洪、泥石流将河水拦在山谷，一个美丽的大湖就这样形成。

班公湖是一个国际湖泊，总面积604平方千米中，中国境内为413平方千米，约占68.5%。印控克什米尔地区为191平方千米，约占31.5%。班公湖是河流堰塞所形成的河道型湖泊，它的两侧湖线并不平直，而湖岸线在波浪的冲刷下形成很多像海岸一样的岬角，犹如一把把长长的弯刀伸入湖中。并且靠近湖岸的湖域中还形成多个岛屿或者半岛。在航拍照片上，银白色、浅红色的小岛散落在翡翠一样的湖面，就像是一块块醉人的宝石搁在以蓝色绒布为衬底的盘中。有些环状、半环状的小岛极像海洋中的环礁形成的潟湖。由于湖水深浅变化，小岛及周边的湖水呈翠绿色、淡绿色，与深蓝色的外湖形成较大色差，仿佛飞临在大海上空。有些小岛成为鸟类的天堂，但不是所有的小岛都可以成为鸟类栖息地，据说迁徙的鸟类只选择

雪山下的班公湖是一个河道型湖泊。摄影 / 向文军

鸟岛驻足栖息，其他岛则无鸟光顾，是何原因至今未有结论。每一年5至8月，孟加拉湾的温暖气流吹入藏北高原，这里迎来短暂夏季，头年飞往南亚大陆避寒的斑头雁、棕头鸥、赤麻鸭等鸟群，又飞回来，在这里产卵，繁殖后代，整个岛成为鸟的王国。

班公湖还有一个奇怪的现象，湖水由东向西含盐量逐渐增加，东部也就是在我国境内的湖泊为淡水湖，中部为半咸水湖，西部印度境内全为咸水湖。这种一湖"东淡西咸"的现象极为少见。班公湖尽管是在河流的基础上堰塞而成的湖泊，但后来的构造运动和水位下降等原因，导致河道封闭而成为内陆湖。除湖周的雪山融水外，汇入班公湖的两大支流麻嘎藏布和多玛曲均位于东段，提供了充足的淡水，且补给量大于蒸发量，因而湖水的含盐量始终维持在0.75

班公湖中的岛屿。摄影/向文军

克/升以内，使湖体东段为淡水湖；而中段和西段淡水补给量锐减，加之中段湖体最窄处仅 100～150 米，湖水在东西方向上交替不畅，东部的淡水很难持续向西补充，使西部湖水的蒸发量大于补给量，湖水的含盐量从中部向西部增加至近 20 克/升，变成咸水湖。

舞动在大地的多彩河流

刚强与柔和并济所勾勒出的和谐与平衡之美，历来备受推崇。《淮南子·精神训》中说："刚柔相成，万物乃形。"说的就是刚与柔本身就是融为一体的，其妙美在无穷变幻，万物在无形中有形。

阿里高原随时都在演绎刚柔并济之美。雪山耸立，雄伟挺拔，是为刚；雪山之下湖泊如镜，河流蜿蜒，静谧和美，是为柔。而最能体现阿里高原柔美的是流淌在宽阔高原上的河流。

阿里历来有"千山之巅、万川之源"之称。流经阿里的四条大河与青藏高原的很多见不到大海的内流河不同，狮泉河、象泉河、马泉河、孔雀河分别向西北、西南和东南方向流入印度、尼泊尔，成为印度河、萨特累季河、布拉马普特拉河、恒河支流戈格拉河的上游，最终汇入孟加拉湾和阿拉伯海。

阿里的河流都有一个共同的特点，均发源于冈底斯山和喜马拉雅山的冰川，然后向下流经盆地，往往形成千回百转的自由曲流，或在顺直河道形成状如发辫的游荡河（辫状河），或在平缓坡面形成散乱的紊流河。千回百转的蛇曲河、状若发辫的辫状河、散乱的紊流河，在远处雪山的衬映下都显得绚丽多彩。

清晨，飞机从阿里机场起飞，天气不算太好，厚重的云层堆积四周，天空阴沉欲雨。东方的地平线上，大地与云层之间，太阳从缝隙中升起，一道光芒反射在狮泉河上，将流水的形态明亮地勾勒出来。蜿蜒如蛇的河曲，形如弯月的牛轭湖，整条河流就像舞台灯光下飘舞的丝带，明亮地透迤在天际。

狮泉河，又名森格藏布，发源于冈底斯山的冈仁波齐北坡的冰川湖。狮泉河由东南向西北方向流去，在我国的扎西岗边防站附近与另一条发源于我国喜马拉雅山北麓的重要支流汇合后进入印度控制的克什米尔地区，成为南亚最长的河流——印度河。印度河全长3180千米，在中国境内长405千米，流域面积2.745万平方千米，它流经印度和巴基斯坦后进入印度洋。据说小说《西游记》中的通天河便是狮泉河。

森格藏布在穿过狮泉河镇之后流入狮泉河盆地。进入盆地之后，河流顿时失去了方向感，原本走直线的河流随着坡度减小，河流的下蚀作用减弱，侧蚀作用增加开始弯曲。加之惯性和离心力的作用，河道变得越来越弯曲，最终成为蛇曲发育的河流。在曲流的发展过程中，相邻两个凹岸越来越靠近，并最终直接连通，这就是曲流中常见的裁弯取直，被裁去后残留的河道便形成牛轭湖[①]。

从航拍片上看，森格藏布进入狮泉河盆地后，不但越来越弯曲，而且不断由北向南漂移，遗留数量较多的牛轭湖和废弃河道。在这里，河流就像一个轻盈的舞者，踏着一个接一个的旋转舞步向西而行，将柔美的身影留在了这片大地上，也将百万年来的演化痕迹也留在了这里。

[①] 又称河迹湖，是由于河流的变迁或改道，曲形河道自行裁弯取直后留下的旧河道形成的湖泊。这类湖泊多呈弯月形，水深，较小。

森格藏布的蛇曲河。摄影／向文军

除了河曲，藏北高原还普遍发育另一种游荡河，也就是辫状河。倘若说蛇曲河是一个身段轻盈的舞者，辫状河则是一个色彩与线条制造大师。发育辫状河的河床往往较为平直，但陡度较大，由于心滩、沙洲较多，造成河床分汊明显。流水穿行在分汊的河道，时而分开，时而聚合，形似发辫。森格藏布的最大支流噶尔藏布在汇入森格藏布之前，便是一段完美的游荡型河流。噶尔藏布亦称"噶尔曲""噶尔塘曲"，藏语意为"兵营河""帐篷河"。发源于冈底斯山主峰冈仁波齐峰西麓，向西北流经门士、塘咔那布，至扎西岗附近，汇入森格藏布。噶尔藏布全长196千米，流淌在冈底斯山脉与阿伊拉日居山之间，河道顺直，谷地宽坦，北至昆莎湿地后多汊流、浅滩和江心洲，形成壮观的游荡型河流[2]。

---

[2] 平面上水流散乱呈辫状，心滩密布，变动不定的河流。在山区河流出山口处，河面突然放宽，流速急剧减小，泥沙大量落淤，常常形成游荡型河流。

森格藏布的辫状河。摄影/向文军

　　从空中看，噶尔藏布形成的辫状河是线条与色彩的完美组合。中生代以来，这里有着丰富的湖泊相与河流相沉积。这些沉积物由于形成时的环境变化，呈现出以红色为主调，兼以棕红、棕黄、灰绿的多色的韵律变化。河流冲刷大地，风沙吹蚀山体，将绚丽多姿的岩层剥露出来，整个河谷色彩缤纷。流水就在这色彩缤纷的大地上恣意挥毫，在河道中随分汊左右游荡，于是一幅美丽的图画呈现在眼前。到了冬季，半结冰的河流、残雪、深色的枯草、白色砂砾浅滩，各种色彩、各类线条随意组合，如印象派大师以大地为画布的天才创作。

　　河流两侧，分布着树枝一样蔓延的沟壑。从卫星图上看，黑色影调的溪流与褐色影调的丛簇状植物、黄褐色的岩石、灰白色的沙洲，相互协调，又仿佛一位国画大师，时而长笔直下，时而如锥画沙，时而颤笔顿挫，一幅中国山水在他的钩、皴、点、染中，浓淡、虚实、疏密相宜，跃然而出。

　　森格藏布与噶尔藏布，流经的环境大致相同，河流的形态也大致相同，它们在扎西岗汇合之前，还各在狮泉河镇西和阿里昆莎机场东侧形成另一种形态的河流。这就是紊流河。紊流是流水的一种流动状态，当流速很小，地形呈微倾的坡面时，流水分成无数的细小涓流从一侧散开，在坡面上流动，然后在另一端重新汇聚。这种河流顷刻之间失去主河道，无数细小的河流不规则运动、互相交织缠绕、轨迹曲折混乱。森格藏布在狮泉河镇西侧形成的紊流区长约10千米，宽约8千米，面积约80平方千米，在革吉县南侧和北侧也形成大片

雪山之间的河谷蛇曲河发育。摄影／向文军

紊流区。而噶尔藏布在阿里昆莎机场北侧形成的紊流区更是超过200平方千米，在噶尔县附近形成的紊流区也有40平方千米。不仅如此，两河在扎西岗乡南交汇的三角地带，河流同样呈现出散流的状态。

阿里历来被称为"世界屋脊上的屋脊"，平均海拔4600米，处于高寒荒漠、半荒漠环境，也是青藏高原众所周知的低温中心和干旱中心，这样的环境本不适合于人类的生存，但正是这些多姿的河流，它们摆脱地形的约束，在此呈漫流、散流状态，使原本干涸的土地得到稳定流水的滋润，这才使得这里的谷地水草丰茂，成为当地牧民难得的"绿洲"。沿着森格藏布和噶尔藏布，这样的"绿洲"成为阿里"干旱区"的"湿润中心""生物乐园"和"文明源头"。清晨，漫步在狮泉河镇郊外的湿地深处，一群群黑颈鹤、赤麻鸭、斑头雁时起时落。这里是阿里地区面积最大，也是最优质的春、秋两季过渡牧场。

象泉河对札达盆地的侵蚀形成雄阔的土林

土林是一种形成于河湖相地层的独特流水侵蚀地貌，一般形成于中生代—新生代沉积盆地或者是造山带的山前坳陷带。在我国土林的分布版图中，阿里的札达土林是分布海拔最高、分布面积最大的土林。从形态上讲，札达土林以城堡状、宫殿式为特色，也明显有别于其他以柱状为主要形态的土林，显得尤其雄阔大气。

离开乱如发辫的狮泉河，直升机继续向南飞，机腹下的大地被一层浅浅的冬雪所覆盖。皑皑白雪不但未能掩藏住大地，反而滤掉多余的色彩，将山体的肌理衬显出来。红色调的中生代岩层所形成

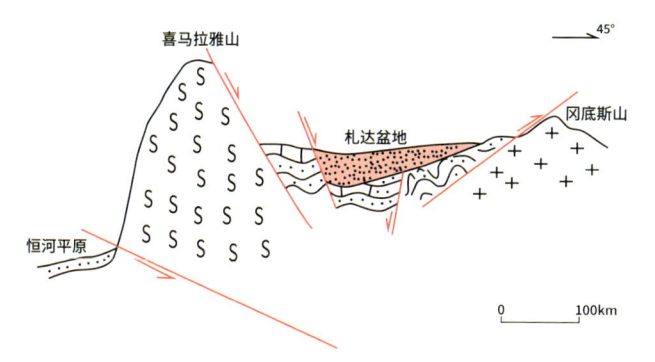

札达盆地示意图。（资料来源：孟宪刚等《西藏阿里札达盆地地质构造的基本特征及其演化》）

的沟壑、陡壁如一支画笔，在白色的画布上时而恣肆纵横，挥毫写意；时而小心翼翼，纤毫线描；但大多数时候则胸有成竹，点皴笔法，将山石纹理、质感纤毫毕现。大地犹如一幅跨越千年、泛黄的山水画。

札达盆地是发育于南喜马拉雅山与其北支阿依拉日居山之间的地堑式断陷盆地[③]，它的形成与印度—亚欧板块俯冲碰撞有关，也可以说是喜马拉雅山断块造山作用的一个"附属产品"。盆地的走向严格受到北东侧和南西侧两条断裂的控制，呈北西至南东展布。

札达盆地南北宽约 37～55 千米，东西长 240 千米，平均海拔 4000～4500 米，盆地内沉积了厚度超过 500 米的上新世—早更新世河湖相地层，分布面积达 5600 平方千米，发源于冈底斯山的朗钦藏布（象泉河），由东南经门士穿过该盆地，在什布奇附近切穿喜马

---

③ 指地质构造中的沉降地块，又称地堑盆地，它的外形受断层线控制，多呈狭长条状。

拉雅山流向印度河。在盆地中，朗钦藏布强烈切割近水平的河湖相地层，形成了举世闻名的札达土林。

我曾于2006年前往札达开展土林调查，我们的车从阿里出发，花了整整一天的时间才于深夜进入札达县。第二天醒来时，发现自己已经进入土林的包围之中，整个县城都在土林的包围之中。接下来的日子，我们每天穿行在土林之间的箱形峡谷，纵横叠合、高耸雄岸、明暗有致的土林地貌给我们极大的震撼。

但是直到我们离开阿里，札达土林都无法给我一个全貌性的印象：它的分布范围、空间上的形态规律，从什么地方开始发育。在土林的世界中钻得越深、越久，越容易被它的细枝末节和表面形态所迷惑，似乎越不容易看清它的真面貌。

所以当我在向文军的电脑上看到他从空中航拍的札达盆地时，简直不敢相信自己的眼睛。那些纵横蚀刻、色调匀称、深入得当的景观，难道就是我曾经穿行其中的土林？

从空中看到的札达盆地，既不是我们想象的一马平川，坦如盆底，也不是我们从地面上看到的那样，古堡城郭高耸，各色土林各显其态。空中的札达盆地就像一个被大雨浇过的沙坑，象泉河就像一头农村犁地的犁耙，经过之处平整的土地立即支离破碎，凌乱不堪。顺着航拍照片的指引，流水侵蚀的大地沟壑连绵，层叠的土林在远处喜马拉雅积雪的峰峦衬映下，风起云涌，苍茫如海。

其实貌似零乱破碎的土林景观，在空中高远的视角下，似乎也有规律可循，不失有序。

譬如，裙裾状的切沟、冲沟层层叠叠，密如麻筛，这是壮年期的土林，流水对土林的侵蚀作用达到最强，土林的形态也最为丰富

空中鸟瞰的札达盆地，就像雨水浇过的沙坑。摄影 / 向文军

古格王宫遗址就位于象泉河南侧的一座城堡状山体之上，与土林浑然一体。摄影 / 李忠东

多姿。倘若你走进这一区域的土林之中，台阶式土林、叠瓦状土林、草屋式细沟土林、哥特式土林、尖峰状土林、塔式土林等多种微地貌形态的土林从容不迫，定会让你目不暇接。盆地的两侧，沟谷的末端，是土林开始形成的地方，流水散漫，侵蚀力还十分微弱，主要发育片蚀、纹沟和细沟，沟壑浅而宽，已经形成的土林就像是一双双张开五指的手掌，从四面八方向平坦的砂砾岩台地合围而来。它让人想起蚕食这个词，无数的沟壑蚕食着大地。盆地的中心，象泉河蜿蜒而过的地方，两侧的台地已经被剥蚀殆尽，沟谷宽阔，残丘连绵。这里的土林酷似古堡、宫殿、城郭，塔林巍巍然，浩浩然，瑰丽壮阔，显得尤其伟岸和高大。这是晚年期的土林形态。季节性洪水、经年累月的风既是塑造土林的朋友，又是摧毁它们的敌人，它们终将扛不过岁月侵蚀，所有的景观都将坍塌，所有形成土林的砂、砾、泥、土都将被流水带走，了无痕迹。

　　古格王宫遗址就位于象泉河南侧的一座城堡状山体之上，这是典型的晚年期的土林形态，周围山体已经剥蚀殆尽，山体四面临空，

扎达土林。摄影 / 李忠东

绝壁陡立如削。整个王宫遗迹和山体浑然一体，似乎从一开始就"生长"在一起，从向文军的航拍照片上，若不仔细观察，很难分辨哪一部分是自然形成的土林，哪一部分是人工的。其实，王宫修建之时就是取的土林的泥土制成土坯，本来就和土林物质相同，难分彼此。传说早在古格之前，更加古老的象雄部落就以阿里为中心建立象雄王国，甚至有学者认为，这里先前就是象雄王宫的遗迹。古格王朝就是在象雄的领地建立王国，在象雄王宫的基础上建立古格王宫，王朝更迭，物是人非，历史的烟云从来如此。

历史上的阿里"三围"和今天我们宣传的札达土围、日土湖围、普兰雪围略有不同，它实际上指的是古格时期这片土地上建立的三个王朝。象雄之后，这里成为吐蕃的领地，公元9世纪下半叶，吐蕃灭佛引发内乱。其中吐蕃王统的一支吉德尼玛衮逃亡到阿里，通过联姻的方式取得这里的统治权，形成以今克什米尔的列城为中心的拉达克王朝、以今普兰县为中心的普兰王朝和以今札达县为中心的古格王朝。拉达克、古格、普兰这三个王朝由外及内形成了历史上的"阿里三围"。

无论是象雄还是古格选择这座城堡状的山体修建王宫,看中的无非是这里易守难攻的地形。从今天的考古数据看,450余座殿堂房屋,近千个洞窟,数十座碉楼、佛塔,从地面到山顶依山而建近300米高,山腰的红庙、白庙,山顶的白宫巍然屹立,各个建筑之间更以无数的隧道和暗道相连。然而凭借天险终究不是上策。当拉达克[④]的来敌将这里团团围住之时,高高在上的王朝便既无后援亦无退路,免不了覆灭的结局。如今,在遗迹周围散落的大量非此地的鹅卵石以及崖壁上藏尸洞中那些无首尸体据说都是那场战争所遗。

战火摧毁了城堡,黄沙淹没了豪杰。拥有七百年历史、十六位世袭国王、十万人之众的古格王朝,竟然就这样在一场战争中灰飞烟灭,成为一堆废墟。

在形成札达土林的地层之中,曾发现丰富的哺乳动物如三趾马、小古长颈鹿、犀类等化石,它们曾经也是这片土地的主人。人类自己连同无数的未解之谜,终将如这些化石一样,埋藏在砂砾之中。

冰雪雕琢的冈仁波齐

提起青藏高原,头脑中立即浮现出雪山的形象。为什么雪山给我如此深刻的印象?我想最重要的原因是青藏高原几乎把地球上80%的雪山凑在一起了。

我们通过地质学家的研究成果可知,青藏高原的隆起是板块之

---

④历史上是中国西藏的一部分,位于克什米尔东南部,现绝大部分由印度实际控制。

间碰撞的结果，印度板块由南向北挤压亚欧板块，受到北面塔里木地块和华北地块的阻拦，被迫向上生长形成高原。在板块之间的接触带，往往因造山运动形成山脉，构成青藏高原的喜马拉雅山、冈底斯山、昆仑山、喀喇昆仑山、唐古拉山等都是这样形成的。而阿里则正好处于昆仑山、喀喇昆仑山、冈底斯山、喜马拉雅山的环绕之中。一个地市级的行政区，同时拥有如此多的重大山脉，这在全世界都不多见。

离开札达盆地，飞机沿喜马拉雅山脉的北缘向东继续飞行。这座最后崛起，但后来居上的巨大山脉肩冰被雪，从空中俯瞰俨然晶莹世界。尖锐的角峰如锥如芒，之间的刃脊如线起伏，角峰与刀刃般的山脊皆是冰川刨蚀山体的结果，它们在天地之间所勾勒出的天际轮廓线平直、锐利、尖削。山体的坡面，冰雪如被。不堪重负的冰雪坠落汇集在角峰下的洼地（粒雪盆），越积越多的积雪在自身重压和其他一系列物理过程的作用下压实、融化、冻结作用，逐渐形成蓝色的冰川冰，冰川冰顺着沟谷缓慢流动形成冰川。从空中看，山谷冰川从山顶顺着沟谷向不同方向蜿蜒而下。冰川的前端，洁白的冰舌与黑色的冰碛堆积物界线分明，冰舌表面冰面流水、冰裂隙历历在目，甚至还有冰面湖，这种位于冰川之上，以冰为盆的湖泊晶莹剔透，蓝如宝石。

在这片冰川的海洋，常见三种湖泊，皆美丽无比。除上文提到的冰面湖，还有一种冰斗湖和冰碛湖。冰斗湖位于现代冰川下游，是冰川退缩后原粒雪盆积水（也称为冰斗，冰川刨蚀形成的洼地）而成，湖的形态或如圆镜或如水滴，湖线圆润光滑。后缘峭壁三面相围，前端陡坎壁立如削，常有瀑布飞坠。从空中看，冰斗湖碧莹如玉，悬浮在山谷。而这里的冰碛湖，常常出现在冰川末端消融区的冰川堆积物之上，它们是冰川在末端消融后退时，挟带的砂砾泥石等物质停堆在这里，表面高低不平形成洼地积水成湖。从空中俯瞰，这些湖泊与冰舌相接，往往成群出现，湖水一半是冰，一半是水，如碎玉散落在山谷。

向文军搭乘的直升机向东飞行至普兰时，往往需要补给，然后绕过纳木那尼峰向北飞行。海拔7694米的纳木那尼峰居于普兰北东侧，整座峰体由花岗岩构成，是喜马拉雅山和冈底斯山的交会相握之地。纳木那尼峰与冈仁波齐峰隔湖相望，而纳木那尼峰北、东、西三面相对空阔，像是群山退离，刻意要突出纳木那尼峰的雄伟和不凡气势。

尽管已经做好心理准备，但当冈仁波齐那独特造型的雪峰出现在眼前时，仍让人大吃一惊。冈仁波齐的形成受到东西、北西、北东三个方向断裂的控制，是典型的断块山。其峰顶的造型也一改其他雪峰金字塔状的尖锐风格，浑圆如冠，显得尤其特立独行。这是因为它的山体由新生代古近纪、新近纪厚层砂砾岩构成，岩层厚度达1000米，由于砾岩抗侵蚀力较强，加之岩层水平岩壁易于直立，当四周的山体都在冰川的剥蚀中变小变矮之时，使得冈仁波齐尽管海拔不算太高（海拔6656米，这在青藏高原并不算高），但却兀立群峰，显得尤其高大与突出。也许正是因为冈仁波齐不俗的造型和卓尔不

冈仁波齐像旋转的经轮。摄影/向文军

凡的气度,这才成为多个宗教的神山。相传雍仲苯教发源于该山;印度教认为该山为湿婆的居所,世界的中心;耆那教认为该山是其祖师瑞斯哈巴那刹得道之处;藏传佛教认为此山是胜乐金刚的住所,代表着无量幸福。西藏的许多山峰都被神化,冠以"神山",但被四大教共同奉为"神山"的仅冈仁波齐。甚至据说汉传佛教中最著名的须弥山指的也是冈仁波齐。

飞机环绕着冈仁波齐峰飞行,一张张连续拍摄的照片就像是动画片一样,将冈仁波齐立体地呈现在眼前,更觉此峰之妙不可言。首先,山体的周围八条冰川侵蚀形成的沟谷,犹如八瓣莲花环绕。冰川强大的溯源侵蚀作用从不同方向不断向峰顶侵蚀,由于遭遇相对坚硬的砾岩,转而向相邻的山肩侵蚀,导致山肩同时受到相邻两条冰川刨蚀和拔蚀,变得越来越薄,越来越矮,更加凸显主峰的雄伟。在主峰的北坡,山脊在冰川侵蚀下偏离原来的延伸方向,向南偏转,形成一个巨大的弧形绝壁和巨型粒雪盆,将更多的冰雪揽于盆中,形成冈仁波齐最大的冰斗冰川。不止是北坡,围绕冈仁波齐的八条冰川槽谷,皆受冰川差异侵蚀影响,呈"S"形顺时针方向偏转,从空中俯瞰,整个冈仁波齐就像一个顺时针旋转的经轮,也许"世界之轴"由此而来。

冈仁波齐与纳木那尼峰之间是一个断陷盆地,冰雪融水分别由南北汇入盆地低洼处,形成拉昂错和玛旁雍错两个大型湖泊。奇妙的是,两湖相邻而居,玛旁雍错是全球海拔最高的淡水湖和国内已知透明度最高的淡水湖,被尊为"圣湖",与冈仁波齐构成"神山""圣湖"的完美境界。而拉昂错则为咸水湖,湖水人畜皆不能饮用,有"鬼湖"之称。为何两湖一垄之隔,却咸淡有别,神鬼两界呢?究其原因,是因为拉昂错海拔略低于玛旁雍错，湖水的来源主要靠玛旁雍错通过一条安迦水道补给。但近百年来由于水道堵塞，圣湖之水无法补给到拉昂错，造成拉昂错的湖体缩减、湖面水位下降、湖水矿化度升高，终成咸水湖。

冈仁波齐成为四大宗教的圣地，颇有些令人费解。尤其是印度教和耆那教皆主要在喜马拉雅南坡的印度一带传播，站在印度平原望见的首先是喜马拉雅的诸峰，并不能直接看到冈仁波齐，古人是如何知道喜马拉雅山的背后还有一座冈底斯山的呢？唯一经得起推敲的理由是河流。据雍仲本教经典描述："一条从冈仁波齐而下的河，注入不可征服的湖泊——玛旁雍湖。有四条大河由此发源，流向东、南、西、北四方。"冈仁波齐及所在的冈底斯山，孕育出马泉河、孔雀河、象泉河和狮泉河四条河流。马泉河是雅鲁藏布江的源头，孔雀河是恒河之源，象泉河、狮泉河是印度河之源。也许古代的先辈正是从不同方向溯流而上，越过喜马拉雅山，在此找到了孕育大河的这座雪山，因此同时将这里视为"世界的中心"……

"高山仰止，景行行止，虽不能至，然心向往之"。

五千万年前，当印度板块自南方远行数千千米，和亚欧板块激情相拥，便注定这一区域不同寻常。不寻常之地，必有不寻常之景，不寻常之景，当以不寻常的方式去欣赏。向文军不是地理学家，但他无意中通过高空舷窗拍摄的"美景"却为我们解读这片山水另辟了一条蹊径。当这些美妙的航拍照片一一在眼底晃过，我的脑海像是在拼图，一个丰富而庞杂的阿里，一个熟知又陌生的阿里，一个古老而新颖的阿里，一个充盈而虚无的阿里，便隐约交替着浮现在面前。

喜马拉雅山脉：
看地球最高的山

> 在喜马拉雅山脉 2400 千米的"交响乐"中，中段的珠穆朗玛峰地区无疑是最激荡人心的宏伟篇章。在这个区域内，汇聚了全球 14 座海拔 8000 米以上的高峰中就有 9 座，在地球上还有哪一个地方能有这样的殊荣呢？

温钧浩，网名"7556 米"，著名的"追峰达人"，在"成都遥望雪山群"中大家称他为"山王"。去拜访他之前，颇有些狐疑，生活在成都的他对四川的雪山足够熟悉，对喜马拉雅山脉他还熟吗？况且四川的雪山相较于喜马拉雅山脉这个雪山王国可谓小巫与大巫，面对喜马拉雅山的冰峰雪岭，他还能"称王"吗？

在成都西村一个叫竹下的茶室，他给我看了一张他拍摄和标注喜马拉雅山脉群峰照片，一下子便把我震住了。这张照片是他在西藏拉萨飞往阿里的航班上拍摄，而安排这一次行程的目的也只有一个，那就是获得这张照片。像这样的"疯狂"之旅在他对雪山最狂热的时期是常态。"就是成本太高了，幸好天气不错，否则机票钱可就白瞎了。"他腼腆地笑了笑对我说。这张用 12 张高清照片拼接成的长图，由东向西将喜马拉雅山中段东侧的马卡鲁峰到西侧的道拉吉里峰的所有雪山一网打尽，共标注了186座雪山，其中8000米级的就有8座，7000米级多达78座，可以说喜马拉雅山脉中段400千米范围内的雪山全部汇聚在这一张图上。

温钧浩还告诉我："这样的角度，只有在大飞机上才有可能获得。但在最新调整之后219国道康马至吉隆段，也能找到很好的拍摄点，虽然只能拍到某个雪山及附近的峰群，仍然足够精彩。"温钧浩口中的219国道，原指新藏公路，即新疆的叶城至西藏的拉孜。2018年3月5日，交通运输部印发《关于开展国家公路网命名编号调整工作的通知》，将原G219北端延伸至新疆北部喀纳斯，南端改线延伸至广西东兴市，全程长达10065千米，成为中国里程最长的国道。新219国道除了往南、北两端延伸，对老的线路也有所调整，其中最为显著的便是西藏境内从萨嘎开始不走拉孜而是向南经吉隆、岗嘎（老定日）、定日、定结、岗巴、康马，然后再往向东。

实际在线路调整之前，从拉萨出发沿318国道一路向西，当行至曲水县的达嘎乡之后，有摄影经验的"老司机"往往会暂时离开主干道，向南进入另外一条路，经羊卓雍错、浪卡子、宁金岗桑至江孜，然后一个90度折转向南经康马县，再沿着嘎定线（康马县嘎拉乡至定日县）经岗巴县到定日县与国道318汇合或继续向西经吉隆至萨嘎与219国道汇合。之所以大家舍近而求远，选择这条更绕更崎岖的线路，当然是因为风景。这一路除了有羊卓雍错、卡若拉冰川等著名景点之外，还有一个重要原因，这一段更靠南，也就更加贴近喜马拉雅山脉北麓而行，对于任何一个雪山控，这都是不可错过的经典雪山—冰川之路。

这张航拍的喜马拉雅群山，共标注了186座雪山，其中8000米级8座，7000米级78座。摄影标柱/温钧浩

众所周知，喜马拉雅山脉是地球上最雄伟高大，也是最年轻的褶皱山系，全长2400千米，宽200～300千米，平均海拔6000米，其中超过7000米的高峰有50余座，8000米以上高峰10座。

在喜马拉雅山脉2400千米的"交响乐"中，中段的珠穆朗玛峰地区无疑是最激荡人心的宏伟篇章。我们通常将亚东以西，吉隆以东的区域称之为珠峰地区，在这个长约400千米的范围内，汇聚了全球14座海拔8000米以上的高峰中的6座，从东至西分别为干城章嘉峰、马卡鲁峰、洛子峰、珠穆朗玛峰、卓奥友峰、希夏邦马峰，如果再加上吉隆以西的马纳斯鲁峰、安纳普尔纳峰、道拉吉里峰，这一段8000米级高峰就有9座，喜马拉雅山脉的10座8000级高峰，

除最西的南迦帕尔巴特峰之外，全在这里。在地球上还有哪一个地方能有这样的殊荣？

巨大的海拔高度、南来的印度洋季风都为冰川作用创造了条件。在全球性气候变化的影响下，喜马拉雅山在第四纪冰川时期，多次发生规模巨大的冰川作用，迄今这里仍是中、低纬度地区的山岳冰川作用中心。据2020年测量结果，珠峰地区有现代冰川548条，冰川覆盖面积1976平方千米，而且以大型山谷冰川、冰斗山谷冰川为主，面积在20平方千米以上的大型山谷冰川就有15条之多，小规模的冰斗冰川及悬冰川更是数不胜数。

雪山和冰川，无疑是这一路的永恒主题！

吉隆乃村附近一座无名雪山。摄影/陈志文

雪山与湖泊是最完美的景观组合

从康马县沿年楚河支流冲巴涌曲，往南朝着喜马拉雅山而行，河流两侧的阶地上青稞地如金色彩锦，层叠的色块铺满谷地。过了嘎拉乡继续向南，帕里盆地出现在雪山之下，这是一个跨越喜马拉雅山南北分界线的裂谷盆地，多庆湖位于盆地的北部。

单之蔷先生将青藏高原中部地区，冈底斯山脉—念青唐古拉山脉以北与羌塘高原南缘的地带称之为多湖地带，而且还因为多分布面积较大的湖，又被称为"大湖地带"。其实在雅鲁藏布江以南、喜马拉雅山北麓之间也有一个"小湖地带"，以断陷盆地内的构造湖以及冰川作用形成的冰川湖为主。这一区域的湖泊面积虽不及大湖地带，但因为有雪山、冰川为邻，倒也多出了几分柔美意趣，湖

岗城达雪山与多庆湖湿地。摄影／周焰

夕照卓木拉日峰。摄影／周焰

光与雪山的组合,成为这一路最动人的风景。

多庆湖是构造作用形成的湖泊。站在湖畔向南东望去,一排雪山拔地而立,这就是著名的卓木拉日峰及其卫峰。卓木拉日峰位于中国与不丹的边界,又名卓姆拉里,意为"干城章嘉的新娘",是藏族民间传说的喜马拉雅山七仙女之一,当地百姓称之为"圣女峰"。海拔7326米的卓木拉日峰在8000米、7000米级高峰云集的喜马拉雅山脉群峰中毫不起眼,它能获此殊荣应当得益于它独特的造型以及与多庆湖"搭档"营造出的神圣气质。

卓木拉日峰其实是由主峰及其他三座卫峰组成,海拔7326米的主峰位于最南侧,往东北还分布着卓木拉日2峰(6920米)、吉楚锥柯峰(6809米)和次仁岗(6532米)。卓木拉日群峰的西面是盆地、南面和北面几乎全为低于6000米的山脉,像是群山退去,刻意要突出卓木拉日的不凡气势。山峰的两侧分布着32条山谷冰川,冰川面积达62平方千米。山脉西麓的冰川前端普遍发育椭圆形的冰川湖,冰川融水通过冰川湖汇入盆地,最终在盆地的低洼处形成多庆湖和嘎拉湖。

多庆湖说是湖,其实它有相当大的面积是沼泽湿地,沼泽和湿地围绕在湖的四周。毛茛、水蓼、高山蒿草、高原薹草、冰岛蓼、灯心草等组成的草甸被湖水随意地分割一道道、一弯弯的垄堤、浮岛。多水草的湿地成为水鸟的天堂,成群的斑头雁、赤麻鸭等在这里起起落落。而雪山最好的搭档也是一弯湖水,湖的静谧与蔚蓝最能衬托雪山的雄阔气势。清晨或黄昏,卓木拉日雪峰和冰川倒映在没有草的湖面,阳光在雪峰上恣意游移,这是雪山的"高光时刻",而多庆湖也因雪山的倒影而绰约多姿。

寻找壮丽雪山群的最佳观景点

观山摄影圈将能观赏和拍摄某座雪山的点称为机位或点位，一个新的观山点位，往往是发现者立足"江湖"和"炫耀"的资本。

离开多庆湖，回到新219国道，继续往西行100余千米就到了岗巴县。这个面积约4000平方千米，只有1.1万余人口的袖珍县是我国人口最少的5个县之一。岗巴，藏语为"雪山附近"之意，雪山指的就是位于尼泊尔和印度边境上的干城章嘉峰，这座海拔8586米的雪山是地球上仅次于珠峰和K2峰的第三高峰，也是喜马拉雅山的第二高峰。天气晴好时，干城章嘉峰宽阔的山体总是横穹出现在县城南侧，像一个巨大的屏风横亘。以城市的路灯、建筑、车辆、行人为前景，以雪山为背景的照片也就成为这个高原小县名片式的风景。尽管雪山抬头即望，但要拍到最美的干城章嘉峰，县城东北侧山坡上的岗巴古堡是最佳位置。岗巴古堡始建于13世纪的元朝，虽然700多年的风雪已令城堡残破不堪，但险要的地势、高大的城墙、碉楼仍依稀可见昔日风骨。以残墙断壁为前景拍摄的干城章嘉峰有一种历史的沧桑感。干城章嘉又名"金城章嘉"，藏语和锡金语中的意思是"雪中五宝"，指的是构成干城章嘉峰的5个峰顶，其中4个峰顶均在8400米以上。

岗巴县不仅是干城章嘉峰的最佳观景点，也是西望珠峰群峰的极佳位置。其实从岗巴县开始，沿嘎定线西行，便进入了"珠峰时刻"，一路都可以观赏到珠峰群峰的雄姿。如定结以西的协林藏布便可同时看到珠峰、洛子峰、章子峰等10余座8000米、7000米级高峰。但若要评选新219国道上珠峰的最佳观景点，很多人还是会把票投给加乌拉山山口。加乌拉山山口位于前往珠峰大本营的路上，距新219国道（与318国道重合）约20千米，是世界上少有的可同时观赏5座8000米级雪峰的观景平台，虽然距离珠峰尚有一定距离，但因为摆脱了加乌拉山的阻拦，垭口海拔达5200米，南望视野空阔，能见的雪山最多。

　　这里正对珠峰，以珠峰为中心，两侧的群峰尽收眼底。北为海拔7543米的章子峰，它们之间以锯齿状的刃脊相接，鞍部称北坳，是从北坡攀登珠峰的必经之路。南为海拔8516米的洛子峰，为世界第四高峰，两峰亦以锯齿状刃脊相连，鞍部称南坳，是南坡攀登珠峰的要道。由洛子峰向西，有五座7000米以上的山峰，其中7855米的努子峰较为有名。洛子峰东面有一座没有名称的卫峰高达8384米。

从岗巴县城远眺世界第三高峰干城章嘉峰。摄影 / 周焰

夕照岗巴古堡。摄影/周焰

再向东，还有两座7000米以上的高峰，然后主山脊折向东南，出现世界第五高峰——海拔8485米的马卡鲁峰。以马卡鲁峰为中心，附近有10座7000米以上的高峰，比较有名的是其东北的珠穆朗卓峰，海拔7804米。珠峰以西，峰顶高度相对较低，除普莫里峰等几座7000米高峰而外，其他均在7000米以下。直到延至海拔8201米的卓奥友峰，高峰再次成群出现，卓奥友峰附近的7000米以上山峰6座。

青藏高原，尤其是喜马拉雅山脉的隆起，是地球演化史上最重要的事件和最激动人心的时刻。人类短短的250万年的历史虽然无法亲历整个过程，但我们也非常幸运地生活在这个过程之中。人类出现之后的第四纪恰好是喜马拉雅山脉隆升最快的阶段，而且快速隆升至今仍在持续，虽然我们无法通过感官直接感知它的生长，但它形成的高大山体和特殊自然条件仍可以让我们身临其境，这也许就是我们钟爱雪山，对喜马拉雅山脉心生敬意的原因。

我们为什么要看雪山？

从加乌拉山口重新返回新219国道，天色已晚。南侧的群峰暗淡在暮色中，黝黑的雪峰的影子在青黛色的夜空下起伏，如卧着的百万雄兵，这"雄兵"影影绰绰，仿佛随时可能突然醒来。清晨5点，被同伴叫醒，穿上所有能穿上的衣服来到岗嘎镇西南角的观景平台。跨出车门，凛冽如冬的空气还是让人瑟瑟发抖。

天未亮，清晨仍在黑暗中。向南望去，我们前面隐约可见是一个谷地，谷地开阔，由北向南延伸，雪山在沟谷的尽头。谷地中的河流和湖沼在微弱的天光中反射出微弱的亮光，如打碎的镜子。过了一会儿，远处响起了人的低语和脚步的纷杳，那是来自天南海北的游客，他们的目的与我们一致，要看清晨的第一缕阳光照亮雪山。

终于，雪峰背后的天空开始发亮，一缕阳光冲破了山谷的宁静，精确地打在卓奥友峰雄阔的峰顶，然后逐渐照亮两侧的山峰。珠峰在东侧，与卓奥友峰保持着距离，标志性的金字塔峰顶也半隐在远端，这一刻它是低调的，这个观景点似乎专属于卓奥友峰，其他的雪山都得退避三舍。晨光移动，很短的时间已经将卓奥友峰及两侧的卫峰镀成金子般颜色。再过一会儿，完整的卓奥友群峰在青色的天幕下神采奕奕。当太阳由红而淡，四周的山影、河溪、草甸渐渐可辨，但卓奥友峰仍被太阳强调着，天地之间，巍峨的身姿时时提醒她才是这里的主人。

离开岗嘎,继续往西还有很多有趣的雪山观景点。如岗嘎镇至佩枯湖是希夏邦马峰的最佳观景区域,以佩枯湖为前景,可以拍到希夏邦马峰及周围的11座7000米级、40余座6000米高峰。在佩枯湖西,沿着一条次级公路行10余千米便到了一个叫孔唐拉姆山垭口的地方,这里能拍到最标准的马纳斯鲁峰。而在仲巴县城东侧,则是安纳普尔纳峰的最佳观景点,往北行约70千米则是道拉吉里峰的最佳观景点。这些隐秘的雪山观景点大多是如温钧浩这样的"追峰人"一次一次"搜集""踏勘"发现的。

一路上我都在想,为什么很多人对雪山如此痴迷?它的魔力在哪里?

早在2003年,《中国国家地理》在做《四川专辑》时便提出"看山要看极高山"的观点,并推断中国即将进入"欣赏雪山冰川"的时代。这期的文章里还将建筑学中"天际轮廓线"的概念应用于观山审美,这给我提供了一个打开极高山审美的全新方式。观察山脉以蓝天为背景勾勒出的轮廓线,我们不难发现,东部地区中低山在蓝天下所勾勒出的天际轮廓线大多呈平缓、圆滑的曲线,而西部极高山的雪山所勾勒出的天际轮廓线却异峰突起,山峰呈尖锐的三角形,直指苍穹,两侧的山脊像锋利的刀刃。这是流水和冰川两种不同的侵蚀作用所形成山体在形态上的巨大差异。欣赏雪山,便是欣赏雪山的这种粗犷与豪迈,欣赏雪山的粗线条之美。而构成这种粗线条的主要是角峰和刃脊。在这里,我们还发现雪峰的外形千差万别,有的尖如利剑,有的如金字塔,有的一侧平缓一侧陡峭,有的顶如穹隆。雪峰的形态受到构造、岩性、冰川侵蚀作用等诸多因素的影响。所

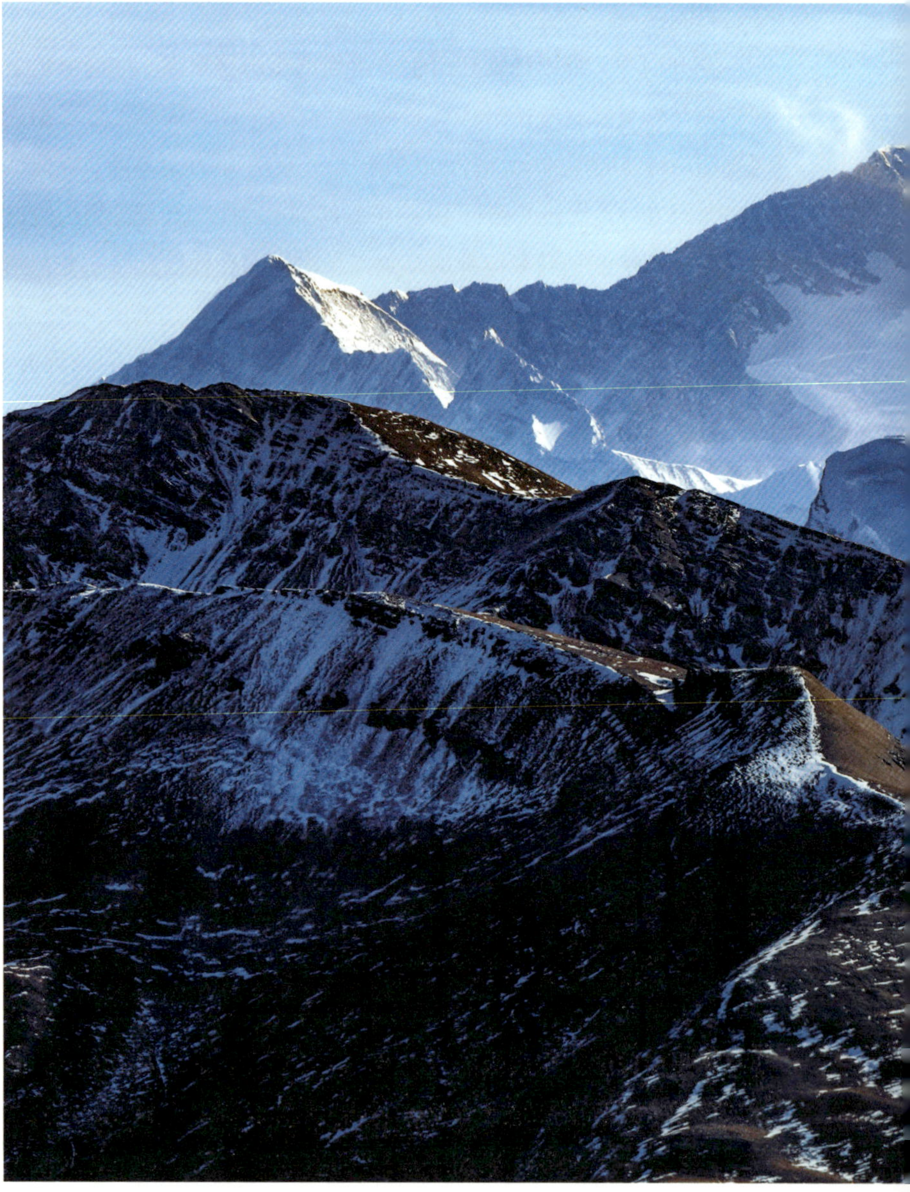

从加乌拉山口看马卡鲁峰。摄影/温钧浩

老定日拍摄的珠峰。摄影 / 温钧浩

谓内行看门道,外行看热闹,中国科学院兰州冰川冻土沙漠研究所的张祥松就曾把山峰的形态大致分为几个类型,一是珠峰型,以珠峰为代表,洛子峰、马卡鲁峰、喀喇昆仑山的乔戈里峰、加舒尔布鲁木峰等均属此类,这类山峰,外形呈巨大的金字塔形,峰顶突出,但并不尖锐,主峰与卫峰之间以锯齿状刃脊相接,峰间鞍部形成垭口,往往成为登山的理想营地;二是普莫里峰型,以普莫里峰为代表,阿马达布拉姆峰、立新峰、卡尔达章格里峰等均属此类,这类山峰峰体陡峭,峰顶锐利,如利剑直刺苍穹,是最为典型的角峰形态;三是博格达峰型,以天山博格达峰为代表,喜马拉雅山脉的南迦巴瓦峰、安纳普尔纳峰、干城章嘉峰均属此类,这类山峰由多个山峰并列，主峰不明显，冰川沿峰顶两侧呈羽状发育；四是慕士塔格峰型，以昆仑山西段的慕士塔格峰为代表，这类山峰峰顶浑圆，冰雪如帽状覆盖，珠峰地区这类山峰很少，唯卓奥友峰具有这种形态，但亦不典型。

对于喜马拉雅山，作家马丽华用三句话来评价：全球的旅游者都可以来此一睹无限风光并进行一番终极体验；全球的登山健儿都可以在此一显人类的极限意志、勇气和体力；全球的科学家则纷至沓来，渴望在这最新成陆的地方探访到地球内部运动的奥秘，渴望从中寻找出古往今来人类生存环境变化的参照。

我想，很多人之所以忍受高寒、缺氧，像苦行僧一样来到青藏高原，除了马丽华说的三个原因，还有一个重要原因，那就是我们和古人相比已经有绝对高度的概念，我们寻找8000米级、7000米级雪山的观景点去看它、拍它、记录它，不仅是因为它雄阔壮美，更因为它无与伦比的高，它在地球的高度排位让我们心生崇拜。

念青唐古拉山脉大陆性冰川：
滋润拉萨的生命之源

> 这里围绕海拔 7162 米的念青唐古拉峰发育了数百条大陆性冰川，这使得拉萨仍然成为一座"观冰之城"。这里的冰川不仅莹润壮美，而且可进入性强。同时，冰川融水汇而成溪，成为拉萨河的重要水源，滋润了当雄—羊八井、拉萨河谷地等河谷盆地，成为拉萨的"生命之源"。

作家马丽华常年行走于青藏高原，她在一本书中写到她眼中西藏的山："它是焦干的……焦干而茫茫。"的确，进入青藏高原腹地之后，目光所及的山大都是这个样子。直白的太阳和干燥的风蚕食着空气中的水分，没有水分的空气蚕食着生命，没有生命的大山便注定只能"焦干而茫茫"。

但有一种山是一个例外，这就是雪山。西藏的雪山几乎都是海拔 5000 米以上的极高山，它们是岩石与水的完美结合。因为有固态水——冰川的加盟，这样的山便有了生命的律动。冰雪周而复始地汇聚、流动、崩塌、融化，雪山水汽蒸腾，云雾聚拢散去，既变幻莫测，又多彩多姿。我常常想，假如青藏高原这些地处极寒高海拔

拉萨河与雅鲁藏布江汇合处。摄影/李忠东

琼穆岗日雪山。摄影/陈志文

包括念青唐古拉山脉在内的青藏高原东南部是我国冰川、雪山最为发育的区域。摄影 / 李忠东

区域的极高山没有冰雪的加盟和附体，没有冰雪融水去滋养生命，第三极是否会像火星表面一样，苍凉而孤寂？

在雪山和冰川荟萃的西藏，拉萨却是一个美丽的"意外"。在西藏的 7 个市（地区）中，拉萨的冰川覆盖率仅为 1.6%，仅高于那曲地区，而且冰川数量也是西藏最少的，仅有 742 条。尽管拉萨在冰川数量和规模上不占优势，却拥有念青唐古拉山脉的西段：这里围绕海拔 7162 米的念青唐古拉峰发育了数百条大陆性冰川，这使得拉萨仍然成为一座"观冰之城"。这里的冰川不仅莹润壮美，而且可进入

性强。同时，冰川融水汇而成溪，成为拉萨河的重要水源，滋润了当雄—羊八井盆地、拉萨河谷地等河谷盆地，成为拉萨的"生命之源"。

青藏高原的地理"新坐标"

相对于喜马拉雅山脉、昆仑山脉、横断山脉，在青藏高原的山脉和山系中，念青唐古拉山脉显得略微低调，因为它不是围起青藏高原的边缘山脉，而是高原的内部山脉。正是这条不那么起眼的山脉，与另一条高原内部山脉——冈底斯山一道,为青藏高原划了一条南北分界线。

大家知道,中国东部有一条重要的自然地理界线,即秦岭—淮河线,我们以此为界,将中国分为南、北两个部分。而在青藏高原内部也有一条东西走向的地理界线,该线沿冈底斯山脉和念青唐古拉山脉主脊延伸,西起阿里狮泉河,东迄嘉黎,将高原分为南北不同的自然区。比如,这条界线是高原上寒冷气候带与温暖(凉)气候带的界线。界线以北的羌塘高原以高寒草原景观占优势,以牧业为主,界线以南即通常所称的"藏南地区",为亚高山草原与山地(河谷)中旱生灌丛草原景观,以种植业为主,誉为"西藏粮仓"。

其实,除了这条划分青藏高原南北的分界线,青藏高原还有一条隐约的南北线。它北起昆仑山脉东部布喀达坂峰,向南经可可西里山脉东接唐古拉山脉,最后向东南与念青唐古拉山脉相连,从而将青藏高原分为东部和西部。而这两条分割南北与西东界线的交会点,就在念青唐古拉山脉西段的起点位置。

从这个角度而言,拉萨市行政区正好处于西藏东西南北的交会区域,藏北、藏南、藏东南,以此分野。正因为如此,拉萨在西藏的地理位置便更加具有中心、枢纽的色彩。而念青唐古拉山脉,尤其是拉萨范围内的西段,也因此成为青藏高原一条重要的地理界线,是青藏高原一个重要的转折和承上启下、东进西渐之地。

更有趣的是,念青唐古拉山脉的西段,在地理上跟东段有很大的不同。东段是雅鲁藏布江和怒江的分水岭,西段则是内流河和外流河的分水岭。而且由于该山脉东、西段处于两个不同的气候区,所以冰川类型也不同。东段位于西南暖湿气流北上的通道上,降水丰沛，是中国海洋性冰川集中分布区之一，西段则位于半干旱气候地区，发育的是更具观赏性的大陆性冰川。

"冰清玉洁的美人"

"大陆性冰川"和"海洋性冰川"这是两个相对应的概念，最早由著名冰川学家施雅风院士提出。大陆性冰川是指大陆性气候条件影响下发育的冰川，它的主要特点是冰川温度较低，故又称为"冷性"冰川。由于气候干燥、降雪量少，雪线又高，大陆性冰川的补给相对较少，冰川的活动性也较弱，冰舌一般较短，所形成的冰川地貌规模也比较小。海洋性冰川，则是指在海洋性气候条件影响下发育的冰川，由于降水丰富，所以冰川补给多，冰川活动性强，冰川数量多、规模大。

在青藏高原发育有现代冰川的山脉中，念青唐古拉山脉东西长740千米，南北宽80千米，从山脉的规模上看来是最小的，但却发育有7080条现代冰川，冰川总面积达10701平方千米，位居全国第二，仅次昆仑山脉。但由于所处的气候区不同，东段和西段的冰川发育程度出现了较大的差异，东段的冰川在条数和面积上占了整条山脉的三分之二和六分之五。

当然，念青唐古拉山脉西段的大陆性冰川也有自己的精彩之处。从景观上看，大陆性冰川冰碛物较少，冰面洁净，一些冰川的前缘还有壮观的冰塔林发育，更符合人们心目中关于冰川"洁白如玉"的想象。而东段的海洋性冰川由于补给多、冰温高、流动快，所以冰川中常夹带着大量的石块和砂土，美观程度远逊于大陆性冰川。

念青唐古拉山脉的大型山谷冰川。摄影 / 李忠东

有人曾将两者分别比作"冰清玉洁的美人"和"挥汗如雨的码头工人",这也说明大陆性冰川在景观方面的优势。

不仅如此,整个念青唐古拉山脉最高的两座山峰——念青唐古拉峰和琼穆岗日峰均位于西段。围绕两座高峰,小型冰斗冰川和山谷冰川集中发育。西段共有冰川870条,总面积为917.8平方千米。我曾于2018年从雅鲁藏布江畔的林芝米林机场出发,穿过尼洋河,沿318国道经鲁朗、帕隆藏布进入易贡藏布,然后一路沿着易贡藏布峡谷溯流而上,抵达念青唐古拉山脉中段的麦地卡湿地,完成考察后再经那曲沿109国道向南进入当雄—羊八井盆地。这一行,几乎完整地从念青唐古拉山脉东段穿越至中段和西段,行走线路像一张弓,和念青唐古拉山脉的山脊走向一致。

在念青唐古拉山脉东段，易贡藏布切开山脉，形成壁立千仞的深邃峡谷。峡谷内，印度洋暖湿气流沿水汽通道南来，带给这里温润多雨的气候。海拔 2000 米的河谷中，古木参天，浓荫蔽日，荆藤悬垂，呈现出季雨林的特点。受到峡谷所限，难以见到念青唐古拉山脉真容，而随山谷蜿蜒而下的冰川，也只能偶尔一见。冰川给人的直观印象，更多的是冰川泥石流带给这里的灾害遗迹。而念青唐古拉山脉中段的麦地卡湿地一带，虽然视野空阔，但群山起伏如线，并不显得高大。唯有西段，念青唐古拉山脉从当雄—羊八井盆地中拔地而立，数座 7000 米级高峰，30 余座 6000 米级高峰，沿北东方向一字排开，巍峨挺拔。尤其主峰念青唐古拉峰更是异峰突起，成为西段大陆性冰川发育的中心。7162 米的海拔高度，高出两侧的峰顶 700～800 米，远望犹如漂浮在群峰中的岛山，显得尤其突出和高大。雪峰之下，数以百计的悬冰川、冰斗冰川和小型山谷冰川相间而列，整座雪山就像一枚巨大的白色羽毛，蔚为壮观。

在视觉上，念青唐古拉山脉西段显得山体高亢、雪峰林立，更具有视觉上的突击力，给人更多心灵震撼，尤其是站在海拔 4700 米的纳木措北岸南望念青唐古拉峰，雪山、冰川倒映在湖面，朝霞夕照，甚是壮美。这是因为念青唐古拉山脉西段是构造断块所形成的山，它的南北两侧受到怒江断裂带和雅鲁藏布江断裂带的挤压，在北麓形成纳木措构造断陷湖，在南麓形成羊八井—当雄深大断裂和断陷盆地（当雄—羊八井断陷盆地，是西藏规模最大的横向断裂谷"亚东—康玛—羊八井—那曲断陷带"的一部分），这种特殊的构造让山体显得越发挺拔。从海拔 4200 米的当雄—羊八井盆地底部到海拔 7162 米的念青唐古拉峰，直线距离仅 16 千米，相对高差近 3000 米。在这里，盆地到雪山，草原到冰川，不是逐级抬升，缓慢过渡，而是直接切换，冰川伸入草地，雪山在盆地前骤然平地拔起。

距拉萨最近的冰川

曾经供职于《中国国家地理》的陈志文是圈内知名的摄影师和旅行作家，曾被评为 2007 年"中国十大徒步人物"。他长期行走于西藏，对念青唐古拉山脉的冰川更是了如指掌。但他对一次偶然进入的拉萨冰川印象深刻。当时他驱车从羊八井镇沿着当雄—羊八井盆地向西南行走，一条向南延伸的简易公路吸引了他。顺着这条路，

廓琼岗日冰川是距拉萨市最近的冰川。摄影/陈志文

沿着河谷前行10多千米后,他发现汽车的前方出现一条冰川,他差点将车驶上这条冰川。出于职业习惯,他仔细观察了这条不期而遇的冰川,发现这是一条典型的冰斗冰川,冰斗呈圈椅状,冰体将冰斗填得满满的。冰面宽阔,像一把展开的倾斜的巨大扇面。"扇柄"洛堆峰巍然屹立,山体上悬挂着多条悬冰川,不时砰然坠落。冰川的前端,10多米高的冰墙巍然耸立,冰川层纹清晰可辨,将冰川形成过程中的细节毫无保留地呈现在他的面前。冰墙的下部,冰川融化形成洞腔,腔壁冰凌悬垂,冰雪融化的滴水声如同冰川的呼吸。再往前,则是一个冰前湖,湖面漂浮着从冰墙中崩塌的冰块,它们和水混合在一起,成为下游河溪的真正源头。

陈志文进入的这条冰川叫廓琼岗日冰川,是念青唐古拉山脉西段南侧一处隆起山峰发育的小型冰川。这座山峰名为洛堆峰,海拔6010米。在当地传说中,洛堆峰为"灵应草原神"念峰的"羊"。近年来,洛堆峰和廓琼岗日冰川越来越受到关注。距离拉萨市不到2小时的区位优势,公路直达的优越可进入性,难度适中的冰岩雪坡,加之羊八井独特的地热温泉资源,使这里成为开展冰雪旅游的最佳场所和登山者初试雪山探险的理想之地。在采访中,陈志文提醒,近年来,念青唐古拉山脉的冰川整体呈现退缩趋势。研究表明仅仅在1980~2016年的36年之间,唐古拉山脉西段的冰川面积就退缩了近18%,退缩面积达178平方千米,平均每年有5平方千米的冰川消失。鉴于冰川的脆弱性,如何科学开展冰川旅游,是一个值得我们去认真思考、认真对待的课题。

高原河谷变江南的秘密

青藏高原是由一系列的山系、高原面、宽谷和盆地组成的组合体，在这个组合体中镶嵌在山脉之间的宽谷往往成为人类繁衍生息的聚宝盆，这一点有点像沙漠里的绿洲。这些宽谷里被荒凉围裹的勃勃生机，都源于雪山的冰川融水。

念青唐古拉山脉以北为广阔的藏北高原，南侧则是以拉萨河谷为主的谷地。念青唐古拉山脉的大陆性冰川融水，其实滋养了三个盆地河谷。

在西北部，冰川之水通过一系列平行的短促河溪注入羌塘盆地，并滋养了数千平方千米的湖滨平原，纳木措碧波荡漾的湖光、繁花若锦的草甸、牛羊成群的牧场，无不得益于这些冰川融水的滋润。

在东南部，冰川之水由西北向东南流淌，在当雄—羊八井盆地汇聚，完成对这个美丽河谷的滋养，而后分数条支流向东汇入拉萨河。当雄—羊八井盆地西侧就是著名的当雄—羊八井断裂带，历史上这里曾经发生过多次7级以上地震，这些地震形成的破碎带至今清晰可辨，尤其是1411年的羊八井8级地震，是西藏历史上最强烈的地震之一，形成的破碎带长达136千米。当雄—羊八井断裂带虽然给人类带来许多麻烦，但也因此形成了我国著名的高温温泉带，自南向北发育了羊八井、宁中、谷露等高温地热田及拉多岗、当雄等高温温泉。念青唐古拉山脉的大陆性冰川融水通过地表和地下两种方式滋养这里，盆地内地势平缓，充填大量第四纪松散沉积物，冰川融水一部分通过地表径流汇聚在盆地中，形成众多的沼泽湿地，成为优良的高原牧场；另一部分则渗流到地壳深处，经过循环、加热之后，再通过断裂带形成的通道再次出露地表，成为"神女殁幽境，汤池流大川"的温泉。

北部的麦地卡湿地，大量来自念青唐古拉山脉中段的冰雪融水汇聚于此，然后向南将沿途的河溪一路收纳，最终穿过念青唐古拉山脉南部的重山峻岭，与西来的乌鲁龙曲汇合，以拉萨河之名，东行 60 千米，之后折转向西南进入拉萨河谷，直到汇入雅鲁藏布江。

我曾经多次从空中俯瞰拉萨河下游谷地。飞机在空中盘桓，等待降落的指令，机窗下的风景一次又一次变幻着角度出现。这里的高原完全不是我们想象中的孤寒，河谷两岸层次分明的阶地之上，阡陌纵横，房舍俨然，金黄色的青稞在上面拼接出美丽的图案。拉萨河谷被称为"西藏三大粮仓之一""高原天府之地"，得益于这里独特的地形、阳光和夜雨，更得益于雪山冰川的护佑。高耸的念青唐古拉山脉一方面阻挡了北方冷空气的南侵，同时也减少了大风的袭扰，更为重要的是拉萨河几乎所有的支流，如堆龙曲、乌鲁龙曲、拉曲、热振藏布等都不约而同将触角伸向念青藏古拉山的冰川，意味着这里的冰川融水是当之无愧的拉萨"生命之源"。拉萨河水量的变化，既取决于大气降水，更取决于大气温度变化导致的念青唐古拉山脉大陆冰川的变化。有了冰川融水的滋养，原本已是农作物生长海拔上限的拉萨河谷，竟然麦浪滚滚、瓜果飘香，一派江南景象。不仅如此，由于水量充足，这里的小麦、油菜、蚕豆等作物的千粒重和株产量，甚至比气候温暖、农业发达的东部地区还高，土豆、萝卜、大白菜等也特别硕大。近年来，除传统农作物，河谷内还大量栽种草莓、红提、葡萄等水果，"雪域天府"名不虚传。

易贡藏布：
神奇的"突刺"与"雨舌"

> 从空中俯瞰，易贡藏布大峡谷和雅鲁藏布江就像一柄长长的剑，深深地刺入青藏高原的腹地。印度洋的暖湿气流，一路沿剑锋所指直抵青藏高原腹地。单之蔷先生将它称之为从孟加拉湾伸过"雨舌"。凡"雨舌"舔过的区域，气候温暖、降水丰富、森林茂盛。

来到嘉黎县之前，我先去了一趟青海海东的循化县。嘉黎县是十一世班禅的故乡，而循化县则是十世班禅的出生地。循化位于青藏高原东部向黄土高原的过渡带，属于半干旱区，气候干燥少雨。沿黄河谷地，发育大片中生代红色砂岩，形成壮观的西北干旱区丹霞地貌。赤壁丹崖之间，大片绿洲镶嵌。十世班禅额尔德尼·确吉坚赞就出生在黄河南岸的一个小村落。那里是一个多种文化的交融汇合之地，藏传佛教文化区在这里直接与伊斯兰文化区相接。

结束嘉黎的考察，我又去了一趟缅甸。缅甸位于青藏高原南麓，北回归线从其国土中部穿越。北回归线以南，为热带，北回归线以北，处于亚热带。缅甸的北部和东北部，喜马拉雅山脉、念青唐古拉山脉和横断山脉宛如一道道屏障，阻挡了亚洲大陆寒冷空气的南下，

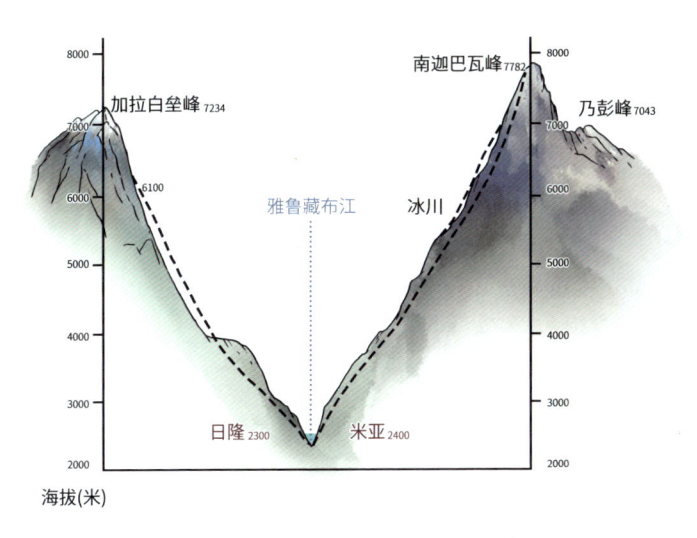

雅鲁藏布大峡谷示意图。清绘 / 侯潇伊

而南部则由于没有山脉的阻挡，来自印度洋的暖湿气流畅通无阻。印度洋的暖湿气流不仅滋润了南亚次大陆，而且还一路向北方直抵青藏高原南坡，然后沿山脉之间的峡谷通道深入高原深处，形成青藏高原东南部难得的湿润区。印度洋暖湿气流深入青藏高原的最深处和最北界恰好就在嘉黎县。

尽管不是有意安排，但在短时间内，由青藏高原中纬度内陆区到东南部极高山区再到南坡低纬度南亚次大陆，无意之中，将青藏高原穿越了大半。

这三个地方虽相隔遥远，其实细究都有前因后果的关联。高原内陆的荒凉与干旱，是因为喜马拉雅山脉、念青唐古拉山脉阻挡了印度洋暖湿气流北上。而相反南亚次大陆之所以湿润多雨，也因为这两座山阻隔了亚洲大陆的寒冷空气的南下。位于青藏高原南北、东西之间的嘉黎县，无疑成为一个重要的转折点和承上启下、东进西渐之地。

高寒与深邃

早上 6 点 20 分，飞机准时从成都双流机场起飞。我和摄影师谢罡选择飞机最后一排靠窗的位置，一左一右。如果天气好，舷窗之外将出现连绵起伏的雪山，地球表面最为崎岖之地——横断山脉将从我们机腹下掠过。

果然，随着飞机的爬升，笼罩在四川盆地上空浓厚的雾霭渐渐退去，天空如大海般清丽。机腹的下方，大地如同沙盘，群峰簇拥，山水纵横。凭高望远，特立独行的横断山脉呈墨绿色调，群峰之中，贡嘎山金字塔状的峰顶在阳光中散发着金属般的光芒。再往西，金沙江、澜沧江、怒江三大水系与芒康山、他念他翁山、伯舒拉岭呈近南北向相间并列而行，形成"三江并流"这一世界奇观。在山水的褶皱间，川藏公路细若游丝，若隐若现。冰峰雪岭之中，时有高山冰湖在阳光下折射镜面般的亮光，隐逸地显露着与世无涉的美。看不见的细微处，是纵贯高山上下的垂直植被，是峡谷中郁闭的原始森林和森林中花开各色的杜鹃，是覆盖着野花和绿草的山原湿地，还有散落在河谷中的村落农田以及生生不息的藏族人民。

再往西，更多、更为高大的雪峰频频出现在左右舷窗。连绵 2500 千米的喜马拉雅山脉在此与由西北向东南远道而来的念青唐古拉山脉呈"T"字相聚。全长 2057 千米的雅鲁藏布江与喜马拉雅山脉并行前进，由西向东流至藏南谷地后，在这里突然一个 90° 的转向，向南消失在墨脱的茫茫林海，并且把海拔 7782 米的南迦巴瓦峰揽入怀中，从而形成号称世界第一大峡谷的雅鲁藏布大拐弯以及这一地区的绝世景观和无与伦比的生物世界。

如果飞机继续往西飞，目标锁定在阿里方向，我们还将看到高原腹地一望无际的山原地貌，在焦干而单调的荒原中，无数的湖泊像摔碎在地上的镜子。这是一次对西藏和青藏高原的空中"检阅"，几乎所有最西藏的景观都悉数登场。白雪皑皑，此起彼伏的极高山和无数世界级的著名雪峰；如银龙般盘桓在山腰的悬冰川；藏北星罗棋布的高山湖群和湿地；藏东南深切峡谷和花开各色的密林……

从林芝机场出发，飞机上细若游丝的雅鲁藏布江，此时河床宽阔，江心洲如鲸，流水如发辫，显得温柔宽厚。在著名的通麦天险，我们看到雅鲁藏布江的两条支流，帕隆藏布和易贡藏布，从相反方向对流而来。奇妙的是，两条江随之都来了一个 90° 的直角转折，在通麦镇相汇后向南直奔雅鲁藏布江大拐弯而去。两条河流几乎在一条直线，流向却截然相反，显然是因为受到同一条断裂带的控制。

我们发现易贡藏布由西北向东南流淌，河流没有选择由向北向南的最近距离直奔雅鲁藏布江。易贡藏布的流向完全与一条断裂带相重合。这条断裂带是在青藏高原隆升过程中形成的大型走滑带，近年来的研究还表明它还是一条深大断裂，它就是嘉黎断裂带。

断裂带形成薄弱破碎带，有利于流水向下切蚀。而印度洋暖湿气流带来的丰沛降水则为河流提供了丰富水源；青藏高原不同寻常的强力快速隆升，所形成的巨大落差，则使河流具有强大的势能。如此这般，易贡藏布这条深邃的峡谷的形成就顺理成章了。峡谷深

易贡藏布大峡谷形成的大拐弯。摄影 / 杨建

度普遍在 3000 米以上，虽不及雅鲁藏布大峡谷，但亦是惊人。之前，我们往往只注重青藏高原的高和寒，很少有人关注其深。实际上，藏东南和横断山因巨大的落差、复杂的地质构造、丰沛的降水而成为青藏高原最深的地方和地球表面最崎岖的地区。

深邃和崎岖恰好是解读易贡藏布的关键词。

灾难与美景

沿易贡藏布溯流而上，车窗外的山体上，出现高约 50 米的灰黑色冲刷带，裸露的岩石好似灰色的长廊，下方河床露出深深的凹槽以及大面积的石滩，洪荒景象令人惊心。

这是 2000 年 4 月特大山崩留下的灾难现场遗迹。那时，位于波密县易贡乡扎木弄沟上游的巨型滑坡体突然失稳，沿陡峭岩层高速下滑，撞击两侧山体之后转化为"碎屑流"，最终高速下滑入江，堵塞了易贡藏布，形成长 4.6 千米、前沿宽 3 千米、高 60 至 100 米的喇叭状天然坝体。

易贡大滑坡卫星图,接收时间为 2000 年 5 月 4 日凌晨 4 点 28 分 47 秒。(来源中国地质调查局航空物探遥感中心。)

整个堆积体的方量竟达 3 亿立方米,相当于 11 座长江三峡大坝的浇筑方量。而整个"浇筑"的过程仅仅用了 6 分钟。巨量堆积物的壅堵,使易贡湖水位快速上涨。在 62 天的时间里,湖水最深处由 7.2 米增加到 62.1 米,湖面由 9.8 平方千米扩展到 52.7 平方千米。

6 月 8 日,大坝不堪重负,突然溃决。60 米高的洪峰持续 6 个小时,至 6 月 11 日全湖水放完。河水流量最大时达到每秒 12.4 万立方米，是雅鲁藏布江年平均流量的 28 倍，1998 年长江最大洪峰流量的 2 倍。

洪水呼啸而下，造成易贡藏布、帕隆藏布和雅鲁藏布大峡谷地区全部桥梁被冲毁，河道断面由"V"形改造为"U"形，加宽 2 至 10 倍以上……因提前预报和组织撤离，洪水溃决时我国境内无一人伤亡，但有多人死于后来的救灾。汹涌的洪水还波及下游的印度和孟加拉国，仅印度境内有 150 多人死亡（在得到我国通报的情况下），数万人无家可归。

其实，这还不是易贡藏布的"初犯"。就在 100 年前的 1900 年，扎木弄沟便发生过一次大型泥石流，并形成易贡湖。如今，整个峡谷亦不安宁，泥石流、冰川泥石、滑坡、雪崩、山洪亦是频繁发生。巨大落差形成的陡峭地形、断裂带破碎的岩石、多雨多雪的气候、上游丰富冰川季节性消融，都是易贡藏布灾难频发的原因。

车过易贡湖，森林环抱的湖泊水光潋滟，雪峰安静地倒映在水面上，草地上牛羊游荡，一幅世外桃源景象，易贡湖把它平静柔美的一面呈现给我们。然而平静的背后，却是它不堪的过往，让人难以想象的暴虐，以及不可预测的未来。

突刺与雨舌

青藏高原的隆起，是地球发展历史的重大事件。它迅速、果敢，甚至令人猝不及防。大自然的内、外营力，此消彼长，你进我退，轮番改造着这里的一山一水，那些以"百万年"为单位的地质纪年方式，运用于青藏高原显得太过漫长，青藏高原新如少年，日新月

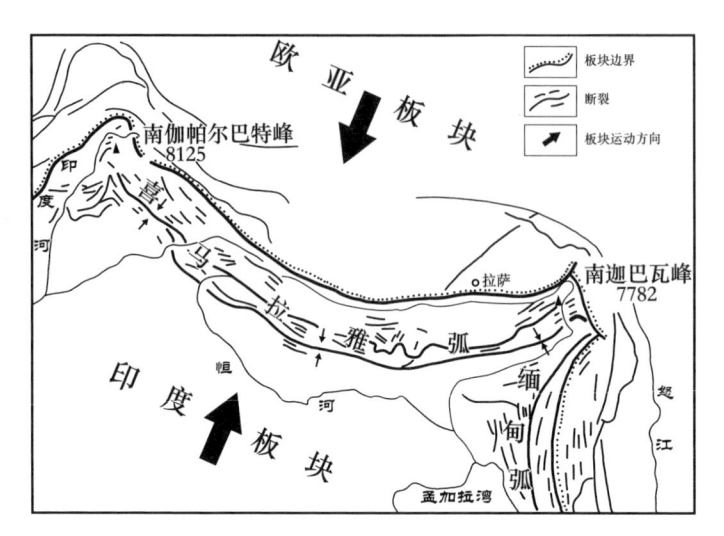

印度板块与亚欧板块的碰撞，在东西两端各有一个"犄角"，西犄角导致帕米尔山结的出现，而东犄角则迫使本来东西向的山脉向南折转，形成山脉与河流相间南行的横断山。

来自印度洋孟加拉湾的水汽沿河谷进入青藏高原内部形成水汽通道，像一条"雨舌"，凡"雨舌"所过之处，气候温暖，多雨湿润。

异让我们仿佛都来不及记录他的成长过程。

就全球而言，要认识两三百万年以来的地球演化，青藏高原应当是一个绝佳的窗口。当四五千万年前，古老的印度板块从遥远的南方远行五六千千米，最后与亚欧大陆激情相拥之时，青藏高原的生长就开始了。印度板块与亚欧板块的碰撞所形成的喜马拉雅造山带，并非平直的直线，而是略向南凸起弧形，像一张弓。这张弓的两端，各有一个"犄角"，地质学上称为东西构造结，尤其是东部犄角，显得尤其突出，就像一根长长的突刺，深深地扎在青藏高原内部。这两个犄角，是印度板块北边的两个拐角插入亚欧板块的位置，它们的空间被极度挤压，地质构造异常复杂，西犄角导致帕米尔山结的出现，青藏高原的多条重要山脉均被挤压在这里。而东犄角则迫使本来东西向的山脉向南折转，形成山脉与河流相间南行的横断山。

在亚洲地势图上，这个东犄角就像一个凹陷，这个"凹"一直向北形成著名的"雨舌"。《中国国家地理》单之蔷先生曾经对这个雨舌有过详细描述：

喜马拉雅山脉与横断山在这里形成一个下宽上窄的喇叭口形的地形构造，来自印度洋孟加拉湾的水汽云团正好顺着这个喇叭口长驱直入。北上的水汽碰到了北部的念青唐古拉山脉山脉的阻拦，在爬升的过程中形成丰沛的降水，丰沛的降水量涵盖的区域好像从孟加拉湾伸过来的一根舌头，这就是"雨舌"。凡"雨舌"舔过的区域，都是气候温暖、降水丰富、森林茂盛的地区。

原来雨舌就是印度洋孟加拉湾伸出的温暖水汽。易贡藏布正好就在这个"雨舌"舌尖的位置。正因为此,易贡藏布峡谷成为一个神奇的地方。

冰川与暖湿

孟加拉湾的暖湿气流在此遭遇念青唐古拉山脉阻挡,大量水汽遂汇聚形成大面积的雪山和冰川,使这里成为青藏高原东南部最大的冰川区和中国海洋性冰川的集中分布区。念青唐古拉山脉东段,所分布的冰川占整条山脉冰川面积的90%。

青藏高原东南部的雪山与冰川。摄影/李忠东

由于地势过于陡峭，这里的冰川运动甚至一改惯例，发育一种罕见的冰川类型——跃动冰川。从卫星图上看，易贡藏布穿越的念青唐古拉山脉东段区域，正在雪山和冰川的包围之中，高大的山顶成排展布，其上冰峰耸立，山势嵯峨雄伟，白雪皑皑，冰川如蛇。并且伴随强烈的冰川作用，所形成冰川侵蚀地貌和冰川堆积地貌亦十分丰富和典型。包括角峰、鱼鳍梁、冰斗、终积、侧积、底积、U形悬谷、冰湖、冰蚀洼地等等皆随处可见。

青藏高原最温暖的区域，同时又是冰川和雪山最集中的分布区，易贡藏布大峡谷就这样轻松做到了这两个极端，在这一区域的矛盾统一。

暖湿气流在山体顶部形成雪山和冰川，但在峡谷底部却形成丰富降水，带来温暖的气候，给峡谷带来无限的生机，形成大片的原始森林。冰川甚至与森林无隙连接，如紧扣的十指。甚至有些山体一半冰雪、一半森林，之间再无过渡。

进入峡谷，明显感觉氤氲着湿热的空气。沿着峡谷溯流而上，植被的垂直带谱令人印象深刻。易贡藏布虽然位于北纬30度附近，河谷海拔2000米以上，但仍然发育大量热带植被类型，甚至出现某些季雨林的特点。如山地亚热带常绿阔叶林带和山地温带针阔混交林带中，常常浓荫蔽日，古木参天，荆藤飞舞，各种植物为自身的生存都巧妙地占据着空间。而且我们注意到，很多高大乔木的树干都生长有附生植物。这种现象往往只有在环境的空气湿度大，寄主表面有一定的腐殖质存在的热带雨林才会可能。林中乔木的树干普遍披着一层厚厚的黄绿色的苔藓，呈现出"苔藓林"的特征。山地温带针阔混交林中的高山松和华山松，高大挺拔，林下是忍冬、蔷

易贡藏布峡谷中的墨脱杜鹃，雨中尤其娇艳。摄影 / 李忠东

薇和众多的蕨类、荨麻及厚达 10 厘米的苔藓层，在密林中我们还发现了列入国家重点保护野生植物名录的桃儿七，先叶开放的粉红色花朵亭亭玉立于厚厚的苔藓层。

天空飞着细雨，正惋惜雪山今天恐怕是无缘，车子突然闯进一片杜鹃林，花开得极盛极繁。杜鹃在这个区域甚至成为优势种，山谷几乎被繁花占据，冷杉、云杉反而成为它陪衬。乔木状杜鹃一树花开至顶，灌木状杜鹃则虬枝盘曲，满树娇艳。

《中国国家地理》科考部的陈锐，再难矜持，跳下车顶着雨狂拍，显然他是被这盛大的花事"惊"着了。车上的其他人也受到感染，大家干脆停下车，走进密林。细雨让杜鹃更加欲滴娇艳，我们仿佛走进神祇的花园。

后来，我将照片发给杜鹃专家庄平老师，他告诉我这是墨脱杜鹃，是藏东南特有一种杜鹃品种。4月上旬，就连四川盆地周边的杜鹃都还没有大面积盛开，在海拔 2500 米左右的易贡藏布峡谷，却是最盛的花期，印度洋暖湿气流带给这里的温润算是身临其境地感受到了。

桃花的远征

嘉黎断裂不同地段既表现为挤压逆冲的特点，也有伸展、走滑的构造样式，因此形成的地貌特征亦不同。

在峡谷底部，往往形成与断层走向一致的小型断陷盆地。随着时间的推移，盆地中或充填从两侧山体剥蚀下来的沉积物形成平阔的平原，或积水形成湖泊。雪山环绕的盆地成为峡谷中最为丰腴肥沃的聚宝盆。

雪山下的尼屋盆地温暖湿润，是桃花到达最远的地方。摄影 / 李忠东

尼屋盆中的田园与桃花。摄影 / 李忠东

尼屋就是其中经典。但到达尼屋并不容易，我们车在峡谷中了无止境地开了差不多大半天，最终还是被雪崩困在距尼屋 10 余千米的地方。爬过雪崩区，换坐救援车深夜潜入尼屋，四周一片漆黑，桃花像埋伏的百万雄兵。第二天醒来，才发现我们身处于峡谷中的一处小型断陷盆地。

盆地内，阡陌纵横、村舍俨然、桃李缤纷，处处飘荡着田园牧歌，并且与高处的雪山、冰川相映成趣，成为高原深处的难得的世外桃源，一派雪域江南的景象。

尼屋桃花年年盛开，漫山遍野，蔚为壮观。这里的桃花，花色轻淡素雅，单株不妖不娆。但当成片盛开时，与远处雪山冰川，近处田园、村寨，顿时组合出梦幻般的桃源仙境。

这是桃花最高的远征吧。

不仅如此，尼屋所在的忠玉乡还是嘉黎县唯一的粮食经济作物生产基地。除青稞而外，小麦、豌豆、胡豆、马铃薯等主要农作物和萝卜、卷心白及其他蔬菜等也间有收获，宛然一处"藏北小江南"。

湿地与湖泊

在嘉黎考察期间，正好是虫草采集的季节。一年一次的虫草采集是嘉黎县的头等大事，不仅学校放假，商店关张，就连政府也颇有些紧张，因为需防止草场纠纷和虫草私采私运。农牧民更是男女老少倾巢出动，家家唱起"空城计"。就连家在牧区，人在城里上班的公职人员也心不在焉。负责这次考察后勤工作的央金姑娘，这几天便为找不到为我们开车的司机而伤透脑筋。

和其他地区相比，嘉黎的采草人要幸福得多。因为虫草生长在海拔4000米以上地方，而嘉黎县的平均海拔就在4500米。有人开玩笑说房前屋后，出门就可以采到虫草。在嘉黎镇拉日村的一处路边山坡，我们偶遇正在采集虫草的顿珠赤勒，他来自于切塘村，今年已25岁，显得有些稚嫩和腼腆。据他介绍，每年一个半月的虫草采集期，所获得的收入占到家庭收入的90%以上，他个人每年采集虫草的收入一般都在8万元以上，他们村很多家庭仅卖虫草一项，家庭收入就上百万。而嘉黎像这样以采集虫草为生的人家占到了60%以上。相反，东部尼屋一带，因地处高山峡谷，虽有耕地过着半农半牧的生活，但年收入较纯牧民反而少了许多，原因就是距牧场较远，虫草收入不如牧区。

嘉黎县虫草资源丰富，除了平均海拔较高以外，还得益于这里独特的地貌条件，县域的西部和北部为典型的山原地貌，低矮的丘状山峰此起彼伏。其间，冰川侵蚀形成的河谷平阔宽缓，河流在宽谷中不受约束地流淌，常常形成千回百转的蛇曲河。印度洋的暖湿气流到达这里尽管已是强弩之末，但仍然给这里带来些许的温润，山体和河谷中遍布着高山草甸。花期来临之时，龙胆、报春、点地梅、马先蒿、圆穗蓼等竞相怒放，当成规模开放时，形成大片的花海，整个高原如彩毯铺就。

嘉黎县也是一个多湖泊的地区，虽然湖泊的规模和密集程度无法和藏北相比，但湖泊的类型却十分多样，如发育于冰川前端的冰碛湖、冰川刨蚀形成的冰斗湖以及冰川堰塞形成的冰川堰塞湖在嘉黎都大量分布。但最多最密集的是麦地卡古冰帽消亡之后残留的大量冰蚀岩盆。

青藏高原是否曾经被大冰盖所覆盖，在学术上一直存在争议。1975年，中国科学院青藏高原综合考察队在嘉黎县的麦地卡盆地发现面积达3600平方千米的古冰帽遗迹，由此证明青藏高原至少在局部曾经发育过中小规模的古冰帽。麦地卡大量的湖泊就是当时古冰帽遗留下来的冰蚀岩盆地。

据资料，仅麦地卡湿地保护区，便分布着260多个大小不等的湖泊，其中面积10公顷以上的湖泊39个，湖泊的湖面平均海拔4900米，为外流水系，湖水清澈，湖体平均水深达5米。不仅如此，湖泊和河流的周围还分布着大面积的湿地，这些湖泊和湿地成为黑颈鹤、赤麻鸭、斑头雁等许多珍稀动物栖息繁殖地。不仅如此，麦地卡还是拉萨河的源头区，更是国际知名的高原湿地代表之一。

门户与通道

嘉黎处于青藏高原多种地貌的转折点，地貌上跨及藏北高原区和藏东峡谷区。1959年西藏成立嘉黎县人民政府，对到底应当将嘉黎县划归哪个行政区，便十分纠结。实际上在1964年之前，嘉黎县曾经属林芝行政公署管辖。1964年筹备自治区之时，对全区行政区划进行调整时，才将嘉黎县划入那曲行政公署管辖。

初次到嘉黎县，总会被地名绕得晕头转向。因为有两个嘉黎，一个是嘉黎县，县城所在地位于阿扎镇；另一个叫嘉黎镇，位于易贡藏布上游的另一条名为松曲的支流。嘉黎镇原叫拉日，历史上长期作为嘉黎县的政治文化中心，并长期成为西藏通往外界的重要驿站。据记载，1290年，西藏发生"止贡内乱"，元中央派镇西王铁木儿不花两次入藏平定了"止贡之乱",巩固了萨迦地方政权。元中央政府在西藏设置了三个通往西藏的驿站,嘉黎县拉日便是其中之一。到了清时,清中央政府甚至直接派官员和兵勇驻守这个驿站,这里也成为川藏大道上最重要的物资转运地和最大的驿站。据记载,清代以来驻守西藏的78位驻藏大臣和帮办大臣,都是从嘉黎拉日驿站进入工布江达到达拉萨的。

嘉黎镇位于五条沟交会的地方,从空中看这五条沟就像一朵盛开的莲花,或者旋转的法轮。北侧山脊的拉日寺,依山而建,现虽规模远小于当年,但仍有一种虎踞龙盘的气势,站在寺院顶部的平台,嘉黎镇和整个盆地一目了然。嘉黎镇之所以能扼守要津,成为内地、康巴地区与青藏高原内部卫藏地区之间重要枢纽及锁钥之地,地理上的优势是重要原因。

实际上,嘉黎正好处于康巴和卫藏之间。嘉黎县东部与昌都的边坝县接壤,昌都是康巴文化中心之地,嘉黎县距昌都的直线距离不到400千米。而嘉黎的西南与拉萨市的当雄县、林周县、墨竹工卡县接壤,拉萨是卫藏也是整个藏区的政治文化中心,嘉黎县距拉萨的直线距离200余千米。卫藏人称此地为"北嘉黎",而藏北人则称此地为"南嘉黎"。

嘉黎不仅是藏巴地区和内地进入卫藏地区以及拉萨的门户之地。还是茶马古道的必经之地。历史上,茶马古道的两条支线经过嘉黎县境内,一条是从昌都地区经过丁青、索县、比如县进入嘉黎县措拉乡,再翻越山口后进入林芝工布江达县通往拉萨;另一条是从昌都地区经过洛隆县、边坝县,翻越边坝县和嘉黎县分界的鲁贡拉山口后进入嘉黎县鸽群乡,经过嘉黎镇(原嘉黎县县城所在地),翻越边达拉山口到达阿扎镇，翻越杰拉山口进入林芝地区工布江达县，通往拉萨，进而通往尼泊尔、不丹等国。

　　来到易贡藏布，首先是感受到这里复杂与多样。板块碰撞，岩浆涌动，冰峰崛起，峡江奔流，多种地貌像钻石的每一个切面，让这里的折射出不同色彩的光芒。然后，是不远万里来到这里暖湿气流，它带来了印度洋的温润，带给高冷的易贡藏布些许温暖。这点温度弥足珍贵，它是峡谷中的春暖花开，是尼屋的春种秋收。

澜沧江古盐田：
阳光与风的传奇

> 在工业化高度发达的今天，大多数的古代盐场都已蜕变为盐业遗迹，唯有西藏盐井的盐田仍然执拗地固守着千年不变的传统工艺，澜沧江边那些层层叠叠的盐田既代表着久远的历史，又是当地人的现实生活。

  盐是人类生存的必需品，历代以来盐都作为国家的战略物资被最高统治者严格控制，甚至后来到了供给过剩的年代，国家仍然在很长时间实行盐业专营。在维系人类生存的诸多物资中，对盐我们是有崇拜和畏惧心理的，近几年来屡次发生的全国性抢盐事件便是证明，我们似乎非常担心失去它，或者得不到它。不仅如此，盐还是古代国家祭祀的重要用品，直到清代，"形盐"都还是国家礼仪的重要仪轨内容之一。马克·库兰斯基在《盐：一种世界历史》一书中感慨："现在看来，为了盐而打仗非常愚蠢，不过，将来的人们看到我们今天为了石油而打仗，也许会有相同的反应。"在他看来，古时的盐与今天的石油具有同等地位，都是一个国家的最高战略利益。

  其实，中国是一个不太缺盐的国家。东部有海盐，中部有井盐，西部有湖盐，因盐而兴的城镇贯穿东西南北，如江苏的盐城、四川的自贡、山西的运城等。据说仅柴达木盆地的察尔汗盐湖，便足够我国全部人口食用四千多年。

在工业化高度发达的今天，大多数的古代盐场都已蜕变为盐业遗迹，唯有西藏盐井的盐田仍然执拗地固守着千年不变的传统工艺，澜沧江边那些层层叠叠的盐田既代表着久远的历史，又是当地人的现实生活，这个活着的古老盐田既是奇观又是奇迹。

澜沧江畔的古老盐田。摄影/杨建

澜沧江，诗意地流淌

说到西藏，人们自然会联想到雄伟、辽阔、壮丽这样的字眼。然而，藏东却是一个例外。这里山脉与河流并行，雪山耸峙，峡谷深邃，森林浓密。山与峡的连接处，甚至田舍俨然，桃红柳绿，其秀美风貌让人心生误入江南桃源的迷离。

朋友知道我要走川藏线，一再叮嘱"一定要去盐井，无论如何也要走一段滇藏线"。在她的眼里，波密、林芝、拉萨都算不得什么，唯有这片川滇藏交界的区域才有我们寻找的东西。

盐井乡位于滇藏公路的西藏与云南交界处，属西藏芒康县所辖。芒康县的前身是宁静县和盐井县，1960 年两县合并后称为宁静县，1965 年改为芒康县。而历史上盐井县的由来便是盐井乡的盐田。盐井乡曾是吐蕃通往南诏的要道，也是滇茶运往西藏的必经之路，但随着川藏公路的修通，大量物资从川藏公路入藏，盐井逐渐没落，但即便是这样，1983 年国务院还批准重新恢复盐井县，后来因种种原因实际没有完成设立，直到 1999 年 9 月 21 日民政部才正式撤销盐井县。未能完成设县的盐井最终沦落为澜沧江边鲜有人知的古老村寨。

芒康县到盐井乡约有 120 千米，在县城从东西向延伸的 318 国道（川藏公路）切换到南北向延伸的 214 国道（滇藏公路），汽车驶上一段平直的开阔谷地。刚刚经历了宗巴拉山的崎岖与泥泞，并因此在芒康补胎修车的我们心情随之大悦，开车的佳俊愉快地哼着小调，全然没有一小时前的窘迫与焦虑。车窗外，群山退守在谷地两侧，远远相峙着，之间是阡陌纵横的田园，大片的青稞铺满谷地，藏式村寨沿支沟冲出的扇形堆积体修建，井然有序。向东，远处山的背后是金沙江。向西，山的背后是澜沧江。两条大江以芒康山为界，相间并列平行，最近直线距离仅30千米。

行约70千米，谷地逐渐收窄，并最终成为一条峡谷。车子离开峡谷开始翻越芒康山，我们进入一片林海。这片森林就是著名的芒康滇金丝猴自然保护区。这个自然保护区始建于1985年，2002年被批准为国家自然保护区，除生活着滇金丝猴等60余种国家重点保护动物而外，这里还以大面积分布的红松而著名。

越过垭口进入山的另一坡，一排雪山拔地而起排山倒海般出现在眼前，最初以为是梅里雪山，后来才知道是达美拥雪山，芒康县的最高峰。达美拥雪山处于西藏与云南的交界处他念他翁山（云南境内称怒山）的中段，海拔6434米，距6740米的梅里雪山主峰卡瓦格博峰直线仅60余千米，被称作神女峰，并被当地人视为梅里雪山的三女儿。我们与达美拥隔澜沧江相望，雪山雄阔气势仍咄咄逼人。山体的垂直分带也因隔江而望而更加清晰完整。最高处，雪如银冠，无数终年积雪的角峰连绵起伏。之下，高山裸岩带呈黑灰色调，那里生长着高原流石滩植物，是植物生长的海拔极限，最耐寒、最不畏险峻的雪豹、岩羊也生活在这里。然后是大片暗针叶林，高大的云杉和冷杉林保存着最原始的状态，之间混生着一些同样高大的落叶松与大叶杜鹃。再之下则是针阔混交林，各种松树、桦树、杨树混生，高山栎往往成片占据山火烧过的迹地。再往下，澜沧江峡谷如巨斧劈开，峡谷地带呈现干热河谷的特点，植物反而变得稀少，赭红色的岩土裸露着，让整条峡谷中下部显得略有些苍凉。河两岸的高位阶地，以及两侧支沟冲刷堆积出的台地上，金黄色的青稞、浓绿的果树和白色藏房如不同色块的拼图。峡谷的最低处，澜沧江

澜沧江峡谷中的人家，利用河流带来的点滴土地和岩层中出露的盐卤把艰苦的生活过成游客眼中的风景。
摄影/上图李忠东，下图杨建

一路奔涌，无数的盐田就藏在江边，层层叠在陡峭的山崖与汹涌的江水之间。

澜沧江是著名的国际河流，也是亚洲流经国家最多的河流，被称为"东方多瑙河"。在澜沧江长达4900米的行程中，芒康的这一段穿越横断山，最为狭窄与陡峻，也最是人类难以生存的区域。令人惊奇的是，就是在这样狭束的空间里，人类居然利用洪水冲刷堆积的点滴土地，播种耕耘，繁衍生息，并且凿井架田，汲取大自然赐予的卤水，背卤晒盐，将人与自然的传奇千年续写，延绵至今。

藏族和纳西族

那些聚雪山之融冰、纳沟溪之细流汇聚而成的江河，凿山劈崖，一路奔涌，冲刷出深深浅浅、纵横交错的山谷，人类文明的种子被播撒在山川的皱褶之间，蒙恩于大自然的滋养，繁衍生息，连绵不绝。

盐井乡现称纳西民族乡，便依偎在澜沧江边。澜沧江在此深深地嵌入2亿多年前的三叠纪红色岩层，切割、冲刷出绛红色的深邃谷地。谷地两侧支沟汇入澜沧江的入口处，有零星分布的扇形台地，地质学称之为冲积扇或洪积扇，这是峡谷中难得的平坦之地，村落便分布在这些扇形台地上。上盐井村在左岸的高台地，距澜沧江江面有约400米的高差，而加达村则在澜沧江右岸，临澜沧江。

盐井有三样东西最让人津津乐道：世界上独一无二的古老制盐术、藏式的天主教堂和过着藏族生活的纳西族。按照芒康县旅游局局长的推荐，我们在下盐井村找到古盐缘藏家乐的老板罗松。罗松是纳西族，但生活习惯却完全是藏族。他不会说纳西话，只会说藏话和汉话。多民族的融合和多种宗教的和睦共存，是盐井最具神秘色彩，也最让人心动的特点。

四十多岁的罗松个子高挑，皮肤黝黑，性格开朗健谈。他的古盐缘藏家乐位于村子中央，是一个开满鲜花的小院落，主要建筑为一幢三层的藏房，底层为客厅，二楼为客房，三楼为经堂，三楼的经堂常锁着，未经邀请外人不得擅入。

盐井是一个纳西族乡，纳西族占全乡人口的三分之一。据说这里的纳西族来自云南丽江，是丽江纳西族木天王的后裔，但何时迁到这里却有些说不清楚。有人说是唐朝，有人说是更早一些。而据史料记载，明朝初期，丽江的纳西族首领阿甲阿得"率众首先归附"，对朝廷平乱有功，赐姓木，并授丽江土知府土司职。得到大明朝支持的木氏不甘居丽江一隅，不断向北扩张势力，至明末其势力范围达木里、巴塘、理塘、康定及西藏昌都以南地区。同时，木氏还迁移大批纳西人民到这些地区戍守。盐井的纳西族应当就是在这一时期大量迁徙而来。从云南迁徙而来的这些纳西族人在长期的民族融合中，生产生活方式已与当地藏族无异。村里的纳西族大多像罗松一样，使用藏语，家具摆设完全藏化。就像他说的，现在的盐井纳西族除了民族属性外，其他一切与藏族无异。历史有时就是那么有趣，纳西族用武力征服了这里的藏族，但藏族却用文化最终征服了南来的纳西人。

红盐和白盐

当地藏族同胞将盐井乡所产的盐称为"藏盐巴"，出露于2亿年前三叠系上统紫红色砂页岩。这种岩石是在潟湖的环境下形成。盐卤出露的地点则位于澜沧江的江边。

然而以澜沧江为界，两岸的盐田则大不一样。西岸地势低缓，盐田较宽，所产的盐为淡红色，因采盐高峰期多在每年的3~5月，俗称"桃花盐"，又名红盐；江东地势较窄，盐田不成块，但产的盐却是纯白色，称为白盐。至于为何一江两岸，却有红白两盐？据说是和盐卤产出的岩层有关：西岸盐卤产于红土，东岸盐卤产于灰白色的岩石之中。也有专家认为这是因为铺设盐田的泥土颜色差异而造成：西岸多红土，用此泥土铺筑盐田，所晒之盐则红色；而东岸多白土，用此泥土铺筑盐田，所晒之盐则红色。不同颜色的两种盐，品质也有很大差异，白盐品佳价高，红盐质劣价低，主要供牲畜食用。

和沿海绵延千里、如田园般的盐场不同，盐井的盐田架设于澜沧江边，悬挂于崖壁，层层叠叠。所谓盐田，实为沿江依崖搭建的

沿江依崖搭建的土木结构的晒台。这种崖、土台和支撑木三位一体的结构,由江岸边直上崖顶,层层叠叠,错落有致,当地人称为木楼。摄影/杨建

土木结构的晒台,这种崖、土台和支撑木三位一体的结构,由江岸边直上崖顶,层层叠叠,错落有致,当地人称为木楼。之所以采用梯田般的木楼搭建盐田,显然是受到峡谷窄束空间的影响。只有这样,才能更大限度地在有限的空间搭建出最多的盐田,同时又能保证每一块盐田都能在阳光和风的作用下,结晶成盐。每一个木楼(盐田)的大小和高度依地形而定,面积在10~60平方米左右,上盐井村的木楼高6~7米,加达村则1~2米。

木楼的上面为盐田,下面为贮存盐卤的盐池。杜昌丁《藏行纪程》载:"数田之间有盐窝,状类田而稍深,用以囤积盐水,春暖夏融,

澜沧江边有古盐田 3000 余块，它们层层叠叠，错落有致，犹如一面面镜子。摄影/杨建

江泛井湮，盐户取田泥浸诸其窝以取盐，仍与井水相若。盐楼鳞比数千，岁产缗累巨万。"这里所提到的"盐窝"即为贮盐卤池。

盐田是木楼架空搭出的平台，上面敷土。藏语读为"擦依"，纳西话读为"擦尕"。盐田以矩形和正方形为主，每栋木楼上有盐田 4～20 块，每一块"田"为长 3～4.5 米、宽 2～3.5 米，面积在 6～16 平方米之间。

澜沧江两岸，有木楼 600 余栋，盐田 3000 块以上。这些建筑根据地形的变化依山而建，一层接一层，最多的重叠达六七层，有几十米高，绵延 1.5 千米，气势宏伟，非常壮观。尤其是盐田中注满卤水的时候，从高处俯瞰，宛若一面面镜子，波光粼粼。行走于盐田之间的栈道，穿梭在立柱之间，恍如进入木头搭建的城堡。

许多到过这里的人都会发出这样的疑问，为什么这些盐田要临江依山而建，而不是选择在地势相对平阔的地方呢？这其实是和盐卤出露的位置有关。盐井的盐卤为天然卤水，出露在江边，所以盐井也多沿江边钻凿，将盐田搭建在江边，自然是为了减少卤水与晒场之间的搬运距离。盐民们自江边的盐泉中提取盐水，沿陡峭的山坡将盐水运到卤池贮存，再将经自然浓缩的盐水背、挑入盐田，然后交给风和阳光。所以，采卤、背盐、晒盐、收盐便是盐民们的日常生活。在上盐井村的白盐盐田，我们发现在这里从事采盐、制盐作业的全是妇女，没有男人，罗松也证实了这一点。在盐井，男人和女人有着明确的分工。女人负责制盐，而男人则负责运盐和贩盐。

由于两岸地势的差异，运卤方式也有所不同。东岸盐田地势较陡、坡度大，运卤水所走的路是在陡壁上用木头作支撑并铺成像栈道，运卤水的容器是一种叫作"冬"的背桶，和藏族背水的桶略同。而西岸的盐田地势相对平缓，主要用担子挑卤水桶。

背盐的纳西族妇女。
摄影 / 李忠东

无论哪种方式，都是无比辛苦的工作。每天清晨，上盐井村的女人们都要步行几千米来到江边，然后一趟一趟地把盐井中的卤水用木桶背到晒台，倒进盐田，不停地如此反复，每天累计负重超过五千斤，累计行走约 50 千米的路程。

至于收成，据罗松介绍，全乡约有 60 户以制盐为生的盐农，另有 200 余户半盐半农。盐井每年产盐 150 万千克左右，平均到每户的收入不过几千元而已。盐井的女人们显然已经习惯于这种费力不讨好的生活方式，她们从容地穿梭于盐、井之间，用羞涩的笑容面对我们的目光和镜头，用汗水收获大自然的这份馈赠，将艰辛与忙碌的身影凝固在澜沧江岸这幅古老而苍凉的画景之中。

两种信仰

从澜沧江边返回下盐井村，天色尚早，我们决定去上盐井村的天主教堂看看。

盐井是一个全民信教的地区，无论是居住在这里的藏族还是纳西族都把宗教当成精神和生活不可或缺的一部分。但盐井的村民除了信仰藏传佛教外，还有不少人信仰天主教，这让这个古老的村庄显得更加神秘。

盐井的天主教堂位于上盐井村一个高高的台地之上，是村落的制高点。高高的白色十字架耸立在蓝天、流云、田舍之间，让人远远就感受到威严与肃穆。走进教堂，我们惊奇地发现这个十字架架设在一幢白色的藏式风格屋顶上。教堂的外形完全是藏式建筑，据说这是目前西藏唯一保存下来，并持续使用着的天主教建筑。

天主教堂位于一处台地，给人以威严与肃穆。教堂的外形是藏式建筑，是目前西藏唯一保存下来，并持续使用着的天主教建筑。摄影 / 李忠东

敢在藏传佛教根深蒂固的藏区建立天主教堂，不得不佩服150多年前那个执着而大胆的法国传教士。据说，这位传教士是连骗带哄地获得修建教堂所需的土地的。长期以来，藏区都严格限制其他宗教进入。这位胆大的法国传教士乔装成商人辗转来到盐井，他向当地的头人索求一张牛皮大小的地皮，头人满口答应。谁知他把牛皮泡软了剪成细条圈地，并在这片土地上修建了这个天主教堂。罗松告诉我们，这个村子的900多居民中，有一大半既信藏传佛教又信天主教，很多藏族人家里既供奉释迦牟尼又供奉耶稣。

这个传教士成功获得盐井信徒信任的最主要原因是采取了天主教本土化的做法。这里的天主教信民仍然把藏历新年当作一年的起

始，传教士穿的是藏装，信徒使用的是全世界唯一的一套藏文版《圣经》，教堂外形也是藏族民居的建筑风格，连在圣母玛利亚像前敬献的也是藏族传统的哈达。在像圣诞节这样传统的西方节日里，教堂会邀请喇嘛寺的僧侣和村民前来欢聚。每年藏传佛教传统的"跳神节"到来时，神父与天主教民们也会得到邀请，和佛教信徒共庆节日。

进入教堂，藏式建筑内部高高的西式穹顶雄伟神圣，两侧的墙上挂着用唐卡绘制的圣经故事。身着藏族服饰的教徒手握胸前的十字架，一脸虔诚地用藏语默诵着《圣经》的祷词，夕阳透过五彩的玻璃花窗洒在一张张饱经高原风霜的脸上。

同伴尚在睡梦中，我再一次来到澜沧江畔。一个七八岁的男孩主动带我去一个能远观加达村以及对岸古盐田的地方。太阳慢慢升起，越过峡谷两侧的山峰，晨光穿过云层照射在加达村无比美丽的扇形台地上。青黄相间的青稞地，掩映在绿树中的白色藏房，在阳光中显得静谧、清晰。澜沧江深邃幽暗，一如昨日，高低错落的千年盐田在晨光中闪闪烁烁。

很多人好奇，为什么要采用这种古老、笨拙、效益极低的制盐方式？这自然与地理环境相关，这里既没有自贡那样用天然气熬卤的条件，也没有东部盐田那样平阔的晒盐空间，只好采用梯田的方式，据《盐井县考》："此间既无煤矿，又乏柴薪，蛮民摊晒之法，构木为架，平面以柴花密铺如台，上涂以泥，中间微凹，注水寸许，全仗风日，山势甚峭，其宽窄长短，依山之高下为之，重叠而上，栉比鳞次，仿佛町畦，呼为盐厢，又名盐田。"作家马丽华说盐井的盐田是阳光与风的作品。有人还说，盐井是横断山最别致的表情。在游客眼里，盐井无疑是诗意的，但对于盐井人而言，这是一种生存状态。大自然是公平的，它给这里安排了无比贫瘠的土地和恶劣的环境，但也赐予了这片土地神秘之水。利用阳光和风，盐井人将它风干成盐，并以此维系着族类的生存。然而，盐井人获取这份馈赠的过程十分艰辛，艰辛得甚至让人怀疑大自然的诚意。近年来，据说因为盐井的盐既缺碘又含硒，政府准备关闭盐井，如果真的是这样，阳光与风的合作将由此终结。这片存在了千年的盐田和古老采盐技术也许将以一种盐业遗迹的形式存在，盐井人是否也会像100多年前接纳天主教一样，接受这样的变化呢？

吃过早饭，我们将告别这里然后返回318国道，继续向西前往青藏高原的更深处。罗松破例邀请我们到三楼的经堂参观并看他磕等身长头。他以极快的速度将身体平伏在地上，然后又以极快的速度起身，每天他都要如此反复300次以上。他的目光坚毅而又平淡，当信仰成为一种习惯后，信仰便变成生活中的一部分。

当车离开时，罗松将身躯平伏于地时发出的"扑噗"声仍弥漫在耳畔。严酷的自然环境让盐井人对神力充满了幻想和依赖，他们用坚韧的生存意志和虔诚的仪式向神表达着感激和祈求，尽管神们早已熟知他们的愿望，但无论是耶稣还是释迦牟尼，似乎给予他们的都太少……

- 横断山：为什么不是东西，而是南北
- 一见倾心，爱上雪山
- 海子山：冰帽冰川侵袭后的"异域奇迹"
- 巴塘茶洛：横断山的气热泉群景观
- 鲜水河断裂带：优美而危险的诗意栖居
- 玉石之峰与黄河曲流
- 横断山的"红"与"黑"

东 横断 第三章
西   03

横断山：
为什么不是东西，而是南北

> 构成青藏高原骨架的山体，如喜马拉雅山脉、冈底斯山脉、唐古拉山脉大都由西向东，沿纬度带展布。唯有东部的横断山突然转向，由北向南而行，显得尤其特立独行，它也因此成为全球山脉中最别出心裁，也是最不可思议的"神奇"之山。

为什么不是东西，而是南北

很多人都有看地图的癖好，我也不例外。当我展开亚欧地势图看时，茫茫的南北极缩隐在上下两端，美洲大陆在我们看不见的另一面。亚欧大陆，就像一只张开翼展的巨大蝙蝠，悬垂在地图的中央。亚欧大陆的南部，一块透射着金属般质地和光泽的色块格外的醒目。它就是世界的高地、地球的屋脊——青藏高原。

青藏高原是一个巨大的山脉体系，构成这个体系的山脉中，有一座最具个性，也最出人意料，它就是东部的横断山。为什么呢？

航拍横断山脉,远端是贡嘎山。摄影 / 李忠东

因为构成青藏高原骨架的昆仑山脉、喀喇昆仑山脉、冈底斯山脉、唐古拉山脉、喜马拉雅山脉,几乎大致都是沿纬度带展布,由西向东延伸。唯有横断山脉,在东南部突然转向,由北向南而行,显得尤其特立独行。这次不循常规的转向,使横断山脉成为青藏高原,甚至是全球山脉中最别出心裁,也是最不可思议的"神奇"之山。

  有一次和中国科学院地理所张百平教授聊到横断山脉,他说:"这里太独特了,也太复杂了"。"独特"和"复杂"似乎是他对这条山脉的印象和评价,这恰恰也是这条山脉的魅力所在。

  山脉的南北横亘,造成了东西地貌的分野和屏障,可谓横断东西,"横断山脉"之名,由此而来。"横断山脉"一词最早出现在

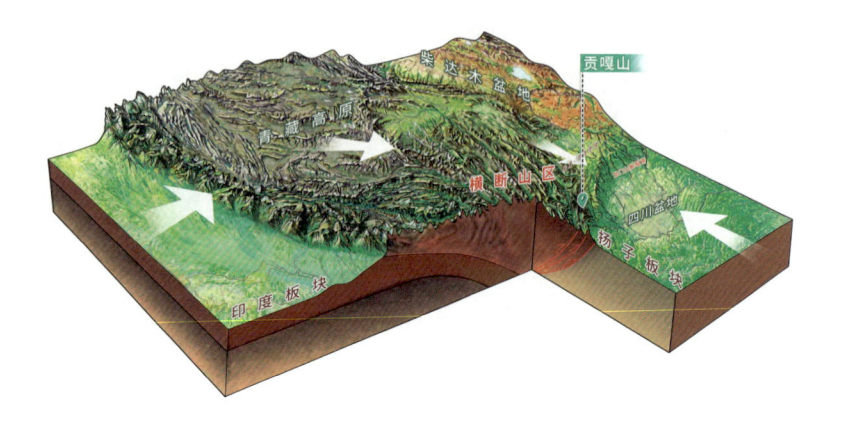

横断山脉形成示意图。绘图 / 杨金山、侯潇伊

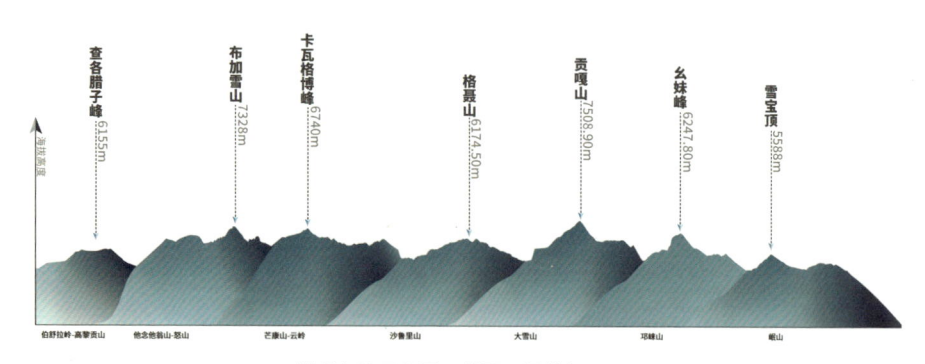

横断七脉示意图。绘图 / 侯潇伊

北京大学前身的京师学堂邹代钧于 1900～1901 年编写的《中国地理讲义》中,他写道:"……迤南为岷山、为雪岭、为云岭,皆成自北而南之山脉,是谓横断山脉。"

横断山脉,实际是由一系列的南北走向的山脉和河流组成,所以山水"南北走向""相间并行"是理解横断山脉的两个关键词,也是横断山脉最与众不同的地理特征。构成横断山脉特质的所有元素,如地形地貌、山川河流、气候植被、生物生态,以至于历史文化、宗教习俗、本地风物等等,无不受这种地理特征影响和控制。

对横断山脉的范围和边界,学者众说纷纭。有的认为三山夹二江,有的认为四山夹三江,于是延伸出"三脉说""四脉说""五脉说""六脉说""七脉说"。后来,人们将横断山脉的范围界限分为"广义"和"狭义"之说。李炳元先生认可的七脉说,大致就是"广义"横断山脉的范围,即东起岷山—邛崃山,西抵伯舒拉岭—高黎贡山,北界位于昌都、甘孜至马尔康一线,南界抵达中缅边境的山区,面积 36.4 万平方千米,其中 92% 属于青藏高原。

横断山脉在由东西向南北转向的同时,山脉之间的空间距离也极大地被压缩。在四川、西藏、云南交界处不到 60 千米的宽度,便奇迹般地容纳了大小雪山、云岭、怒山、高黎贡山 4 列山脉和金沙江、澜沧江、怒江 3 条大江并列相间而行。

19 世纪末至 20 世纪初,西方自然科学家、探险家到亚洲、非洲去探险是一个新的时尚,英国植物学家金敦·沃德便是其中一位。他一生有 40 年的时间穿梭在横断山脉的密林,这位敬业的植物猎手,是最著名的三江并流考察者。他说:"有证据表明,喜马拉雅山脉系从西远远向东伸向中国内地,也许因为地壳运动,也许因为河流在其

从空中鸟瞰横断山,可清晰看到数条山脉南北相间。摄影/李忠东

源头切割,山系发生断裂。不管怎么样,在东经95°~100°、北纬27°~30°的狭窄地带,几条西藏大河都改变了流向并且彼此相距很近,它们挤在所获得的狭窄空间,从群山之间滚滚流过,这就意味着那列东西向的分水岭中出现了一个缺口。"90年后,金敦·沃德的细心观察终于得到全世界公认,2003年,三江并流成为世界自然遗产。

那么,三江并流到底有多神奇?它首先是紧凑,所有的山脉和河流并排紧挨,形成细密紧凑的褶皱。地质学家称之为"三江构造带",也有人戏称为"三江蜂腰",形容其为妙女纤腰,绰约多姿。其次是"江水并流而不交会"。三条大江,完全由北向南相间并行,

其间澜沧江与金沙江最短直线距离为66千米,澜沧江与怒江的最短直线距离不到19千米。三江随影而行170千米后,金沙江率先划出一个近300度的"U"拐弯,折转北行,然后像依依不舍的恋人,一步三回头,向南向东,留下两个惊世大拐弯后,义无反顾地成为长江直奔大海而去。而澜沧江和怒江则始终结伴南行,直到400千米后,这才一个流经老挝、缅甸、泰国、柬埔寨、越南,注入太平洋,另一个由缅甸投入印度洋怀抱。

从海底升起的横断山

是什么力量迫使横断山不向东西发展,而是突然转向南北,纵贯在青藏高原东南部呢?大约在一亿年前,横断山连同青藏高原都还是一片汪洋。这片海域横贯现在亚欧大陆的南部地区,与北非、南欧、西亚和东南亚的海域沟通,称为"新特提斯海"或"古地中海"。当时特提斯海地区的气候温暖,成为海洋动植物发育繁盛的地域。如今,我们仍然能在高耸的雪山上寻找到属于那个时代的海洋生物化石。

后来,板块间的剧烈碰撞、挤压,使这里发生了沧海桑田的海陆变迁。海浪声渐次退去,横断山从海底慢慢升起,形成高原的原始雏形。但此时的横断山大部分地区仍然是一个准平原,海拔并不高,大概在500米左右。

大约在6000万年前,青藏高原发生了一个影响深远的大事件,从南方大陆脱离出来的印度板块,一路北漂数千千米,与亚欧大陆激情相撞。印度板块插在亚欧板块之下,挤压隆起形成喜马拉雅山脉,并导致青藏高原整体抬升成为高原。与此同时,由南向北推挤的青藏高原受到北方华北陆块和塔里木陆块的阻挡,被迫向东西两端流逸,但东部却又遭到扬子陆块的顽强抵抗,物质发生顺时针旋转,转而向南寻找发展空间,于是便形成一系列南北走向的紧凑山脉。这就是横断山脉山水南北相间而行的来龙去脉。实际上,在开始孕育人类的250万年前左右,横断山脉海拔尚在1000~2000米,仍属热带、亚热带环境。但之后隆升加速,平均隆升速率达惊人的每年3.67~17.06毫米,最终形成了今天我们看到的高山、极高山地貌。

特提斯海的侵袭与退出，多次沧海桑田的无常轮回，火山喷发、岛弧形成、造山运动、岩浆侵入，印度板块千里奔袭与亚欧板块激情相拥以及由此引发的青藏高原快速隆起，全球变冷，然后是冰川覆盖的漫漫长夜，人类及其他生命在冰雪的空隙寻找生存的机会。最后，终于迎来冰雪消融的间冰期，草木生长，人类繁衍，奔涌的冰雪融水切割出深邃的峡谷……这些都是曾经发生在横断山的地质故事，听起来似乎惊心动魄，但实际上它们都是在长达数亿年的漫长地史时期逐渐完成，不会像科幻电影那样瞬间发生，令人眼花瞭乱。但频繁发生的地震，历次地震留在这片大地的遗迹，沿断裂带出露的温泉，都是地球留给我们的信号，它不时在以这种独特的方式提醒我们这里的过去、现在和未来。

最丰富的生物景观，最完整的垂直带谱

喜马拉雅山脉隆起之后，阻拦了暖湿气流。而横断山脉南北纵向的高山峡谷，却成为印度洋的暖湿气流进入青藏高原腹地的"输送通道"，给包括横断山脉在内的青藏高原东南地区带来丰沛雨水，进而对这里冰川发育、植物分布有重大影响，如导致热带森林分布的北界向北推移了3~4个纬度。又因为横断山脉的形成过程是逐渐由近东西走向变为近南北走向的，使这里的生物逐渐进化出非常特殊的适应性，成为动物学、植物学研究的热点地区。横断山脉是公认的全球生物多样性的热点地区和我国生物多样性保护的关键区域，也是我国自然保护区分布最为密集的区域。

横断山脉拥有高等植物460余科、2800余属、18000余种，科、

横断山脉冰川形成的河谷中常看到红石滩景观。上图为雅加埂红石滩，表面生长红色藻类的红石蜿蜒在森林中。摄影/李忠义

属、种的数量分别占中国的95%、73%、65%。其中列为国家重点保护的野生植物160种（类），占中国总数的63%。横断山脉有脊椎动物1900余种，占中国总数的63%。在中国公布的335种重点保护野生动物中，横断山脉就有220余种，占中国总数的66%。

　　这里是东西南北物种大聚会。山川阻隔东西，因此也就在横断山脉的两边形成东南亚和南亚两类不同的植物群落。山川南北走向，又成为南北生物迁徙的通道，如南方喜热的生物可以沿干热河谷向北扩散，而北方耐寒的生物也可以在这里高海拔地区找到栖息地。这样就形成了南北生物交错的格局。比如，这里喜马拉雅植物区系、中国—日本植物区系、泛北极植物区系与亚热带植物区系占据着不同地域和海拔高度，并彼此交会渗透，使该地区植物区系组成复杂。再比如，山谷南北走向的特殊条件，又使热带和亚热带成分在本区占有重要的地位，其中热带成分居然占到 20% 左右。区系的复杂还体现在南北动物混杂。如南方具有代表性的猴科，北方具有代表性的鼠兔科、鼹科等都在这里随处可见。

横断山脉还是一个生物避难所，在第四纪冰川时代来临之时，许多生物尽悉灭绝，大量古老植物却在这里活了下来，成为生物的活化石。如裸子植物中的云杉、冷杉、铁杉、落叶松等。被子植物中也有大量形态原始的古老代表类型。横断山脉还保存了大量古地中海的孑遗植物，如高山栎是古地中海植被的直接衍生物，在横断山脉不但广泛分布，而且还是分布中心，几乎集中分布了全部的高山栎种类。

我们经常在科幻电影中看到，生物在遭受辐射等环境变化时就会产生变异和分化，以适应新的环境。事实上横断山脉河谷不但是植物天然的避难场所，而且这里复杂的地理环境，也激发了生物的变异和分化，可以说这里是植物变异和分化的摇篮。比如，杜鹃是中国人比较喜欢的花卉，有"高原四大名花"之称，它的分布范围占了我国国土面积的 60% 左右。但研究者发现，从我国东部越往西，其种属就越丰富，并且其特化现象也更加强烈，尤其是地形、气候与物种多样的横断山区，成为杜鹃类群现代分布的集中区。这种现象表明，似乎强烈的地质演化，反而刺激了杜鹃的种性潜力，向增强适应力和竞争力的方向发生变异和分化，从而在较短时间内和空间中，尤其是青藏高原快速隆升的 300 万年相对短暂的地质巨变中，形成大量新兴类群，而且其种类也骤然增加。

稻城俄初山拉木格一棵古老的乔木高山栎。摄影／李忠东

　　垂直地带分布是指山体随着垂直高度的增加，气候、土壤、植被、动物等景观呈横向的带状分布，是地理学的经典理论。在横断山区独特而复杂的地理、气候背景之下，这里成为全球山地垂直带谱最完整、变化最大、最复杂的区域。比如横断山脉主峰贡嘎山南坡，从山脚的泸定一路向上，你会遭遇干热河谷稀疏灌丛带、常绿阔叶林带、亚高山针叶林带、高山灌丛草甸带、高山冰缘植被带直到永久冰雪带等完整的植物垂直带谱。

　　横断山的垂直带谱之美不仅体现在植被分布上，气候的垂直变化也十分显著，海拔上升100米，气温递减0.6℃左右，从炎热到严寒只有十多千米的距离。例如，在稻城亚丁，从海拔1900米的香格里拉镇，到海拔6033米的央迈勇主峰，之间直线距离不过20余千米，相对高差达 4133 米。山上白雪皑皑，人们巴不得把所有能穿的衣服都穿在身上，而在东义河谷，人们穿着短裤和背心手摇着大蒲扇，坐在竹林下纳凉。横断山像一个折叠的空间，在极为窄小范围内将最大的差异性和最多样性地貌、生物、气候都完整地展示出来。

"过渡"与"融合"，"中心"与"边缘"

在自然地理上，横断山脉属青藏高原的东部延伸，同时也处于我国最高一级地貌单元青藏高原与第二级地貌单元四川盆地和云贵高原转换过渡地带。在地质构造图上，横断山脉则处于南亚次大陆和亚欧大陆镶嵌交接带的东翼，是中国东部的环太平洋造山带与西部古地中海（特提斯）造山带间的过渡地带。在地貌上，北部为丘状高原，地貌更接近青藏高原腹地，南部是高山峡谷区，东部则是邻近四川盆地的川西山地，同样表现出过渡与融合的特点。在动植物分布上，南北走向的山脉和河流也让这里的动植物分布显得有些"复杂"，南北不分。因而"过渡"与"融合"便成为解读横断山区的两个关键词。而且在文化上也体现得相当充分。如这里既是东部汉民族文化向西延伸的边缘，又是南部彝文化、东巴文化等数十个少数民族文化向北拓展的边缘，同时也是藏文化向东向南发展的边缘，自然这个区域就成为多种文化交汇融合的区域。再如，这里是巴蜀农耕文化的西部边缘，又是青藏高原牧业文化的东部边缘，自然就成为农、牧文化过渡融合之地。

很多人关注"中心"，却忽略"边缘"的价值。边缘处于自然地理和历史地理的结合点，很多自然现象和历史文化的形成机缘只存在于"边缘",其实"边缘"的未知性和无限可能性具有更大的魔力,更值得关注。况且,横断山区不只是边缘过渡之地,它还是多个人文地理的中心。如这里是全球生物多样性的热点地区,是康巴文化的中心。

"古老家园"和"民族走廊"

翻开我国的民族分布图,以横断山脉为坐标,北部和南部均为多民族分布的区域,而东西两侧分别是汉族和藏族,民族成份相对单一。北方,气候恶劣,广袤的草原适合于游牧生活,但有限的资源往往引起族群之间的征伐。频繁的征服与反征服的战争中,促使民族的迁徙成为常态,而南方的山地地形复杂崎岖,相对封闭,更有利于防守和隐藏,所以顺着横断山区山川河谷由北而南迁徙,成为北方失意民族的最佳选择。有研究证明,南方的诸多民族其起源都可追溯自北方古老民族。

如发祥于青海和甘肃南部河、湟一带及川西北的氐羌民族,则大量在横断山脉东部的高山峡谷生息繁衍,并且成为这一区域的土著民族。其中一支"与众羌绝远"的羌人最终退居四川与云南交界的泸沽湖、木里一带,成为仍保持"走婚"这种母系社会特有风俗的摩梭人。

沿大渡河、雅砻江和金沙江河谷及支流,皆有大量的石棺葬遗址,他们似乎都与周边的文化存在某种密切关系。雅砻江中上游石棺葬墓地出土的器物,便同时包括了代表本地文化元素的C形双耳罐、铜钺形器,代表北方草原民族文化元素的铜牌饰、代表岷江上游地区文化元素的 B 形双耳罐。大渡河上游丹巴的罕额依石棺中便出土有装饰有羊头的陶器，而"羊"与"羌"有着直接的联系，说明这批石棺葬的主人可能与羌族有着直接关系。而实际上，正是古羌人南迁与横断山区原始居民的大融合，才逐渐形成汉唐以来活跃在康区的"诸羌"部落，如牦牛、白狼、附国、党项、白兰、嘉良夷、东女等，这些部落皆与中原王朝关系密切，如白狼王便先后三次归服汉朝，并留下《白狼王歌》以表达对汉朝的景仰之情。

除石棺葬外，一种叫"雕（碉）"的建筑广泛分布在横断山脉东部的大渡河流域和雅砻江流域，尤以有"千碉之国"美称之丹巴为甚。而"雕"据传便是冉駹夷发明的"邛笼"，所谓"皆依山居止，累石为室，高者至十余丈，为邛笼"（《后汉书·南蛮西南夷列传》）。这种独特的建筑应当也是民族融合的杰作。

公元 7 世纪左右起，吐蕃王朝一直尝试统一从包括横断山脉在内的青

横断山东部常见一种叫"雕"（碉）的建筑。上图为丹巴碉楼。摄影李忠东

藏高原，是第二次民族大融合。从松赞干布进军西山诸羌（西山是隋唐对康区的称谓）开始，唐蕃在此多次交锋，西山诸羌在古逢源，为这里带来了比西山诸羌原生文化更为先进的文明，尤其是喇嘛教的兴起，使康巴藏族逐步形成，可以说康巴藏族其实是吐蕃与西山诸羌文化融合的结果。尽管西山诸羌已不复存在，但他们的文化遗存仍隐约可寻。在横断山脉南北纵横的河谷中至今仍保存着西山诸羌的语言、建筑、信仰、习俗等文化碎片和"活化石"。

照阿拉姆摩崖石刻位于石渠县洛须至县城公路旁侧的崖壁，相传为文成公主入藏途经此地时骑在马上用马鞭在岩壁上抽出来，内容为阴线刻的一佛二菩萨，其线条流畅，技法娴熟。学者在此考察时发现石刻具有浓郁的东印度波罗艺术风格，与尼泊尔同时期的佛教造像风格相似，且装束具有典型的南亚热带或亚热带服饰特征，但脸部和身体修长，又像是受到中亚、西域或者汉式造像风格影响，尤其金刚手菩萨的高发髻与中晚唐时期中原地区流行的妇女发式相似（《穿越横断山——康巴地区民族考古综合考察》）。而崖壁上所留汉字题刻"杨二仏造"则似乎说明它出自汉族勒工杨二之手。这铺造像成为多种文化融合的典范，它与周边的其他吐蕃时期摩崖造像群一起被评选为2012年全国十大考古新发现之一。

唐宋开始，茶叶在青藏高原找到了知音，因茶马互市而兴的茶马古道成为汉藏文化交流与融合的大通道。尤其是到了明朝，"用茶易马，固番人心"的"以茶治边"政策成为当时的国家战略。与此同时，更多西藏的贡使也更多地选择由川藏道穿越横断山脉入贡。明廷更是明确规定乌思藏（明朝对西藏的称谓）的赞善、阐教、阐化、辅教四王和附近的贡使均由四川路入贡。从此，由茶叶贸易而发展起的川藏道同时又成了官道。

纷至沓来的使者、僧侣以及大量的商贩、驮队、背夫……川藏茶道的兴起，促进汉藏文化的交流与融合，并催生了沿途集市古镇。康熙四十五年（1706年）泸定铁索桥建成后，不仅改写了马帮、背夫们运茶渡河依赖舟楫和溜索的探险历史，还让这里商贾云集，成为重镇。而康定在元时还是荒无人烟之地，来往商贩在此易货，只能搭帐篷竖锅庄，明代才形成一个村落。但随着川藏道的兴起，逐渐成为边茶的贸易中心。雍正七年（1729年）置打箭炉厅，大量川、陕、藏地商人涌入，"内外汉蕃，俱集市茶"。从此，"汉不入番，番不入汉"的壁垒打破，这里俨然西陲大都市。

而在地理位置上处于康巴地区交叉点的巴塘，也因此成为川藏驿道上重镇。"内地的苏杭，西康的巴塘"，巴塘的繁华由此可见。尤其是清末赵尔丰以巴塘为大本营经营川边，建城办学，修路开矿，更是促进了经济和文化的繁荣和融合，从各地纷至沓来的官员和商贾也给这里的文化混染上更多色彩。如巴塘人喜欢吃面食，据说便是因300年前山西人带来的习俗。而天主教堂、关帝庙也在巴塘找到了落脚点，法国天主教堂已在"凤全事件"中焚毁，而关帝庙的残垣断壁仍执拗地矗立在一堆民房之间。"天下熙熙，皆为利来；天下攘攘，皆为利往"，清末时，这里已聚集了众多外地商人，据传关帝庙最初便由80家汉商和83名绿营官兵出资修建，后因地震多次损毁重建，在后来的重建中，当地土司、头人、喇嘛都曾给予积极帮助，而重修的关帝庙也将格萨尔、度母画像供奉于庙中，这里不仅是汉人"迎神庥、聚嘉会、襄义举、笃乡情"的场所，藏族同胞也常去求签打卦。

说到进入横断山区的汉族人,除了四川人,陕西人恐怕是最多最早的。因为在元朝,四川和陕西曾为一个行省,即"陕西四川行省",大批的汉藏官员在陕西与康区之间往来,大批陕商也借机进入康区,如康定便有一条"老陕街"。

鲜水河的甘孜、炉霍、道孚一带被称为"霍尔章谷"。"霍尔"是藏族人对蒙古人的称谓,传说这与八思巴多次经横断山往返于大都与藏区有关,在今天甘孜州北路仍称剪刀为"海结",它来自蒙语。此外,在甘孜、炉霍一带均有称"斯木"的地名,亦源自蒙语,意为"箭",而炉霍县的"虾拉沱"在藏语不知何意,在蒙语中则是"黄色平川"之意,这与这里曾经是蒙古兵屯垦之地相吻合。

政治、经济、文化的频繁交往与交融,也带来民俗民风的融合。道孚县的泰宁镇原为乾宁县,最早为清朝雍正年间所置泰宁协,陕西总督羹尧曾在此重兵镇守,并筑土城"以资卫守",城修好后,还像汉地的城镇一样配套修建了关帝庙、土地庙,以供汉人祭祀祈福。后西藏拉萨发生动荡,清廷为确保七世达赖的安全,将其安排在靠近家乡理塘的泰宁暂住,并修建惠远寺供其住锡。七世达赖喇嘛在惠远寺住了7年,清廷派出2000余兵屯住乾宁以保护其安全。大量的汉族官兵和商人带来的众多汉地习俗和文化仍保留至今天,如逢年过节这里仍有挂灯笼、踩高跷、丢核桃等庆祝仪式和娱乐活动,再如这里的普通藏族农牧民都有每年过中秋节的习俗,并都做一种当地俗称"花馍馍"的"藏式月饼"。

这种多民族大融合的现象不仅体现在历史文化、生活习俗,也体现在民族歌舞上。如康巴歌舞中的"谐"曲调就博采多民族精华的结果,巴塘流行的《月令曲》就直接以汉民歌《孟姜女哭长城》

的曲调填词而成，再如甘孜县的踢踏舞就与日喀则拉孜县的踢踏舞相近，据说这与班禅行辕曾迁至甘孜县有关。在民族服饰上，康巴藏族喜欢将金银珠宝装饰在服饰上，这种习俗源自狩猎游牧，以便在说走就走的迁徙中尽可能地将财富带走。丹巴嘉绒藏族女子的服饰保留了氐羌元素，如辫发盘头、百褶裙、披毡、贵黑，而乡城县"疯装"则明显糅合了纳西族服饰的特点。

横断山脉曾见证藏缅语民族的南迁、吐蕃的东扩、蒙古族的南下、木氏土司和彝族的北扩，以及明清至民国大量汉地官兵、商人的迁入，多民族的血脉交融与糅合，塑造了这里的多元文化。

鹦哥嘴"孔道大通""凤都护殉节处"石刻是巴塘县茶马古道的遗迹，当年的驻藏大臣凤全就是在这里被杀。摄影 / 李忠东

泸定桥是大渡河上建造最早的桥，因红军在长征途中"飞夺"而著名。
摄影／李忠东

山重水复，古道漫漫，突围屏障的壮曲与悲歌

在泸定，我们在一个上午的时间造访了大渡河上的三座桥。第一座是康熙四十五年建成泸定铁索桥，它是大渡河上建造最早的桥，因红军在长征途中"飞夺"而著名。第二座是18军进藏修建的大渡河悬索桥，它是川藏公路大渡河的第一座钢结构悬索桥。第三座是2018年修成的雅康高速公路泸定大渡河大桥，其修建难度堪称"世界级"，被誉为"川藏第一桥"，桥面的下层设计有观光玻璃廊道，是一座可以观景的桥。三座桥在空间上相距并不远，但在时间上却跨越了约420年。

历史地理学者唐晓峰曾说,山是中国人的负担、挑战、资源、财富。横亘在四川盆地西部边缘的横断山脉，客观上是我国两级阶梯之间的屏障。但有些山是必须要征服的，有些河也是非渡不可。因为摆脱生存环境的束缚，拓展生存空间，是人类的本能。穿越山水，就会有不同结果，不同意义。纵观横断山脉的历史，每一次地理大发现、

穿行在横断山的雅西高速公路。摄影/李依凡

文化大发展都是对屏障不屈不挠的抗争和艰苦卓绝的突破，都是对山水的技术性征服和精神上的征服。茶马古道如此，川藏驿道如此，川藏公路如此，正在修建的川藏铁路亦如此。

在组成横断山区的一系列山脉大河中，最东端大雪山脉和大渡河是天府之地进入青藏高原的第一道屏障。这里山体高大破碎，峡谷深邃逼仄，可谓"邃岸天高，空谷幽深，涧道之峡，车不方轨，号曰天险"。所有进入康区的通道都先要穿越这道"地狱之门"，当年修建川藏公路在泸定与雅安之间的二郎山便付出了极大代价。由于道路崎岖，太过险要，产自雅安的"西路边茶"只能靠人力背运至康定。20世纪初，英国植物学家威尔逊曾经多次从这条古道往返于康定与雅安、乐山之间，沿途的"背二哥"（茶叶背伕）就曾经给他留下深刻印象。

在历史上，石达开的义军和中央红军都曾经陈兵大渡河，面临"渡

横断山区是中国自然景观的颜值担当。上图为初雪覆盖下的黄龙钙华彩池。
摄影 / 杨建

则活,不渡则亡"绝境。最后红军溯流而上 90 千米,22 勇士"飞夺"始建于康熙年间、由 13 根铁索构成的泸定桥,救红军于一线。长征胜利后,毛泽东写下了豪情万丈的《长征》一首。在诗中,他用闲、细浪、泥丸、暖、喜等字表达对长征艰辛的不屑,唯独提到大渡河时用了一个"寒"字。

其实,不仅是大雪山脉和大渡河,横断山区的每一座山每一条河要跨越都不轻松。康定至拉萨,沿途许多路段海拔在 4000 米以上,其间还翻越数十座 4500 米以上的高山,渡过无数的江河。从雅安人力背运而来的西路边茶,需要在康定重新分装,以刚剥下来的牛皮包裹，再采用骡马、牦牛"边牧边运"。常常今年起运的茶，到第二年才能运达目的地。牛皮茶包中茶叶在漫长的征途中慢慢发酵醇化，牦牛在沿途丰美的水草中下崽产奶，藏族人把艰辛的行程过成了生活。

2005年《中国国家地理》曾经推出"选美中国"活动，在这份中国最美山水排行榜上，横断山区就占据了12项，其中十大名山占据三席，十大峡谷占据四席，六大瀑布、六大冰川、六大沼泽、六大草原、六大乡村古镇均有一席之地，可以说是中国自然景观的颜值担当。

在特殊地理背景下，横断山区形成大面积雪山冰川、峡江深谷、湖泊湿地、森林草原、温泉流瀑为主体的高山自然风光，几乎荟萃了我国西部自然景观的诸多经典。而隐逸在山水之间的历史人文、红色文化、民族风情、本地风物更是光彩夺目，令人意犹未尽。这里是我国最东的雪山冰川集中分布区，贡嘎山、梅里雪山、四姑娘山、稻城亚丁、雀儿山、格聂山等雪山林立、冰川悬垂，各尽其美。有"长江之巅"之称的大雪山脉（主峰贡嘎山7508.9米）、邛崃山脉（主峰四姑娘山6247.8米），不仅独美，还成就了杜甫"窗含西岭千秋雪"的美好意境，成全了成都"雪山下公园城市"的新名片，围绕在贡嘎山、四姑娘山周围的观山平台，成为横断山向周边输出美景的一道靓丽风景线。

横断山脉有多美，无须多言。九寨沟、黄龙、四姑娘山、贡嘎山、海螺沟、香格里拉、梅里雪山、玉龙雪山、南迦巴瓦峰、丽江、泸沽湖、稻城……任何一个名字都足以令你心动。

一见倾心,爱上雪山

> 在所有的景观中,唯有山对视线和神经的冲击最为强烈与持久,尤其是耸立于高原的雪山,它们在天地之间所勾勒出的天际轮廓线锐利,尖削。

看山就看极高山

《中国国家地理》曾经在 2003 年为四川做了一个专辑,取名叫《上帝为什么造四川》。非常有意义的是,传统上一直作为四川美景代言的九寨、黄龙、乐山、峨眉、三星堆等"名片"在专辑中受到空前"冷落"。被浓墨重彩推出的是贡嘎山、稻城亚丁、四姑娘山等四川的非主流景区。杂志旗帜鲜明地宣称:"看山要看极高山"。也许在编辑看来,九寨黄龙、乐山峨眉太过绚丽,已经无需多言,所以将目光投向更为遥远的,山的更深处。也许在潜移默化中,杂志的偏好恰好代表了某种欣赏主流风向的改变。

按照山地类型划分标准,极高山是指海拔 5000 米以上,相对高差大于 1500 米,有雪线和雪峰的大山。这无疑是一个雪峰、冰川、草甸、森林、湖泊和神秘的组合体,想想都无比美妙。

牛背山拍摄的贡嘎山。摄影/王治

在这专辑中，作者认为中国人欣赏山的文化源远流长，咏叹山的诗歌浩若烟海，描绘山的绘画车载斗量，然后主流文化欣赏的山一直是东部的中低山，这些山往往因人得名，人文胜自然。由此，作者断定"古人不爱极高山"。这的确是一个十分有趣的现象，不爱极高山其实就是不爱雪山，雪山为什么在古人的审美之外呢？文章得出的结论是"古人没有绝对高度的概念"，也就是古人很难知道山到底有多高，从而影响了对极高山的欣赏。

在中华文明历史长河中，中原文化是公认的中国主流文化，中原没有极高山，自然极高山很难进入主流文化的视线，能触动文人骚客敏感情怀的是泰山、华山、终南山、会稽山……古人总是乐此不疲地在前人留下脚印和名字的地方留下自己的脚印和名字，这个群体注重人文而忽略自然。

就算仗剑走天下的李白，在四川的游历也没有涉及盆地以西的高山高原距他出生地江油青莲以西仅100千米的地方，便是我国最东端的永久性雪山雪宝顶，但这位游侠却从来没有将视线和脚步投向过哪里，也没有留下任何赞美这座雪山的诗句。

杜甫在成都住了六年之久，但他也仅向成都以西投去了一瞥，留下"窗含西岭千秋雪，门泊东吴万里船"的诗句，他从没有动过哪怕一瞬间，去看看这座雪山的念头。

苏东坡出生的眉山，距横断山主峰贡嘎山的直线距离也不过100来千米，但这位中国最富才华的文豪，从未提及过这座山的名字。

不仅是文人，就连最具冒险精神的法显和玄奘，也目无"雪山"。在他们的西行路上，翻越过祁连山、天山、昆仑山、葱岭（帕米尔高原），沿途的汗腾格里峰、托木尔峰、乔戈里峰皆为海拔7000米以上的极高山。尤其是玄奘越过帕米尔高原经过兴都库什山脉前往印度，在印度又沿着喜马拉雅山脉山脉的南坡一路西行，相信沿途一系列雪峰一定进入了他的视线。但在他的《大唐西域记》中都很少有他对雪山哪怕是敬畏性的描写，他把更多的目光都投向了异域风情和奇闻逸事。这片世界上罕见的8000米级极高山群落引不起他的兴致，以至于后来吴承恩根据《大唐西域记》所写的《西游记》中，给唐僧不断制造麻烦的洞妖山怪中，唯独没有居住在雪山的妖怪。

元代大科学家郭守敬早在元代就提出了"海拔"的概念，他当时以海平面为标准来较汴梁（开封）和大都（北京）的高度，这要比德国数学家高斯提出这个概念早560年。但遗憾的是，由于这些知识未能充分转化为技术理论和生产实践且统治者长期只重人文科学轻视自然科学，像中国古代的其他许多睿智发明一样，这些天才的智慧最终都未能广泛运用于实践，亦未为后人所利用。

较之中国，西方人早在18世纪，便将美洲、欧洲、非洲的所有山体逐一走遍，并开始将目光投向亚洲青藏高原的一系列雪峰。而那时的中国本土，对喜马拉雅山脉、昆仑山、天山的认知还停留在《山海经》中的神话传说中。可以说，20世纪30年代之前，中国境内的大多数极高山是由西方人来命名和测定海拔高度的，并且很多极高山和地理现象中国人是通过西方的媒体才第一次看到。我们似乎已经习惯被"发现"。

19世纪以后，西方探险家、植物学家、传教士开始大量涌入亚洲腹地，他们的足迹遍布青藏高原、帕米尔高原、横断山、云贵高原、蒙古高原，他们或独自一人或组成庞大的马队，带上沸点温度计、无液气压计、测角器、棱镜罗盘和照相机行走了中国传统视线之外的冰峰雪岭。

俄罗斯人普尔热瓦尔斯基、顾彼得，瑞典人斯文·赫定，美国人亨廷顿，美籍奥地利人约瑟夫·洛克，英国人威尔逊、金敦·沃德……他们将新发现的雪山、新测定的山体高度、新采集的动植物标本以及精美的图片和文字发回国内，并引起巨大轰动，以至于又吸引更多探险者进入。

而此时的中国，正在为要不要保留维系了几千年的封建制度而大伤脑筋。中国境内的大多数极高山是由西方人来命名和测定海拔高度的，并且很多极高山和地理现象中国人是通过西方的媒体才第一次看到。

古代中国拥有世界最先进的罗盘和制图、航海技术，明代也曾有过郑和七下西洋的壮举，只可惜郑和的使命只是扬大明王朝的国威，罗盘最终也不过用于看风水、寻吉宅美穴……

中国人开始将视线由东部中低山移向西部的极高山，已经是20世纪30年代了，当我们通过西方的媒体一次一次地看到，来自中国西部的不为我们所知的"新发现"时，有一些先知的科学家再也坐不住了。

从法国留学归来的植物学家刘慎谔20世纪30年代初只身前往西藏，他越过昆仑山和藏北，沿青藏高原西侧经克什米尔抵达印度。与此同时，一群中山大学组织的以中国人为主体的中外科学家也进入了横断山脉主峰贡嘎山……

雪山的正确打开方式

来到极高山，你会发现雪山的山形和线条和你在内地看到华山、泰山、峨眉山都不一样。如果借用建筑学中的天际轮廓线的概念，不难发现，我们所看过的中低山在蓝天下所勾勒出的天际轮廓线呈平缓、圆滑的曲线，而极高山的雪山所勾勒出的天际轮廓线却异峰突起，山峰呈尖锐的三角形，直指苍穹，两侧的山脊像锋利的刀刃。

欣赏雪山，便是欣赏雪峰的那种粗犷与豪迈，雪山是一种粗线条的美。构成这种粗线条的主要是角峰、刃脊。尖锐的角峰如锥如芒，之间的刃脊如线起伏，角峰与刀刃般的山脊皆是冰川刨蚀山体的结果，它们在天地之间所勾勒出的天际轮廓线平直、锐利、尖削。

在地质教科书中，刃脊是指两条冰川谷之间或冰斗之间的尖锐陡峻的山脊，角峰是在三个或三个以上的冰斗间所形成的角锥状山峰，刃脊和角峰往往伴生。其实简单地说，角峰和刃脊都是冰川对岩石刨蚀和掘蚀形成的一种最常见的地貌类型，在极高山这种地貌再普遍不过。

雪峰是冰川雕凿而成，而我们看到的其他中低山是流水侵蚀形成。由于冰川坚硬性刚，因而由冰蚀作用形成的山体山形尖锐、线条粗犷硬朗，而流水温和性柔，所塑造出来的山体也就圆滑柔美。

横断山脉是一个盛产雪山冰川区域，这里有我国分布最东部的雪山群，也是青藏高原最东部的海洋型冰川分布区。贡嘎山、梅里雪山、稻城亚丁、四姑娘山、雀儿山、格聂山、玉龙雪山等雪山林立、冰川悬垂，各尽其美。

横断山的"王者之峰"

贡嘎山，又称"木雅贡嘎"，据 2023 年最新测量结果，主峰海拔 7508.9 米，是横断山最高峰，西南第一峰，也是世界著名的高峰之一。"木雅"既是地域概念，又是族群名称。作为族群名称，特指生活于贡嘎山地区的康巴藏族，即木雅人。而作为地域概念，它又特指木雅人所生活这个地区。而贡嘎在藏语则是指"最高的雪山"。在当地人心中贡嘎山是代表着某种精神和神性的"群山之王"。

贡嘎山 7508.9 米的海拔高度，也许相对于青藏高原众多 8000 米级极高山而言算不了什么，但在青藏高原的东部和南部却独树一帜，明显秀出群峰。它与云南省第一高峰——梅里雪山相比高出近 800 米，比四川的第二高峰四姑娘山主峰高出 1300 米，它周围有 6000 米级卫峰 45 座，它比这些卫峰高出 700～1200 米左右。

贡嘎山周围有 6000 米级卫峰 45 座。上图为从华尖山上拍摄的贡嘎山群峰。摄影/王治

贡嘎山显得尤其高大，还因为它是从海拔仅几百米的四川盆地边缘拔地而起，而不是坐落在海拔 4000 米以上的高原面上，它与四川盆地底部之间的高差达 7000 米。在这里，山体骤然而立，在极短的空间内扶摇直上几千米，从盆地到雪山，从平原到高原，甚至都不需要低山、中山、高山的转换过渡，直接而迅速到达极高山。也许正是受到这种视觉上的"欺骗"，20 世纪 30 年代声名显赫的美籍奥地利探险家约瑟夫·洛克，便一度认为贡嘎山取代珠峰成为世界第一高峰，并兴奋地向全世界宣布他的"新发现"。这虽然是一个美丽的错误，但却为贡嘎山赢得了更多关注的目光。

贡嘎山之所以能威武霸气地横亘在青藏高原的东部，除了青藏高原的隆升之外，构成贡嘎山的岩石也是重要因素。构成贡嘎山主峰的岩石为形成于约 2 亿年前的花岗岩，这种岩石比周围的二叠系—

三叠系砂岩、板岩都要坚硬致密。新四纪以来，当青藏高原快速隆升一举到达发育冰川作用的海拔高度时，花岗岩抵抗冰川、流水剥蚀的能力就表现出来，当周围的砂岩、板岩被剥蚀之后，它尖锐而峻峭的峰体便突显了出来。

贡嘎山地区是地球表面最为崎岖的地方，从山脚下的大渡河河谷至贡嘎山主峰，直线距离不足30千米，地形落差竟达到6500米以上。同时贡嘎山处于青藏高原向四川盆地之间的陡跌地段，盆地温热温润气候与青藏地区高山高原气候的分界点，西部藏族、彝族聚居区与东部汉族聚居区的过渡带。多层次，多类型的景观组合，使贡嘎山成为罕见地貌、独特景观和多彩文化的荟萃地。

贡嘎山是我国横断山区海洋型冰川的集中分布区之一。贡嘎山具备形成现代冰川的诸多有利条件。高大的山体为发育冰川提供了足够的海拔高度，断块山体特征、大体走向一致的山脉与高山之间幽深的山谷为冰川发育创造了有利的地形条件，季风带来的丰沛降水为冰川来了丰富的补给源。

据统计，贡嘎山区共有现代冰川74条，总面积256.02平方千米，冰川储量达0.24亿立方米。在众多冰川中，长度超过3千米、规模较大的有东麓的燕子沟冰川、海螺沟冰川、磨子沟冰川、南口关沟冰川；西麓的大小贡巴冰川；北麓的日乌切2号冰川；南麓的巴王沟冰川等，均属于树枝状复式山谷冰川。

海螺沟冰川是贡嘎山数十条冰川中规模最大、形态最美的一条。地处贡嘎山雪峰的东坡，以低纬度、低海拔现代冰川著称于世。最低点海拔2850米，冰川舌伸入原始森林中6千米，冰川与森林相映成趣，形成"绿海银川"的奇景。一般而言，冰川都是白色的，

贡嘎山是我国横断山区海洋型冰川的集中分布区之一同，现代冰川74条。上图为海螺沟冰川，是贡嘎山最大的冰川。
摄影/王治

但海螺沟冰川却表面呈黑色，这是因为冰川在运动过程中，将大量黑色的石块、泥沙裹挟在其中，从而致使冰川表面呈黑色。

贡嘎山位于多条断裂的交会处，环贡嘎山多有温泉出露，仅海螺沟一带的温泉就有热水沟温泉、杉树坪温泉、窑坪温泉、湾东温泉和磨西温泉等多个温泉位于雪山之下的森林之中。春夏，这里雾绕青峰，各色杜鹃绽放于瑶池；秋天，万山红遍，层林尽染，红叶飘零在池水；最妙是冬天，新雪初铺，四周银装素裹，雪野茫茫，瑶池中云蒸霞蔚，热气缥缈，冰与火、冷与热带给人视觉和感觉上的双重刺激，成为海螺沟不凡的体验。

"花钱可以上珠峰，但上不了贡嘎。"这是盛传于登山界的一句名言。一百多年来，贡嘎山一直保持着登顶难、杀伤率大的"恶名"。在长期冰川作用下，主峰发育为锥状大角峰，周围绕以60°～70°的峭壁，让人难以征服，又欲罢不能，其登顶难度甚至远远大于珠峰。

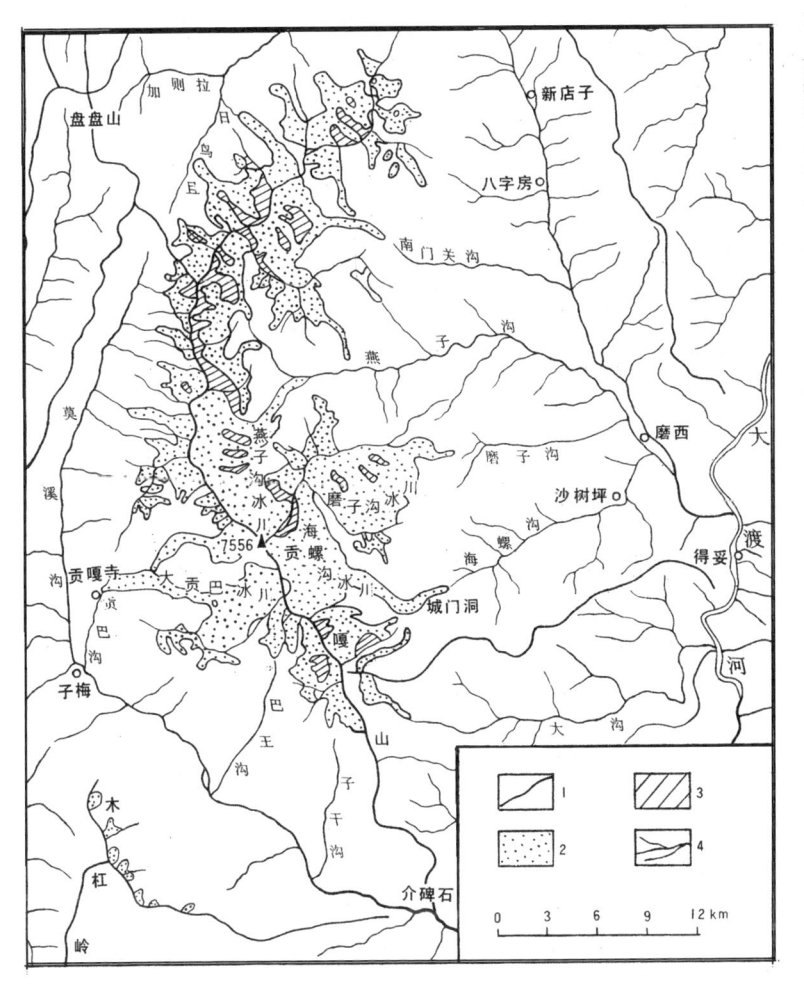

贡嘎山冰川分布图

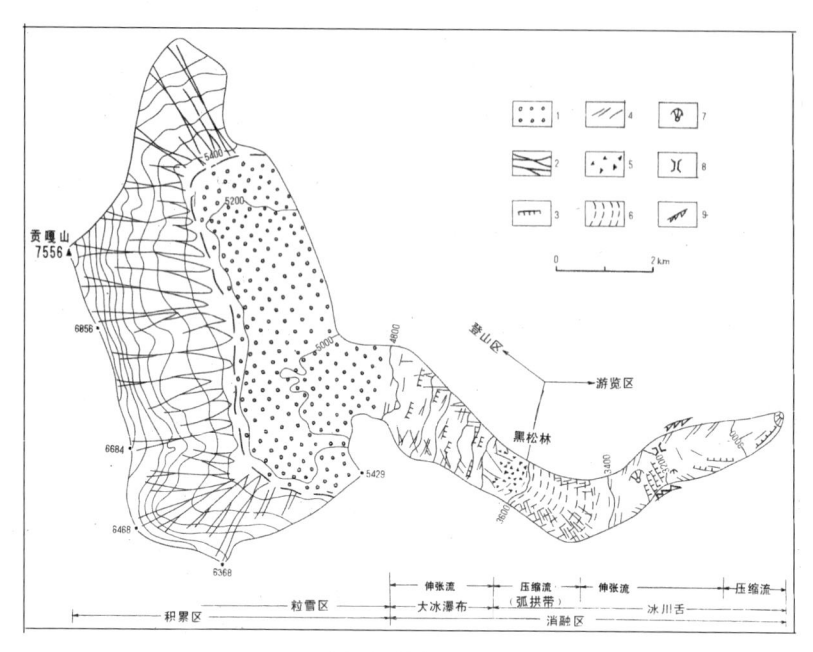

海螺沟冰川景观图

　　贡嘎山之所以难以征服，主要是"得益"于它特殊的地形和独特的峰体形态。在冰川长期的刨蚀作用下，贡嘎山的主峰为锥状大角峰，峰体尖锐而陡峭，它的四周更是绝壁环绕，攀登难度极大。它的西南壁坡度几乎达到70度，还有大量的悬冰层，几乎没有人能从这边通过。而东北山脊曾被日本和韩国登山队员挑战成功，但却付出了队员生命的惨痛代价，这条危险的山脊路线曾夺去了4次攀登中的14个日本人的生命。

　　相对而言，西北山脊是一条相对容易的登顶路线，但仅仅是相对容易。这条线在翻上山脊之后，横风特别大，春秋季暴雪加大风

气温可能骤降到 -40℃。在这里，滑坠遇险的登山队员最多。

征服贡嘎山的另一个难题就是复杂多变的天气。贡嘎山是我国最东端的 7000 米级高山，属亚热带季风气候区。但是，由于青藏高原的隆起，高耸于对流层中的巨大山岭对气流的阻挡，影响并改变了环流形势，导致了贡嘎地区气象条件多变且恶劣，尤其是东坡，降水极其丰沛，而且常常云雾缭绕。查阅历次山难，几乎都是与恶劣天气有关的各种事故。

在贡嘎山的周边，环峙着一系列 6000 米级、5000 米级的高山，而之下便是深邃而幽长的深切峡谷，加之贡嘎山地区，气候温润，降水丰沛，雨雾天气较多，哪怕有机会登上高地，因常常云遮雾罩，虽给雪山增添了些仙气和神秘性，但也增加了观看贡嘎山的难度。

看山要看极高山，但如何才能突破地形的屏障，越过大山的阻挡，腾挪辗转，穷尽山水，体会到峰回路转，群山如丘，长峡如线的雄阔与壮美呢？山不过来，我就过去！于是，聪明的四川人便想到了一种全新的看山方式：借另一座山的高度，去看另一座山！

以它为中心，寻找最佳观景平台，一时成为摄影爱好者和户外探险者乐此不疲的快事。而一个观景平台一旦被发现，立即成为热点，无数游客纷至沓来，蜂拥而上。围绕贡嘎山，这样的观景平台多得数不胜数。如子梅垭口、雅哈垭口、四人同、光头山、王岗坪、牛背山、黑石城、达瓦更扎、轿顶山等等。这些观景平台的海拔高度一般在 3500～4000 米之间，既达到一定高度，又在雪线之下。登上山顶，视野空阔，雾涌群峰。尤其是在朝辉晚霞时分，日照群峰，夕落金山的奇绝，非亲历难以想象，虽亲历难以言表。

东方圣山

在横断山东部众多的雪山之中，海拔 7508.9 米的贡嘎山和海拔 6247.8 米的四姑娘山可说是双璧辉映，而在人们的心中，他们恰好有"蜀山之王"和"蜀山皇后"的美称。

四姑娘山位于横断山脉的东缘邛崃山脉。邛崃山脉是横断山脉东部的系列山系之一，它是中国第一阶梯和第二阶梯的分界线之一，也就是四川盆地与青藏高原的地理界线。构成邛崃山脉的岩石主要为花岗岩和复理石①沉积（砂板岩）。花岗岩主要分布在山体上部，是形成非凡雪山和极高山的关键。约 2 亿年前，邛崃山脉地区还是古特提斯洋②的一部分，长久的海洋沉积形成了这里规模巨大、沉积厚度超

五色山为复理石沉积形成的向斜山，是"西康式"褶皱。摄影 / 向文军

---

① 一种特殊的海洋沉积岩组合，最主要特点是岩石出现不断重复的有韵律变化。
② 史前海洋，存在晚古生代到早中生代亚欧大陆和冈瓦纳大陆之间。地中海、黑海被认为古特提斯洋残余部分。

四姑娘山地区海拔在 5000 米以上的雪峰有上百座。上图为幺妹峰，海拔 6247.8 米。
摄影 / 李忠东

过 5000 米的复理石岩系，是世界上最大的三叠系复理石沉积区的组成部分。

邛崃山脉位于著名的松潘—甘孜造山带的东部，是一座受构造挤压形成的褶皱山脉。而与其他山脉不同的是，这个区域受到了周边三个板块近乎垂直的南北与东西向挤压应力，普遍发育一种世界独特的"西康式"褶皱。它们重重叠叠、此起彼伏，犹如蛟龙腾飞，在百丈陡壁上构成一幅令人惊叹的宏伟画卷。这种褶皱最早由许志琴院士提出，无论从其特征、机制及壮观程度而言，完全可与世界著名"侏罗山式"及"阿尔卑斯式"褶皱相媲美。

邛崃山系的最高峰便是四姑娘山的幺妹峰，海拔 6247.8 米。四姑娘山具有双重含义，它既指以四姑娘山为中心的一个区域，又指幺妹峰。

四姑娘山的地貌特点可以用"四山夹三沟"来概括。"四山"是指构成四姑娘山的四座雪峰，分别是海拔5025米大姑娘峰、海拔5276米二姑娘峰、海拔5355米的三姑娘峰和海拔6247.8米的四姑娘峰。这四座雪山在上部彼此独立，但下部相连，在空间上呈一字排列，卓然而立，气势磅礴。

很多人好奇，都是"一母所生"的四个"姑娘"，为何高低不同，长相各异？这是因为构成山体的岩石不同，四姑娘和三姑娘由花岗岩组成，这种岩石质地坚硬，抗风化能力较强，所以这两座山峰高大而峻峭，能登顶者极少。二姑娘峰则由石英岩与石英砂岩组成，硬度及抗风化能力不及花岗岩，因而此峰居其次，专业人士可以征服她。大姑娘峰山体由灰岩与砂岩、板岩组成，岩石较弱易风化，山脉也显得平缓和圆滑，也最容易攀登，在四位"姑娘"当中，数她最为温文尔雅与楚楚动人，是众多山友首选的"初恋对象"。

其实除了这四座著名的"姐妹峰"，四姑娘山地区海拔在5000m以上的雪峰还有50余座，而且有些山峰山形奇特，自成一景。如五色山是一个典型的向斜山，海拔5430米，由变质砂岩、板岩及蚀变玄武岩组成，呈灰绿、紫红、灰黑色等颜色交互出现，褶皱形态完整清晰，在阳光照耀下有一种魔幻般的效果。再如尖山子、猎人峰、阿妣山都是由花岗岩形成，峰如利剑，尖削锐利，是冰川侵蚀形成的典型角峰。

说完四姑娘山的山，再说四姑娘山的三沟。第四纪冰川时期，长蛇般的山谷冰川在运动的过程中，对两侧和底部的岩石不断地进行刨蚀和侧蚀，在四姑娘山地区形成众多U形河谷。它们通常沿山脉呈放射状分布于海拔 3500～5000 米之间的区域，双桥沟、长坪沟和海子沟就是其中的经典。

丰沛的降水加上独特的地理环境孕育出这里典型的高山生态系统，这里有世界最大最古老的中国沙棘天然林。

香格里拉地标

"在探访木里王国的时候，我曾看到远处的一脉雪山，当地人告诉我，那就是贡嘎雪山（即亚丁贡嘎日松贡布雪山，作者注），是佛教王国的圣洁之地"。我们应当感谢 90 年前美籍奥地利探险家约瑟夫·洛克不经意的一瞥，感谢他的好奇和执着。他 90 年前的两次探险成就了今天的稻城，那个遥远在天边的一束光亮，终于在今天照亮梦境。

洛克后来将这两次考察称为"最具神秘色彩和探险价值"的旅程，在他充满传奇的一生之中，亚丁无疑是最美好的记忆。亚丁到底有什么样的魔力，使他接二连三地想进入？也许他在这里寻找到了曾经失去的什么。他曾说"亚丁像是一个神祇的花园"，也许这个花园就是他期待已经久的伊甸园……

在亚丁周围，海拔在 5000 米以上的极高山

亚丁雪山的山形尖锐优美，在蓝天之下所勾勒出的天际轮廓线异峰突起，刚劲有力。上图为央迈勇雪山，是亚丁海拔最高的雪峰。摄影/王治

亚丁周围，海拔在5000米以上的极高山十余座，最高、最有特色的三座雪山呈品字排列。摄影／马春林

有十余座，但这些山体大多在雪线以下，无法常年积雪，所以很难吸引游客的眼球。贡嘎日松贡布雪山是指亚丁东侧与凉山州木里县交界的那座近南北走向的山脉。通常我们所说的贡嘎日松贡布雪山往往特指亚丁的三座常年积雪山的独立雪峰，当地又称为贡嘎雪山，也是洛克笔下的贡嘎岭雪山。

亚丁雪山的美在于雪山的形态美，有人说它是横断山最美的雪山。四川著名画家邱笑秋先生给了它更高的评价："亚丁三神山集中了青藏高原除了札达土林外所有的美。比如雪峰之美、冰川之美、草地之美、海子之美、森林之美、人文之美"。

亚丁的三座雪山各自完全独立，在空间上呈等距离的品字排列，分别为海拔6033米的央迈勇雪山、海拔5998.5米的仙乃日、海拔5951.3米的夏诺多吉。雪山之间的直线距离约4～6千米，将三座雪

山分割开的是又长又宽的古冰川 U 形谷，这是四川省众多极高山中独一无二的组合形态。

三座雪山的山形尖锐优美，锥状的雪峰直指苍穹，在蓝天之下所勾勒出的天际轮廓线异峰突起，刚劲有力。清晨或黄昏，阳光投射在雪峰时，雪峰发出黄金般的色泽，成为这里最经典的景观。

三座雪峰之下，分布着冰川作用形成的高山湖泊，它们如翡翠碧玉般镶嵌。雪山之间的多条冰川 U 形谷是欣赏雪山的最佳场所，这些宽谷往往谷底平缓，夏季之时，被绿茵茵的牧草和高山灌丛覆盖，绿绒蒿、龙胆、报春花等各种的高原花卉竞相绽放。源于雪山的河溪在科里奥利力和地球旋转离心力的作用下，在宽谷中形成千回百转的蛇曲河和辫状河。宽谷与山体坡脚的连接部分，往往分布着大片的红杉等亚高山针叶林，秋季一片金黄。山体中下部相连，由于流水下切形成典型的高山峡谷地貌，峡谷两岸，由高山栎、云杉、冷杉组成的原始森林苍郁挺拔，各种杜鹃散布在密林。

亚丁不仅具有"香格里拉"般的奇特雪山和自然美景，同时它还有三座充满"神性"的雪山。公元8世纪，佛学大师莲花生亲自为亚丁的三座雪山加持命名，把佛教密宗中三位本尊菩萨之名赋予三座雪山，使这里成为众生供奉积德之圣地。仙乃日为观世音菩萨，夏诺多吉为金刚手菩萨，央迈勇为文殊菩萨，所以贡嘎日松贡布雪山的佛名又叫"三怙主雪山"。三怙主雪山在世界佛教二十四大圣地中排名第十一位，藏传佛教中这样记载："具有信佛缘分的众生敬奉三座怙主雪山，能实现今世来世之事业……"据传，转一次三怙主雪山相当于念一亿嘛呢的功德，一生当中至少来亚丁一次，成为许多藏族人民心中的夙愿。

夏诺多吉雪山是典型的金字塔型角峰。摄影／王治

1933年，英国作家詹姆斯·希尔顿根据美籍奥地利探险家约瑟夫·洛克在中国西南探险的传奇经历，以及他发表在《美国国家地理》杂志上的系列文章和众多精彩照片创作并发表了小说《消失的地平线》。小说讲述了康韦等4个西方人乘坐的飞机被神秘的东方劫机者劫持到香格里拉的神奇经历。书中描写了一个隐藏在雪山环抱中的世外桃源，那里有神话般的田园，金字塔状的雪峰，美丽富饶的蓝月山谷……小说发表后迅速成为最早畅销书并获得英国著名的霍桑登文学奖，从而将"香格里拉"一词介绍给了世界。1937年，好莱坞投资250万美元将小说搬上银幕，进一步将"香格里拉"传遍全球。《不列颠文学家辞典》中，称此书的功绩之一便是为英语词汇创造了"香格里拉"一词，并使之成为中西方文化中共同的理想国。

其实，"香格里拉"并不是詹姆斯·希尔顿凭空创造的，它来源于《时轮经》中的香巴拉王国。据《时轮经》记载，香巴拉隐藏在青藏高原雪山深

亚丁的雪山之间往往冰川形成U形河谷，河谷中森林、草甸、湖泊荟萃。上图为仙乃日雪山和卓玛拉措。摄影／王治

亚丁雪山之下分布着众多的冰蚀湖泊。上图为五色海（画面上方）和牛奶海（画面下方）。摄影/王治

处的某个隐秘地方，整个王国被双层雪山环抱，由8个呈莲花瓣状的区域组成，中央耸立的内环雪山，被称为迦罗婆城，城内住着香巴拉王国的最高领袖。传说中的香格里拉人是具有最高智慧的圣人，他们身材高大，拥有超自然的力量，至今仍从我们看不到的地方借助于高度发达的文明，通过一条名为"地之肚脐"的隐秘通道与世界进行沟通和联系，并牢牢地控制着世界。在浩繁的藏传佛教经文中，我们依稀看到香巴拉王国的辉煌，她不但创造并主宰了世界，同时还是一个自然美景的荟萃地和无忧无虑的世外桃源。这里有雪山、冰川、峡谷、森林、草甸、湖泊等最美的风光。这里花常开，水常绿，有取之不尽庄稼和果子，俨然是一切人类美好理想的归宿。

《时轮经》中所描绘的香巴拉美好世界,充满了诱惑力。一百多年来,人们都在从精神和地理两个层面去寻找她。在寻找香巴拉的过程中,不断有人声称找到了真正的香巴拉,同时也不断有人否定找到的它并不是真正的香巴拉。进入20世纪末,人们惊奇地发现云南迪庆的自然地貌、人文遗迹与香巴拉王国或者《消失的地平线》中的香格里拉圣境惊人的相似。"香格里拉就在迪庆"的消息顿时震惊世界,世界各地游客纷至沓来,竞相争睹香格里拉这一失落的天堂仙境。之后,云南怒江州也宣称真正的香格里拉在他们那里,并且举出有力的佐证。再之后中国西藏、青海与尼泊尔也都有自己的寻找结果,他们各自用大量的证据来证明香格里拉就在那里。正当人们为迷惑不解时,有人又再次在四川省稻城县发现与传说中香格里拉完全一致的人文地理景观。那里雪峰、峡谷、草甸、湖泊、寺庙以及恬静的村庄似乎比之前宣称的地方更像希尔顿笔下的香格里拉。而且电影《消失的地平线》海报的压题图片采用的正好是洛克拍摄于稻城亚丁的雪山照片,海报上写着"他喜欢香格里拉这个静谧的世界,它抚慰了他的心灵"。

香格里拉在哪里并不重要。正如诗人何小竹在为《香巴拉之魂——秘境稻城》所作的序中说:"香巴拉,这个藏传佛教中描述的极乐世界,并不确指世界的某个地方。按照藏传佛教的教义,香巴拉首先是一个精神领域的王国,只有受过《时轮经》灌顶的人才能到达哪里。香巴拉的准确地址只有一个:在Sitha河的那边。但此河在任何地图上都找不到。香巴拉,它就像一个隐蔽的王国,我们每个人都以不同的方式寻找和靠近她。"

海子山:
冰帽冰川侵袭后的"异域奇迹"

> 这片恍若"火星"的地方就是位于理塘县与稻城县之间的海子山,一处由石头和湖泊构成的奇异之山。我们闯入的不是"异域",看到的也非"奇象",而是稻城古冰帽遗迹,一种始于70万年前的古冰川侵袭后的景象。

2000年,我第一次从成都驱车去稻城。当我们千辛万苦穿越四川盆地与青藏高原之间的陡跌地带,摆脱高山与深壑的纠缠,越上理塘一带的山原面时,大地顿时变得辽阔而高远。从理塘离开318国道向南是通往稻城和云南香格里拉的公路。100年前美籍奥地利人约瑟夫·洛克偶然的闯入,让世界第一次认识了这片雪域胜景。100年后,稻城和香格里拉成为全世界都想路过的地方。汽车沿着波澜不惊的丘状高原急驰,慢慢我发现窗外的地貌不知何时发生了改变。之前绿茵如毯,野花如织,生机盎然的浑圆状山丘不见了。一片山石裸露的山原莽莽苍苍,其上大小各异的海子(湖泊)星罗棋布,奇形怪状的巨大石阵铺天盖地,仿佛我们在一瞬间闯入世界的边界,

冰川将一块浑圆的石头从远处搬到这里。摄影 / 雪狼子

抑或在一瞬间穿越到另一个星球。这次的经历给我极深印象,之后每次经过这里我都会仔细观察这种独特的地貌。

这些铺满山野的石块是冰川运动时搬运而来的"冰碛物",又称为"冰川漂砾"。单之蔷先生曾在《中国国家地理》2019年12期的卷首语介绍过这种并不算罕见,但颇有些奇特的冰川地貌。他称这种景观是"冰川送来的礼物"。它的出现意味着冰川曾经到达过这里,这片大地曾经经历过冰川的侵袭和改造。冰川漂砾虽然算不得稀罕,但大多数的漂砾仅仅是出现在极小区域,一个山坡或一条沟谷,像这样大规模分布的冰川漂砾并不多见,甚至可以说绝无仅有。

稻城亚丁机场开通后,我得以飞临到它的上空。通过鸟瞰,我再次对这种地貌有了更加深刻的印象。飞机盘桓在上空，天边乱云低垂，机腹下一片苍茫。灰褐色的大地上，湖泊像无数镜面，在透过云隙阳光的照耀下，闪烁着星辰般的光亮。走出舷梯，发现自己恍若降落在火星的表面。

这片恍若"火星"的地方就是位于理塘县与稻城县之间的海子山，一处由石头和湖泊构成的奇异之山。我们闯入的既非"异域"，看到的也非"奇象"，而是稻城古冰帽遗迹，一种始于70万年前的古老冰帽冰川侵袭后的景象。

冰盖之争

我们生存的地球，历史上的大多时间都是没有结冰的，也就是说地球表面温度大多时间都在0℃以上。地球历史上曾经有冰雪的时代仅有过短暂的三次，被地质学家称为"三大冰期"。即距今7亿年左右的南华纪大冰期、距今3亿年左右的晚古生代大冰期和距今260～300万年至今的第四纪大冰期。稻城古冰帽便属于第四纪大冰期的遗迹。这次冰期因为距离我们的时间最近，同时伴随着人类诞生和发展，其重要意义不言而喻。

青藏高原第四纪气候变化研究，通常被视为是了解全球环境变化的关键。而古冰川事件则是第四纪时期气候波动最直接、最有力的地质证据。因而，分布于青藏高原及其周边地区的第四纪冰川遗迹也就自然而然成了研究亚洲乃至全球气候变化的重要考察内容之一。

从19世纪末开始，不断有国内外地质学家、探险家进入青藏高原开展科学考察和探险活动，高原上广泛分布的第四纪冰川遗迹自然引起了他们的关注和研究兴趣。但有一个问题始终困扰着他们，也令他们争论不休。这个问题就是：在第四纪冰期青藏高原是一个被冰川完全覆盖的统一大冰盖，还是冰川只覆盖了青藏高原的局部高山区域，彼此并不相连？

这个问题首先得从冰川的类型说起。冰川是极地或高山地区地表上多年存在并具有沿地面运动状态的天然冰体。冰川主要有两种类型，大陆冰川和山岳冰川。大陆冰川又称"冰被"或"大陆冰盖"，是指覆盖着极厚冰层的广大陆地。其特点是面积大，冰层厚度大，有的面积达百万平方千米以上，厚度大达几千米。而山岳冰川又称山地冰川，主要分布在中、低纬度的高山区。而冰帽，是一种规模比大陆冰盖小，外形与其相似的冰川形态，它是大陆冰盖和山岳冰川的过渡类型。

冰蚀岩盆（海子）与冰川漂砾（砾石）。摄影/魏伟

海子山由无数冰川漂砾和海子组成。海子像无数镜面，在透过云隙阳光的照耀下，闪烁着星辰般的光亮。恍若降落在火星的表面。摄影/王治

在理论上，一个完整的冰川作用周期，一般而言要经历由小变大的过程，即由山谷冰川向山麓冰川、冰帽、大冰盖转变。进入间冰期（冰期与冰期之间相对温暖的时期）则正好相反，即由大冰盖逐渐向冰帽、山麓冰川、山谷冰川转变，直至全部消失。但地球上大多数的冰川由于受到地形、气候等因素的影响，不太可能拥有完整的冰川作用周期，往往只经历其中的一个或几个阶段。科学家们争论的焦点就在于青藏高原在第四纪冰期是否经历过大冰盖阶段，是否形成过一个统一的大冰盖？

其实这个问题早在20世纪之初便就出现了严重分歧。早期，有些国外学者，通过对比北欧斯堪的纳维亚高原大冰盖形成的众多侵蚀湖盆，提出青藏高原普遍为冰川覆盖的看法和假设。20世纪80年

代，德国科学家M.Kuhle（库勒）在考察青藏高原第四纪冰川遗迹后，推测青藏高原末次冰期雪线高度在降到3800～4000米左右，从而推断大冰盖的面积200～240万平方千米，厚度达1200～1700米。中国地质科学院的韩同林等根据青藏公路和中巴公路附近等地区观察，认为青藏高原上普遍存在冰蚀平原、冰蚀丘陵、冰蚀洼地、冰盆、冰阶、冰碛物和冰川漂砾等大冰盖的遗迹，推论早更新世冰期中除柴达木盆地外均被大陆冰盖所占据，并认为冰盖厚度至少在1700～3000米。

但大多数科学家的观点与之并不相同。如早期的著名探险家瑞典人斯文·赫定经过多次对西藏西部高寒荒漠区的考察，认为青藏高原内部降水少，冰川规模小，没有形成过大冰盖。20世纪50年代末以来，以施雅风院士为代表的一批科学家，对青藏高原现代冰川与古冰川遗迹进行的广泛考察，逐渐形成了青藏高原不存在统一大冰盖的观点。他们认为第四纪最大冰期时，青藏高原发育有大型的网状山谷冰川、山谷冰川、山麓冰川、冰帽和局部小冰盖，但各山系的冰川并没有相互联结，没有形成统一的大冰盖。

尽管大多数的冰川学者并不认可青藏高原存在统一大冰盖的观点，但有关这一话题的讨论却一直没有中断。直至今天，仍然有许多学者踏冰卧雪、跋山涉水，不辞辛劳地力图寻找各种证据证明自己的观点并说服对方。这是跨越世纪的百年大争论，无论持什么样的观点，都客观地推动了学术界对青藏高原的持续关注。

正是在此背景下，当20世纪80年代科学家们在稻城县与理塘县之间的海子山发现大量古帽遗迹时，才显得格外的意义重大。并且这一发现让持续百年的争论重新变得活跃而有趣。它至少证明，不管青藏高原是否曾经存在过统一的大冰盖，但的确曾经发育过一个大冰帽——稻城冰帽。

"王八盖子"

行驶在理塘与稻城之间的公路，是一条著名的旅游公路。它由北东向南西从海子山中穿过，完美穿越稻城古冰帽。并且这条公路像一把刀子，将古冰帽斜拉一个口子，形成一条剖面，从而能让我们能更好地观察这种罕见地貌。

地质学家李荣社来到海子山考察时，曾经对稻城古冰帽的分布规律有一个形象的比喻。他将稻城古冰帽比喻成一只"乌龟"。中间地形平缓的夷平面①是"乌龟的龟壳"，是冰川微弱侵蚀—堆积带。

冰帽冰川主要覆盖在这里，但由于地形平缓，无落差或落差较小，冰川运动的动能不足，因为冰川作用较为微弱。这一区域所形成的古冰帽遗迹主要是冰川侵蚀形成的冰蚀岩丘以及堆积形成的底碛等冰碛物。

而往外，则是"乌龟壳的边缘"，属冰川中等侵蚀和堆积带。冰帽冰流从中央高地向四周流动，受到重力作用影响流速逐渐加大，冰下侵蚀作用随之增强，于是冰川对底部岩石的掘蚀和磨蚀形成密集的冰蚀岩盆②、羊背石群③和宽浅冰下槽谷。如在公路沿线可见到的最大鲸背岩④长2千米以上，宽高逾百米。而在冰帽南部的冬措一

冰川从冰帽区带来的冰碛物，大量堆积在海子山边缘，形成垄状地貌。上图为龙古大型侧碛垄。摄影 / 李忠东

①是指各种夷平作用形成的陆地平面。山地间歇性上升，会形成不同高度的夷平面，是判断区域间歇性升降运动的重要标志。
②冰川侵蚀形成的像盆一样的洼地，汇水可成冰蚀湖。
③是由冰蚀作用形成的石质小丘，成群发育时，犹如羊群。

带则形成长十余千米、宽 2~3 千米的冰蚀岩盆和槽谷。冰川后退，这些冰蚀岩盆往往形成串珠状分布的湖泊群。

而再向外则是"乌龟的裙边"，是冰川强烈侵蚀槽谷带。由于冰川到来之前这一地带发育有河谷，冰期到来时冰帽冰流沿着这些河谷流动侵蚀，不断将老河谷拓宽加深，形成放射状的冰川槽谷。这些冰川槽谷以冰岛型槽谷⑤为主，也有一些准阿尔卑斯型槽谷⑥，深度一般都在 400 米以上，在巴隆曲中游和尼亚隆雄曲中下游，有些冰川槽谷深达 600~800 米，深深嵌在花岗岩所形成夷平面中。

冰帽最边缘恰如"乌龟的四只脚"，是冰帽强烈堆积带。冰帽冰川最盛时，边缘形成众从的溢出冰川，这些冰川长达 2~5 千米，甚至下延至河谷、盆地。冰川从冰帽区带来的冰碛物，大量堆积这一带，所形成垄状终碛和侧碛高达上百米。

稻城古冰帽尽管分布广泛，但大多数的区域都是难以进入的无人区，要开展全方位的科学考察十分困难。20 世纪八九十年代，科学家发现距稻城县城以北数千米的稻城河谷北侧山麓分布着十余条由冰帽伸出的溢出冰川所形成冰碛垄和冰碛台地。由于可进入性强，这里很快成为科学家们解剖稻城古冰帽的最佳窗口。其中，龙古村以北有一个央英错，当地人称之为黑海，由央英措溢出的冰川所形成的大量冰川遗迹最为典型和壮观。十多年前，一个稻城当地商人欲将这里开发为景区，修筑了一条简易公路直到央英措。2018 年，我们沿着这条基本废弃的山路考察了这区域，亲眼看到稻城古冰帽

---

④一种和羊背石形态规模相似的冰蚀地貌
⑤冰川源于山区的冰盖，冰川常以冰瀑布形式向下流动所形成的陡而深冰川槽谷。
⑥冰川源于冰斗或冰斗群，冰川对早期河谷加深加宽形成的槽谷。

这只巨大的"乌龟"从"四肢"到"裙边"再到"龟壳边缘",冰川侵蚀由强到弱所形成不同遗迹。从河谷刚进入山麓,巨大的数道冰碛垄蜿蜒如蛇,高达上百米,冰碛垄上绿草野花如毯,冰川漂砾四处撒落。越过冰碛垄便进入冰川U形谷,宽谷底部地形平坦,河溪曲曲折折。两侧坡脚岩石在寒冻风化作用下,遭受崩解破坏,大片巨石角砾堆积形成壮观的石河、石海。现往上,便进入冰帽覆盖区,也就是冰川片状冰流的侵蚀区,冰川的磨蚀将花岗岩形成的山体研磨得圆润而光滑,冰川磨光面、羊背石群、鲸背岩、冰蚀鼓丘地貌随处可见。汽车挣扎着越过陡峭的"裙边"便进入相对平缓的夷平面,无数的冰蚀岩盆及冰蚀岩盆蓄水形成的湖泊铺撒在夷平面。

也许你会问,海子山这些古冰帽遗迹是什么时间形成的呢?是一次形成的,还是分成不同时期形成的呢?

科学家发现,进入第四纪之后,尽管高原面已由古近纪的1000米隆升到2300米左右,但这里的湖滨山地仍生长针叶林,气候虽然变得寒冷,但没有冰川发育。进入中更新世冰川时期,高原隆升到雪线以上,使这里发育了规模最大的冰帽冰川,冰川厚度超过500米。在厚厚的冰层重压下,冰川流动不再受下面地形的限制,它们翻越边缘山地漫流到山麓,北面进入理塘盆地南部,南面则进入稻城附近宽谷。之后的间冰期,气候变暖,冰川一度消失,冰碛表面暴露在空气中,接受长时期氧化淋溶发育了红土,河流重新下切并溯源侵蚀到古冰帽内部。紧接着,第二次、第三次冰期来临时,但由于西面怒山山脉和东面贡嘎山的强烈隆起,阻挡了西南和东南季风带来的水汽,造成这里降水的相对减少,冰帽冰川的规模比之前的老

冰川经过之处，往往将岩石磨得光滑。上图为海子山南麓的一处冰川磨光面。
摄影 / 李忠东

冰期要小很多，边缘冰流沿山谷外溢形成许多平行的溢出冰川。

大约在 2 万年前，随着冰期的结束，地球温度慢慢升高，冰川逐渐后退，最终龟缩到极山体顶部极小范围，如稻城南端的亚丁和海子山西侧格聂山仍保留着少量的现代山岳冰川。由于海子山整体海拔在 4600～5000 米之间，仅个别山地超过 5000 米，均位于雪线以下，因此整个区域失去发育冰川的地貌地势条件，冰帽冰川完全融化消失，仅留下今天我们看到的令人叹为观止的稻城古冰帽遗迹。

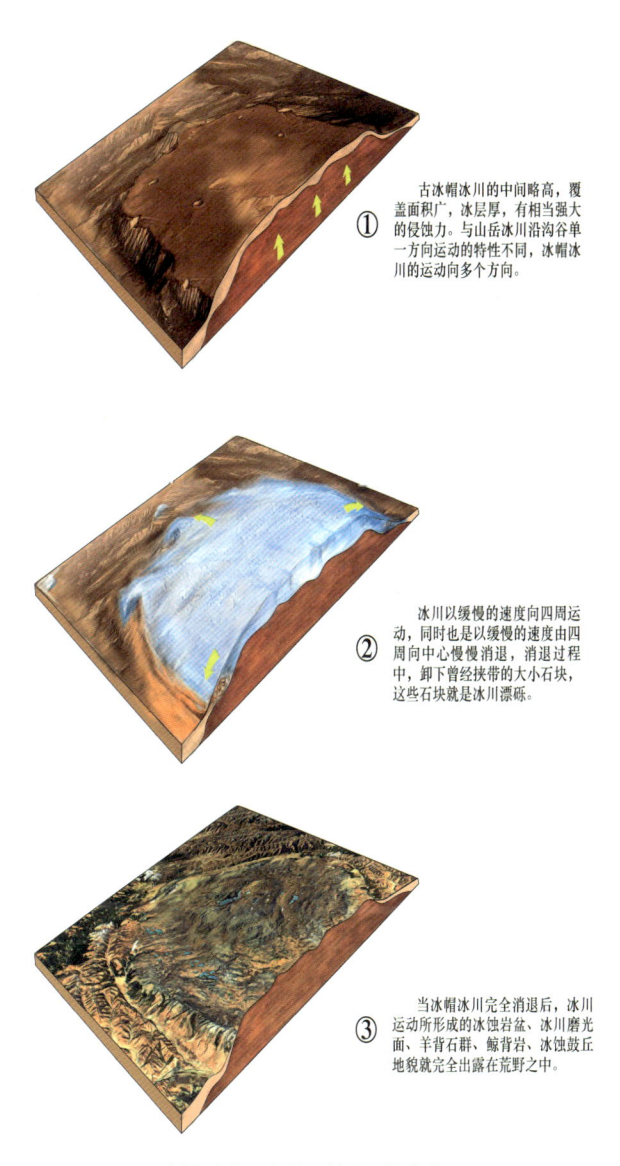

① 古冰帽冰川的中间略高，覆盖面积广，冰层厚，有相当强大的侵蚀力。与山岳冰川沿沟谷单一方向运动的特性不同，冰帽冰川的运动向多个方向。

② 冰川以缓慢的速度向四周运动，同时也是以缓慢的速度由四周向中心慢慢消退，消退过程中，卸下曾经挟带的大小石块，这些石块就是冰川漂砾。

③ 当冰帽冰川完全消退后，冰川运动所形成的冰蚀岩盆、冰川磨光面、羊背石群、鲸背岩、冰蚀鼓丘地貌就完全出露在荒野之中。

冰帽形成示意图。绘图 / 杨金山

远离分水岭的广大夷平面上往往形成较多大型冰蚀岩盆（湖泊）。上图为海子山最大的冰蚀岩盆—兴伊措。摄影 / 蒋海

海子成山

冰帽冰川与山岳冰川最大的区别是，冰帽是冰川对冰帽区整个区域的全部覆盖，冰川流体由冰帽的中心向四周溢流，冰川的侵蚀力越靠近中心越弱，越往外侵蚀力越强，而且几乎所有的侵蚀作用都发生在冰川之下。而山岳冰川主要是冰川围绕山体顶部呈放射状向四周漫溢，形成若干蜿蜒如蛇的山谷冰川或悬冰川。而冰川谷之间的山体并不完全被冰川覆盖。冰川退缩后，古冰帽遗迹遍布冰帽冰川作用区，而山岳冰川的冰川遗迹则主要分布在冰川经过的沟谷。稻城古冰帽遗迹的最大特征是，形态各异的大大小小的冰川漂砾布满整个海子山山原，怪石嶙峋，铺天盖地，怪石中的冰蚀湖泊星罗棋布。细究古冰帽遗迹，大致可分为冰川侵蚀地貌与冰川堆积地貌。冰川侵蚀地貌主要有：冰蚀残山、冰蚀鼓丘、鲸背石、羊背石、冰溜面、冰擦痕、冰臼、冰斗、冰窖，冰川悬谷、冰川U形谷、冰蚀湖泊等。

而冰川堆碛地貌主要有：消融丘（冢、垄、堤）、侧碛堤（垄）、终碛堤（垄）、底碛、中碛、冰川漂砾、冰碛台地、冰川锅穴、冰碛堰塞湖泊、锅穴湖等。

在海子山众多古冰川遗迹中，数以千计的冰蚀岩盆（冰蚀湖）以及冰川 U 形谷让人印象深刻，海子山也因这些灿若星辰的湖泊而得名。海子山有多少个海子？据资料记载共有1145个，但实际上这个数字有猜测的成分。为了弄清海子山的数量，我们查阅了1∶10万地形图，图上所能画出的湖泊数量为466个，核心区湖泊的平均密

理塘铁匠山古冰帽侵蚀形成的地貌。摄影 / 王洪

度约为每平方千米0.16个，还有大量的小湖无法在地图标注。需要说明的是，海子山的湖泊受到降水的影响，每年都有消失和增加，数量上并非一成不变，它应当是动态的，但用数以千计形容应当不会错。

在空间分布上，靠近分水岭的高地上，以小型的冰蚀岩盆（湖）为主。远离分水岭的广大夷平面上，则形成较多大型冰蚀岩盆（湖），在后期的冰退过程中冰蚀岩盆出口处往往遗留下数道冰碛垄，形成冰蚀—冰碛复合成因的湖泊。这些湖泊大致可划分六大湖群，分别是兴伊措湖泊群、冬措湖泊群、希措湖泊群、哲如措湖泊群、扎措湖泊群和津然措湖泊群。其中兴伊措不仅是海子山最大的湖泊,也是稻城县最大的湖泊,它位于海子山中部,属古冰帽的核心区域。

有一条极简易的碎石路通过兴伊措,虽只有数千米,但要翻越数道垄岗状的小山包。沿途皆是巨大的漂砾,汽车需要在漂砾之间艰难地寻找车辙,毫无规则的坑和巨石令车剧烈颠簸。在藏语中,兴伊措为"献湖"之意,有天赐神湖的意思。兴伊措面积达到7.5平方千米,海拔4420米,由三个相连的湖组成,湖底呈锅底形,一般深约3米,最深处达数十米,湖中盛产高原黄鱼,湖面栖息着成群的黄鸭。湖的西端有几道低矮的终碛垄,四周地势平坦,形成环湖湿地。靠近湖的地方,一湾沙堤将湖水隔开两部分,人行走在沙堤,人影倒映在水面,照出的照片有天空之镜的效果。

离开古冰帽的核心区,沿稻城河顺流而下,海子山满目荒凉的漂砾渐渐地稀少,植被也由高山草甸和高山灌丛终于演变为亚高山针叶林。随着空气中氧气的增多,昏沉沉的大脑开始慢慢苏醒。冰帽冰川最盛的时期,冰川作用曾经到达海子山下的稻城河谷,大量的冰碛物就堆积在河谷之中,形成各式各样的垄状、堤状地貌或冰碛丘陵。进入一条名为磨房沟的冰川U形谷⑦,古冰川改造过河谷,谷底宽阔平缓,河流温婉地以曲流的形态在河谷中蛇行,没有水的地方,是稀疏的杉树和茂密的灌丛。远远一片花海引来全车的人的

---

⑦又称冰川槽谷,是冰川在运动过程中,对冰川底部和两侧的山体和岩石进行侵蚀而形成山谷,因为横剖面多呈U形而得名。冰川U谷,往往是美景的荟萃地,许多著名景区和游览线路都是围绕U形谷展开,如四姑娘山的双桥沟、长坪沟,亚丁的贡嘎银沟。

惊呼，司机非常善解人意地把车停在花海的边缘。组成花海的植物叫五齿管花马先蒿，这是青藏高原上最热情洋溢的植物，和我们以前所见的花海都不同，这些由纯五齿管花马先蒿组成的红色之海，其间没有夹杂其他的花色，单纯而艳丽。走进花海，恍如进入梦幻，把身躯置身于颜色之海，眼睛和心情都被那抹红色耀得晕眩。

古冰帽何处寻？

科学家对青藏高原在第四纪是否为一个统一的大冰盖难以形成一致的观点，但都不否认青藏高原在第四纪冰期在局部形成冰帽的可能。那么除稻城古冰帽之外，青藏高原还有哪些古冰帽呢？

1985年，著名的地理学家李吉均院士便发现并命名过一个"新龙冰帽"。这处古冰帽位于稻城古冰帽的北部，是沙鲁里山脉古老夷平面的一部分，古冰帽面积达2000平方千米。而在此之前，中国科学院长春地理所的孙广友先生在道孚县南侧大雪山中段发现过一片面积达700平方千米的乾宁冰帽。这两处古冰帽与稻城古冰帽都具有相同的特点，即均位于地形平坦的高原面上，都成群地分布着大小湖泊，它们所处的海拔高度大体一致，而冰帽区外侧也都有放射状冰川谷分布。

1975年，中国科学院兰州冰川冻土研究所郑本兴教授，还在嘉黎北部拉萨河、易贡藏布及怒江支流罗曲上源的麦地卡盆地发现了面积约3600平方千米的高位盆地式古冰帽遗迹。而早在20世纪初，便有学者提出黄河上游存在局部大冰盖的主张。1989年兰州大学地理系部分学者在实地考察后找到有利于冰川成因的证据，从而基本确认这里极有可能存在面积达 60000 平方千米的小冰盖。倘若这个观点进一步得以证实，稻城古冰帽所保持的青藏高原面积最大的古冰帽纪录将由黄河上游古冰帽取代。

除此而外，科学家们还在唐古拉山脉口附近、北冈底斯山脉中段雪拉普康日山、定日县东面拉轨康日—阿马山、川藏公路米拉山口等发现一些小型的古冰帽。

随着科技的进步，人们发现自然奥秘的手段也突飞猛进，尤其是谷歌地图以及无人机的普及，让大量隐匿在青藏高原深处的自然地貌再也藏不住了。2018 年，笔者在开展稻城地质遗迹调查时曾通过对遥感影像的判识，认为在海子山南端、稻城县中部的邦热唐存在一个疑似古冰帽，其面积约 350 平方千米。为了深入了解这个疑似古冰帽，我们冒着雨雪沿着一条简易放牧摩车道进入它的北部，再等待 2 小时之后才得到片刻雨歇机会，借助于航拍器，我们有幸领略这片极有可能是青藏高原面积最小的古冰帽的风采。在 4800～5000 米的冰原石山的环抱中，平阔的冰蚀平原上冰蚀湖泊灿若星辰，数条冰岛型冰川槽谷从河谷伸展向冰帽中心，将连绵的石山分割开来，槽谷中分布着规模更大的串珠状冰蚀湖，它们在远端石山，湖畔草甸的衬托下如绿玉翡翠相连。

在所有发现古冰帽的区域中，沙鲁里山脉无疑是最显著的。稻城古冰帽、新龙古冰帽以及新发现的邦热唐都分布在金沙江和雅砻江之间的沙鲁里山脉。它的东侧是大雪山脉，著名蜀山之王贡嘎山便位于此。但为什么沙鲁里山脉可以发育冰帽，而贡嘎山只能发育山岳冰川呢？这其实得益于沙鲁里山脉核心区域连续的燕山期花岗岩，这种岩石由于岩性坚硬，所形成的古夷平面更容易被完整地保存下来，从而为古冰帽冰川发育提供了地貌基础。而大雪山脉尽管有不少高峰，但因切割强烈，除西侧乾宁古冰帽外其他均为山谷冰川。

在海子山脚下的稻城河畔，有一座小寺，名为奔波寺，又名蚌普寺。这座始建于南宋淳熙五年（1178年），有着800多年历史的藏传佛教噶举派（白教）古寺，修建在一个经冰川磨蚀的花岗岩体之上，它的前面是冰川形成的宽缓河谷，背面约1千米的地方就是海子山灿若繁星的冰蚀湖群。寺庙另一侧靠近树林的河边，是寺庙的僧人们喂养河鱼的地方。他们常常坐在水边的草地，把掬有糌粑的手掌伸入水中，裂腹鱼、重唇鱼等野生高原鱼蜂拥而至，毫无畏惧地在手指间穿梭游动。长久以来，这里的鱼甚至对藏语形成条件反射，每当听到喇嘛的呼唤，它们便会欣然来此享受美餐。而距这里约10千米的著杰寺背后，则生活着一群野生白马鸡，它们每天也会在同样的时间摇摇晃晃地从寺院背后的灌丛来到铺着青石板的寺庙大殿，愉快地接受僧人的食物。

来到这里，你会发现海子山并非真的了无生机，嶙峋乱石之间顽强生长着毛茸茸的野花小草；河湖里也有游鱼穿梭、水鸟落栖；更有偶然闯入的野生动物以及当地人放牧在此的牛马。5000米海拔的海子山上同样摇曳着生命之美。也许只有生活在海子山这样环境极端恶劣的地方的人们，才更懂得珍惜这里，更懂得珍重这里的生命，他们比很多人都更擅长与大自然打交道。

巴塘茶洛：
横断山的气热泉群景观

> 在四川巴塘县境内，有一个叫名叫措普沟的峡谷，峡谷中无数高温水汽、温泉从地下汩汩而出，常年云蒸霞蔚，热气缥缈，并伴随磅礴的间歇喷泉和惊天动地的水热爆炸。这里成为横断山难得的可以观赏的热泉景观。

许多行游在横断山的游客都对横断山的温泉有所了解，但对于温泉的认识更多停留在洗澡和治病。

"春寒赐浴华清池，温泉水滑洗凝脂"，唐代诗人白居易描绘的华清池更多的也是贵妃出浴的美女想象，而非展现温泉之美。相较于国外，冰岛的大喷泉，美国的黄石公园，新西兰的波呼图，俄罗斯堪察加的间歇喷泉谷等，一根根从地下喷涌而出的水柱雄伟而瑰丽，它们展现出的是壮阔的喷发景观和令人心驰神往的美景。

那么横断山有没有这样的，可以观赏的温泉景观呢？在四川巴塘县境内，便有一个叫名叫措普沟的峡谷，峡谷中无数高温水汽、温泉从地下汩汩而出，常年云蒸霞蔚，热气弥漫，并伴随磅礴的间歇喷泉和惊天动地的水热爆炸。这里成为横断山难得的可以观赏的热泉景观。

茶洛，可以观赏的气热泉群

汽车一路向西，行驶在318国道。《中国国家地理》把从上海到西藏樟木长5000余千米的318国道称为中国人的景观大道。之所以如此，是因为这条公路将穿越我国第一级地貌单元青藏高原和第二地貌单元四川盆地之间的过渡转换地带。频繁地翻越南北纵横的山脉，然后往复下至谷底去跨越同样南北纵横的河流。每一次上下起伏，巨大的落差变化都能带来的景观变化，给人异彩纷呈的视觉冲击。越过理塘与巴塘之间的海子山，顺德曲河一路向下，行至措拉，然后向北折转，溯麻曲而上就进入措普沟。

远离喧嚣，这里像隔绝在尘世之外的世界。再往上走，慢慢地空气中飘逸着淡淡的硫磺气味。转过一个弯，便见远处汽雾缭绕，恍若仙境，原来是茶洛气热泉到了。

茶洛，位于巴塘县东部，金沙江左岸，在藏语意为"温泉"，很显然其名源自这里的温泉。其实，以"温泉"来命名这里的水热现象并不准确和恰当。因为这里和我们日常洗浴的温泉有很大不同。

我们习惯将地下自然涌出的温度高于常温的地下天然泉水称之为温泉，对温泉的分类最初一直未离开人的主观感受，"凉、温、热、烫"是古代对温泉的早期分类。到了19世纪末，对温泉的定义才开始脱离人的感觉，而和地球内部的热量向大气圈放散联系起来。1875年科学家们第一次给出了温泉的科学定义："凡温度高于当地年平均气温15华氏度的泉水可谓之温泉。"尽管后来对温泉的定义不同国家地区各有差异,但温度高于当地平均气温仍是普遍遵守的原则。为了在一定区域内有一个统一标准,我们有时也会按温泉温度的绝对值将温泉分为低温温泉、中温温泉和高温温泉,如20℃~40℃为低温温泉;40℃~75℃为中温温泉;高于75℃为高温温泉。但在实践中,还常常遇到一种独特的"温泉",它们比高温温泉温度更高,甚至超过当地的沸点,以高温热水、蒸汽、翻涌不息的沸水塘、气势磅礴的间歇喷泉、惊天动地的水热爆炸,以及热浪袭人的喷汽孔显示于地表。这些精彩的现象用"温泉"一词,已经难以恰如其分地概括,因此科学界将这些现象称为"水热活动",又叫"气热泉"。茶洛就属此类地热,它的温度普遍高于当地的沸点85℃,在国内仅次于西藏羊八井和云南腾冲,是藏在深山无人识的自然奇观。

茶洛气热泉的"热度与激情",四川省地质调查研究院付小方教授深有体会。十多年前,她带领的团队为了开展西部现代热泉成矿研究曾经来到这里开展研究工作。在这里,她的一次历险令她刻骨铭心。据她回忆,有一次她正蹲在一处泉眼对泉华沉积物进行样品采集,突然地下传来沉闷的轰隆之声,平静的泉口开始冒出蒸汽和热泉,旋即一股超过沸点的水柱从地下喷涌而出,射向天空,并伴随着剧烈的爆裂声。就在热泉喷出的瞬间,她本能地一个后空翻,滚进旁边的浅沟里,这才避免被滚烫的热泉烫伤。大约20分钟之后,热喷泉逐渐变小,慢慢退缩至地下,泉口旋即恢复平静,就像什么也不曾发生过一样。为了完成工作,付教授暂时撤离到安全的地方,远远地观察它的喷发规律。她发现这个喷泉每次喷发的间隔约20分钟,且规律性极强,于是她利用两次喷发的间隙开展工作,掐在下一次喷发之前迅速撤离,如此反复多次,这才完成采样工作。这次调查虽然艰难，但却发现这里正在发生的热泉活动及热泉沉积物中富集金、锂、铍、钼等的矿物，证明现代热泉具有成矿能力。

所有的温泉都与地质构造关系密切，茶洛也不例外。横断山作为"年轻的隆起高原"的一部分，新构造带给这里的抬升作用就从来没有停息过。受这种抬升作用的影响，河流的下切速度十分迅速。深切河谷的谷底深度达到2000米以上，这些河谷大多数是继承老的断裂而发育起来的新断裂，常常成为温泉出露的重要场所。茶洛热气泉所在的措普沟就是一条受北东向断裂控制的峡谷，热气泉沿北东向延伸的热坑断层展布，这条断裂带至今仍十分活跃。断层与另一条北西向的断层在热坑一带交会。正是这两条断层交汇形成的裂隙为地球向大气圈放散其内部的热能提供了通道，热气泉便是地球在其表面打开的一个窗口。

茶洛热气泉群景观沿河谷两岸分布，在长约1.5千米，宽约300米的范围内，集中了150余个气泉和热喷泉口，绝大部分是大于60℃的高温热泉，以及高于当地沸点85℃的过热水泉和蒸汽泉，另有大量间歇喷泉、沸喷泉、沸泉、间隙沸喷泉、温—热泉、冒气地面、放热地面、沸泥塘、热水沼泽等，可以说几乎包括了世界上所有的热泉类型。其热水活动之强烈、热泉类型之齐全、形态之多样、泉眼数量之众多、分布之集中、温度之高在我国实属罕见。尤其难得的是，茶洛热气泉群具有较高的观赏性，整个山谷中白雾弥漫，热气蒸腾，高度可达数米的白色汽柱与蓝天雪峰交相辉映。喷气、喷水、水爆之声如雷鸣鼓响，此起彼伏，非常壮观。每当阳光初照，水雾与蒸汽之间彩虹飞渡，如梦如幻。清晨或黄昏，放牧的藏族同胞赶着牛羊而来，跨上汽雾中缥缈的伸臂桥，如入诸神所在的瑶池仙境。

巴塘措普沟茶洛温泉。附近的百姓最惬意便是到这里来泡温泉，它们拖家带口，带上糌粑、茶和牛粪，在河谷的泉华台地支起帐篷，喝茶、聊天、泡澡，短暂而轻松的时刻，温泉成了一日辛劳最好的慰藉。摄影 / 曹铁

奇特的高温间歇喷泉

在茶洛类型多样的气热泉群中，尤以间歇喷泉最为壮观。间歇喷泉是指能够间断地把汽、水柱射向空中的泉水活动。间歇喷泉的出现，一方面需要在地下一定深度上存在强大的热源，另一方面还要在接近地表的地方具有巧妙而隐蔽的空间结构，其形成条件十分苛刻，且极易因环境变化而消失，因而是十分难得的自然奇观。世界上只有美国西部、新西兰的北岛、俄罗斯的堪察加半岛和冰岛等少数地区拥有间歇喷泉。茶洛是我国大陆上迄今所发现的第5个，同时也是除西藏以外唯一的间歇喷泉区。这里共有间歇喷泉4个，

这4个间歇喷泉集中出露于麻曲河北岸谷坡。最大的间歇泉是位于西端的擦巴丹。擦巴丹藏语意为平台上喷热水，而它的确出露于一个泉华台地。此处的泉华为硅华台地，一侧背倚陡崖，另一侧高出河床51米，这是活动强烈的高温水热区才能形成的独特泉华。擦巴丹主喷口位于台地东侧，主喷口的西侧和东侧还各有一个副喷孔。每当临近大喷发时，主喷口和副喷口开始溢水，然后同时激喷。激喷具有脉动性质，热水最大喷高达4.5米，一般2~3米，气柱高达20~30米，激喷的持续时间15~20分钟，一般每隔2~3小时喷发一次，一天可以喷发8次。激喷时泉口温度达88.5℃，热水流量每秒4升，蒸汽流量更是达到每秒622升。其实，就算是激喷之后的间歇期这里也并不完全安静，喷口始终咕咕作响，如地下有千军万马驰过，令人闻之生畏。

除擦巴丹间歇泉而外，其余3处喷势相对较小，称为"老实泉"，但它们喷发活动频繁，规律性强。如浑水间歇泉无定形的泉口，热水从坡积物上的蜂窝状小孔喷出，喷出的热水浑浊，并常带出蚕豆大小石块。另有一泉每隔30分钟喷一次，在干涸的泉眼里，泉水慢慢聚集，当充满整个泉眼时，突然把水晶般的泉珠洒向空中，持续5分钟，喷射高度1~2米，气柱高达10米。除此而外还有一对喷口脉动式沸喷泉，每分钟喷射达200余次，十分奇特。

除间歇喷泉而外，茶洛热坑还有一种更为激烈的水热活动现象，这就是水热爆炸。水热爆炸是一种强烈的热水活动，一般是地下水迅速膨胀汽化，在地震、大气压力突变等外力触发条件下，在热水泉口或塘口突然发生爆炸。爆炸时水汽夹杂泥沙石块一起飞出。水热爆炸活动十分猛烈，普遍认为只有浅部存在过热的地下热水或蒸汽以及超压现象,这种活动才有可能发生,它的出现往往意味着一百米以浅的热水温度不低于200℃。1989年4月,巴塘曾发生群震型强震,震前的3月23日泉口便发生强烈水爆,泉水、泥浆冲出数米高。

茶洛气热泉群水温普遍超过此地的沸点,沸泉是较为常见的一种水热活动,它们分布河床、台阶、平台或陡坡钙华台地上。沸泉水或沿裂隙涌出,或由泉华溶孔中喷涌,泉口热水沸腾翻滚,热气灼人。

茶洛气热泉分布在河流两侧,远远看去气雾缭绕,恍若仙境。摄影/曹铁

两个僧人走在汽雾缭绕的气热泉区。摄影 / 曹铁

    除了热泉而外,茶洛还有很多独特的水热活动现象。如只冒蒸汽不出水的冒气孔,地暖一样的放热地面,以及沸泥塘和热水沼泽。据研究,热坑温泉在地下热储的温度多介于202℃～248.4℃,属高温水热系流。几年前,曾有一支钻井施工队在距此十余千米的章德坝子钻探作业,当钻至200米时不慎引发井喷事件,超过200℃的沸水、蒸汽从井口喷涌而出,将一名施工人员烫伤。

    作为世界罕见的茶洛气热泉群,它科学价值和利用价值还远远没有得到足够的重视。几年前甚至有人想在上面开挖修建一条矿山公路。到那时,便不仅仅是车流滚滚,烟尘蔽日破坏环境这么简单。这种特殊水热活动的形成需要极其复杂的构造条件、水文条件,甚至可以说是由无数极其苛刻因素偶然"凑巧"才形成的奇观。任何人为的改变和扰动，都可能改变这种条件而导致景观消失，万劫不复。

雪山温泉

穿过热坑温泉区，沿麻曲河继续往前，地形开始变得窄束。以冷杉、云杉为主的原始亚高山针叶林遮天蔽日。穿过森林密布的峡谷，视野豁然开朗，宽阔的章德草原出现在眼前。它是由青藏高原隆升所形成的山间盆地。四周群山环抱，阿冬纳、玛吉玛、吉日嘎尼伽、夏塞、扎金甲博等海拔均在5500米以上。这些冰雪作用所塑造出来的群山，峰如剑，脊如刃，或顶冠冰雪，或峥嵘嵯峨。粗粝尖锐，豪放大气的雪山环抱于之中，宽约1.5千米，长8千米的章德盆地苍茫辽阔，形成一个相对封闭的空间，同时也构成一个相对独立的高原生态系统。这里，河曲蜿蜒，水草丰美，天鹅和黑颈鹤亦在此栖息。

盆地西侧的仓喀河滩旁，便是措普沟的另一个沸泉群。沸泉出露于章柯与章德二谷地交会处的一个孤立小丘上，海拔4086米，热泉硫磺味浓烈，虽远可闻。小丘南北长150米，东西宽100米，顶部高出谷地8～10米，上有泉口17处，间距5～8米。沸泉的水温84℃～94℃不等，均超过这里的沸点，因此每个泉眼都热气袅袅，喷珠溅玉，如一锅锅冒着热气的麻辣烫。由于泉水微咸，牲畜、野生动物均常来此饮水或舔食附的岩土。泉群的四周形成乳白色的泉华沉积，面积约1平方千米。泉华是水热活动系统在地表的化学沉淀物堆积，也是一种最为普遍的一种地热显示类型，常见的泉华包括钙华、硅华、硫华、盐华等。此处的泉华主要为硅华台地，是高温热泉才能形成的独特泉华。

　　章德草原的北隅，与雪峰相辉映的是被誉为"康巴第一圣湖"的措普湖，它像一颗硕大的蓝宝石镶嵌在雪山下的草原和森林中。措普湖是冰川挟带的砂砾壅堵河道所形成的冰川堰塞湖，在湖的南端至今还可以看到冰川作用所形成的四道弧形的堤坝。湖畔分布着大片针叶林为主的原始森林，独特的水热环境让这里的森林线超过4200米，成为另一个奇观。深山之中的静湖，生长着许多高原冷水鱼，当您站在湖边发出"呜呜"之声，或将放有食物的手放于水中，成群结队的高原裸鲤和细鳞花鱼，就会蜂拥而至，在你指间嬉戏争食，奇妙无比。

章德坝子温泉。摄影 / 刘乾坤

横断山，遍地温泉

　　我对横断山温泉的了解源于二十年前在这个区域从事地质调查。由于工作性质和需要，调查组需要在大山中频繁地转移营地。在选择营地搭建帐篷时，我们往往会通过地质图，在断裂活动频繁的沟谷中寻找温泉的出露点，在温泉边安营扎寨。这样的好处显而易见。首先是因为这些温泉出露地方往往是地质现象复杂而多样的区域，常能给我们带来科学发现的意外惊喜；其次这些温泉一般出现在沟谷底部靠近河流的地方，便于我们生活取水。但更重要的当然还是为了享受，一天野外考察的辛劳之后，在滑润的温泉水里中泡上一会儿，那是何等的惬意和解乏。

　　而实际上，横断山也很少令我们失望，大数时候我们都能如愿以偿地寻找到我们的"温泉别墅"。这是因为横断山本身就是一个温泉富集的区域。印度板块和亚欧板块的碰撞不仅引起了喜马拉雅山脉的隆升，还形成了一条长达 2000 千米的现代热泉最活跃的地热异常带、高温地热活动带，这就是当今世界上最令人瞩目的喜马拉雅地热活动带。横断山便位于这条地热活动带的最东端。横断山有许多活断层，沿着这些断层喷过岩浆、发生过地震，也喷溢出无数热泉。20 世纪七八十年代，中国科学院青藏高原综合科考队地热专题组曾经历时十余年对横断山及邻区进行系统科学考察，研究结果表明，横断山水热活动区温泉总数占全国的 34.4%，呈现频率达每 1 千平方千米 1.89 个，远高于全国每 1 千平方千米 0.31 个。更重要的是横断山还拥有 27 处高温沸泉，占全国的 36.5%。横断山既是我国温泉密集区，也是除西藏以外的高温水热活动密集区。

由于职业原因，我们习惯将各种类型的图件叠加在一起，如将温泉分布图与大地构造图、岩浆岩分布图、地震活动图重叠，以期寻找之间的内在联系和规律。当我们把这些图叠加在一起时，发现构造对水热活动的控制作用十分明显，水热活动区沿断裂呈带状分布。如巴塘的茶洛热坑气热泉群便与德格—乡城主干断裂带有关。沿着这条断裂带及其支系断裂，密集分布着众多的高温温泉和沸泉，据不完全统计仅巴塘县境内，除热坑和章柯沸泉群而外，还有6处水温超过60℃的高温热泉、沸泉。

　　许多温泉不仅构造有关，而且与岩浆活动有关，大多温泉均分布于花岗岩体的周围，这些花岗岩形成于大约2亿年前的中生代，它们为温泉提供了稳定的热源，如茶洛气热泉群便位于若洛隆花岗

圣浴，巴塘措普沟。
摄影 / 曹铁

岩体的周围。

当我们将温泉分布图与水系图叠合时，又发现水热活动主要沿河谷分布，这是因为横断山发育的河流多受构造控制，与断层走向一致，构造条件和地形条件一致形成温泉出露的优越条件。河流是当地切割最深最低的侵蚀面，也是地下热水隔热盖层最薄、地下热水最低、最易外泄的出口，所以很大部分温泉都在河谷地区出露。

而温泉与地震的关系就更加密切了。地热与地震都是地壳运动的产物，同样也都是地球内部能量释放的重要形式，地热异常带（或区）与地震活动带（或区）在地理分布上具有明显的依存关系。而新构造活动强烈的区域，往往也是大地热流值较高区域，也就是温泉集中出露的区域。而构造相对稳定的区域，也是大地热流值较低区域，鲜有温泉分布。不仅如此，一些大地震前后，陆续记录到温泉的变化，地热监测在地震预报中占据着举足轻重的地位，可以说是地震预测预报的重要手段。巴塘一带地震活动频繁，这些地震活动的前后，都往往引起茶洛气热泉的变化。如1989年的巴塘地震，自4月16日至11月6日短短数月间，发生1级以上的地震总计21609次。其中，6级以上者达

章德坝子及措普湖。摄影/姚逸飞

4 次，5 ~ 5.9 级 7 次，4 ~ 4.9 级 63 次，频度之高，实属罕见。该期地震便引发了区内的温泉、水泉普遍升温 3℃以上，而在这次地震发生前的 3 月 23 日，茶洛气热泉便发生强烈水爆。

措普沟处于雪山环绕之中的峡谷，它的南面、北面和东面皆为超过 5500 米的雪山，河谷谷底的海拔为 3500 米，极短的直线距离便带给这里超过 2000 米的高差。峡谷的深邃造成这里围闭，俨然不知凡尘的世外桃源。无论是从高山牧场转场下来，还是忙碌的春耕秋收之余，附近的百姓最惬意便是到这里来泡温泉。它们拖家带口，带上糌粑、茶和牛粪，在河谷的泉华台地支起帐篷，喝茶、聊天、泡澡，短暂而轻松的时刻，温泉成了一日辛劳最好的慰藉。

森林环绕的措普湖及措普寺。摄影 / 姚逸飞

而天、神、人与动物的和谐世界便隐藏在不远处措普寺。寺中珍藏有一本 1931 年 7 月出版的美国《国家地理杂志》（*The National Geographic Magazine*），书中刊登了美国植物学家、探险家约瑟夫·洛克（Joseph F. Rock）在 1928 年前后在稻城贡嘎岭地区（亚丁）的科考经历。这本珍贵的杂志来源于何人，何时留在这里，已经没有人知道。措普寺背后的高山和森林中，生活着数量众多的野生岩羊。每一个黄昏，这些野生岩羊都会来到寺庙旁边的树林和草地，悠闲地吃草，并愉快地接受寺庙僧人的加餐。在香格里拉文化地图中，措普沟是重要的一环。在莲花般的雪山环峙之中，这里静谧而安详。它像一个自然圣境，神、人、动物和谐地共存于同一片土地，而热泉是大自然给予这里的特殊馈赠！

鲜水河断裂带：
优美而危险的诗意栖居

> 在四川西部，有一条鲜水河断裂带，自 1700 年以来，沿该断裂带发生震级 Ms ≥ 6 级的地震 15 次，其中，震级 Ms ≥ 7 级的 4 次，最近一次为 1973 年 2 月 6 日，发生的 7.9 级炉霍大地震。历次地震给断裂带沿线的人们带来巨大的损失和刻骨的记忆，甚至改变了人们的生产生活方式，形成独特的地震文化。由于这里地处青藏高原腹地，地表流水侵蚀作用和人类活动影响都很微弱，多期次地震在震区形成了的断裂、断陷等地震遗迹被完整地得以保存，成为国内外最好的地震断裂带遗迹现场博物馆之一。

鲜水河，不仅是一条河，还是一条危险的活动断裂带

鲜水河，雅砻江左岸支流，古称鲜水、州江。鲜水河有东西两源，东源称泥曲（泥柯河），源于青海省达日县巴颜喀拉山南麓。西源为达曲，发源于石渠县北。泥、达二曲在炉霍汇合后称鲜水河。鲜水河自炉霍逶迤东南流至道孚县然后南折进入峡谷区，最终于雅江县两河口汇入雅砻江。

鲜水河在断层形成的盆地中蜿蜒前行。摄影 / 李忠东

鲜水河有很长一段与川藏公路北线相随，很多到过西藏的游客都曾经见过它，或者与它相伴而行。在构成长江上游多如蛛网的水系中，鲜水河其实并不大为人所知，但在地质学界，这个名字却如雷贯耳，因为有一条极其活跃而危险的断裂带便以它命名。

打开四川省的构造纲要图，有三根粗线条的构造线十分醒目，它们呈 Y 字形将整个四川的大地构造分为三个地块，即川滇菱形块体、川青块体和四川块体。这三条粗线条就是鲜水河断裂带、龙门山断裂带和安宁河断裂带，它们成为三大块体之间的分界线，因此这三条断裂带也是最活跃、最强烈，因此也是最危险的断裂带。

进入 21 世纪之后，巴颜喀拉块体的东边界龙门山断裂带上相继发生了 2008 年汶川 8.0 级和 2013 年芦山 7.0 级大地震，南边界带西段玉树—甘孜断裂带上发生了 2010 年玉树 7.1 大地震，2017 年巴颜喀拉块体东北边界的另一条岷山断裂带也发生九寨沟 7.0 级大地震。历史上并不安分的鲜水河断裂带会不会发生更大地震，再次成为社会关注的焦点。这条危险的断裂带，最近一次地震是 2014 年发生于东段的康定 6.3 级地震和 2022 年 9 月 5 日发生于东段的泸定 6.8 级地震。

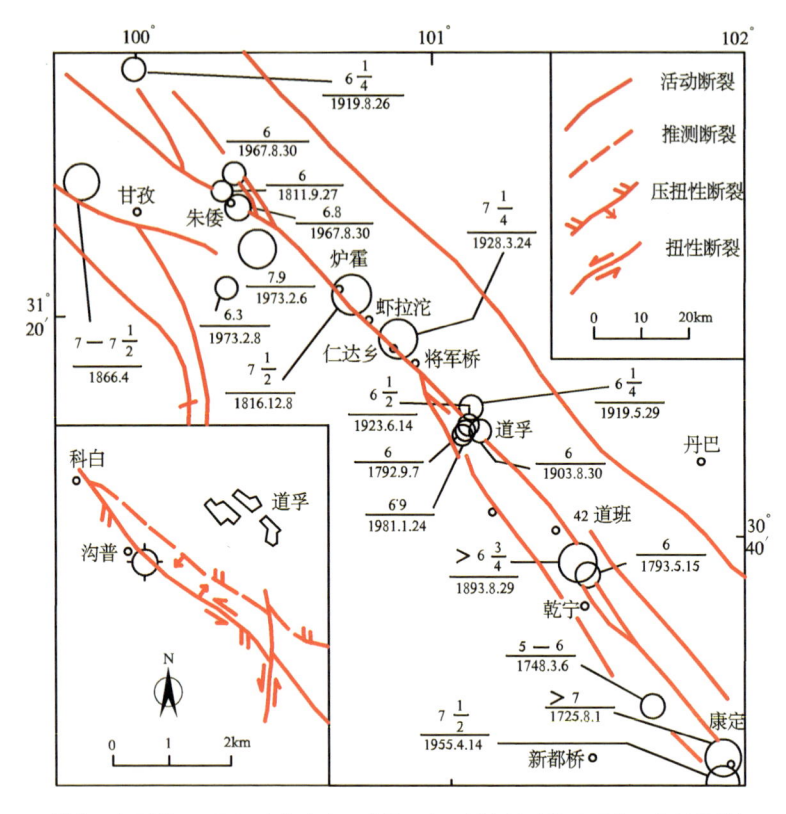

鲜水河断裂带及强震震中分布略图（此图由四川省地球物理调查研究所提供）

通常所说的鲜水河断裂带主要是指北起甘孜东谷附近，大体呈北西—南东向展布，经炉霍、道孚、乾宁（八美）、康定延伸至泸定的磨西以南的部分，全长约 350 千米。这条断裂形成于 2 亿前的三叠系晚期，自产生人类的更新世（距今 250 万年）开始日趋活跃，有人类记录以来，鲜水河断裂进入地震高发期。最令人刻骨铭心的是发生于 1973 年 2 月 6 日的 7.6 级的炉霍大地震，顷刻间 15700 幢

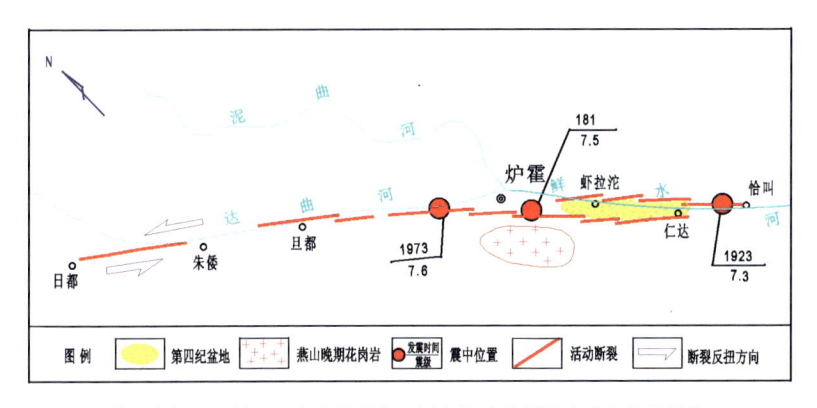

炉霍断裂带展布与强震关系示意（此图由四川省地球物理调查研究所提供）

房屋倒塌，2175人失去生命。这次大地震几乎影响了全球，在震区造成了长达90千米的地表地震断裂带，这些地震遗迹至今仍完好地保存在鲜水河两岸的谷岭之间。

而就是50年前的1923年3月24日，几乎在同一个地方，还发生过的一次7.3级大地震。不仅如此，自有地震记载的公元1725年以来，在鲜水河断裂带沿线共发生大于5.0级地震48次，其中6.0～6.9级为17次，大于7.0级为9次，最大震级为1786年康定7.8级。

在地震分布图上，我们往往用圆圈来标注曾经发生过地震的震中位置。圆圈的大小与发生地震的震级有关，震级越大，圆圈越大。在鲜水河断裂带地震分布图上，我们发现大大小小的圆圈密密麻麻，有些圈彼此相连，甚至相互重叠。这表明，历史上这条断裂带极其活跃，不但地震频发，而且往往在一个点上多次重复发生地震。

这一现象引起了专家们的极大兴趣。有专家专门针对整个鲜水河断裂带特定震级的复发间隔进行研究，他们发现仅仅是炉霍县境

1973年炉霍大地震造成的地表破裂现象。（图片由四川省地球物理调查研究所提供）

内，自1816年虾拉沱发生地震后到1973年的157年间，发生7.5级以上地震两次，复发周期为78.5年。如加上1967年朱倭发生的6.8级地震，复发周期则更近。如再加上1811年和1904年发生的6级地震，6级以上地震的平均复发周期则为32.2年。

再把鲜水河断裂北段的三次X度地震区描绘在同一比例尺的平面图上，我们会惊奇地发现1923年、1973年两次大地震极震区正好同1816年炉霍大地震的极震区重复、叠置在一起。因此有专家甚至认为，鲜水河断裂带打破地质力学和地震学中认为X度地震不会在原地重复和一次6.75级地震后，短时间内不会在原震区或边缘地区发生7至8级地震的传统理论。

断陷盆地，地震造就的美丽家园

2016年9月底，我驱车从丹巴县的党岭乡翻越大雪山脉北段，然后再穿过玉科草原进入道孚盆地，之后一路溯鲜水河而上。刚刚摆脱大雪山脉的崎岖高冷和玉科草原土路的泥泞，鲜水河河谷的平阔，让人心臆随之舒展，十分惬意。放松之后，我留意观察了一下沿途的地貌。从道孚县城至炉霍县城，然后溯达曲到达此行的目的地罗锅梁子下的卡萨湖，沿途的地形就像是一截一截的香肠，一段峡谷之后必定是一个开阔的平坝，然后又是一段峡谷和另一个平坝，沿河谷分布的平坝像一个个珍珠，被鲜水河串在一起。

其实，这些像珍珠的一个个平坝都是历次鲜水河断裂活动所留下的断陷盆地。断陷盆地，又称地堑盆地，是断裂活动中的沉降部分，大多呈狭长条状，两侧受断层线控制，边缘经常可以看到三角形的断层崖。由于鲜水河断裂带具有左旋走滑性质，断裂带水平运动时会在垂直方向产生扭曲变形，从而形成一系列的新隆起和小型断陷，在隆起区，河流深切，形成峡谷地貌，隆起之间则形成盆地，峡谷与盆地相间出现。

随着时间的推移，盆地中会充填从两侧山体剥蚀下来的沉积物，形成平阔的平原或积水形成湖泊。我国的四大盆地其实都是断陷盆地，而许多著名湖泊如滇池、泸沽湖、青海湖等都是断陷形成的湖泊，就连是世界第一深湖、亚欧大陆最大的淡水湖——贝加尔湖也是断陷湖。

沿鲜水河断裂带呈串珠状展布的断陷盆地，由南向北，依次为乾宁盆地、龙灯坝盆地、道孚盆地、虾拉沱盆地、炉霍盆地、旦都

炉霍断裂带形成的断陷盆地。摄影/刘乾坤

盆地和朱倭盆地。流水带来的泥沙以冲积、湖积、洪积形式淤积在地震制造出的广袤空间,堆积厚度甚至达到数百米。群山环绕的盆地最终成为高原最为丰腴肥沃的聚宝盆。这些盆地沉积物是上天赐予的最好礼物,在其他平均海拔超过 3500 米的地方,早已超出了农业生产的极限高度。但在鲜水河的谷地,却水草丰美、阡陌纵横、村舍俨然,到处飘荡着田园牧歌,孕育出独特的高原农耕文化。仅炉霍县境内,就有超过 10 万亩耕地,农业区人均占地近 6 亩。除种植适合高海拔的青稞而外,小麦、豌豆、胡豆、马铃薯等主要农作物和萝卜、卷心白、葱、蒜、大白菜及南瓜、玉米等也间有收获。至今,这里仍是青藏高原的粮仓,被列为全国青稞商品粮基地之一。

也许正是得益于这些丰饶的盆地,鲜水河河谷很早便有人类活动。早在 20 世纪 30 年代,就有外国专家在鲜水河岸采集到旧石器时期的石器。1983年,中国科学院组织的青藏高原科考队在炉霍卡娘乡境内发现了5万年前的古人类下颚骨化石,之后又有考古专家陆续在宜木乡的虾拉沱等地发现古人类化石。可以说,鲜水河是康巴地区最早有人类活动的地区之一,堪称"康巴远古文明的摇篮。而据说,春秋战国时代,习惯于农耕生活的古羌人战败之后,一路南徙而来,到此之后便停止了脚步。他们以此为根据地,与土著人相融后,形成了"牦牛羌"部族,并且开始利用这里肥沃的土地,开展农耕生产,大规模种植青稞等农作物。从此,鲜水河两岸便麦浪荡漾,花果飘香。从鲜水河沿线陆续发现的数以千计的石棺墓葬似乎也证明了这一点。这石棺分布在鲜水河流域百余千米的河岸台地,时间上从新石器时代到春秋战国,至秦汉到达鼎盛,直到隋唐进入尾声,跨越数千年。

正是因为物产丰富,1936年红四方面军进入甘孜州时,经过权衡,最终将总部设在炉霍县,并且在这里留驻休整达半年之久。在此期间,炉霍人民为红军筹集了近800万斤粮食,4万多头(匹、只)牲畜,上千万斤柴草,万余斤食盐,2000多斤酥油,百余驮茶叶和1万多块藏洋,以及大量的牛羊毛及其制品。这为红四方面军和红二、六军团胜利会师及其之后的挥师北上、翻越草地供了物资保障。

正是因为有丰腴的盆地、鲜水河的滋润,居住在断裂带的人们才能在经历了多次大地震的毁灭性打击之后,还能迅速从恢复生产、重建家园,一次又一次地浴火重生。

在鲜水河呈串珠状的断陷盆地中,唯一汇水成湖的是位于罗锅梁子之下的卡萨湖。卡萨湖夹峙在两山之间,呈北西至南东方向展布,展布方向与鲜水河断裂带的方向完全一致。湖的东西两侧,湖线平

卡萨湖为地震形成的断陷湖，湖畔出土了我国已知规模最大的战国石棺墓葬群。摄影 / 李忠东

直，呈现出断陷湖盆的特点。卡萨湖海拔 3510 米，整个湖区面积约 1.92 平方千米，水面面积约 1.35 平方千米，水深约 10 米，湖畔的沼泽面积有 0.35 平方千米。实际上，卡萨湖所在断陷盆地远比湖泊面积要大得多，盆地形态如豆荚，南北长约 4 千米，东西宽约 1 千米，盆地的中央汇水成湖，南北两侧土地平阔，成为人类最好的栖息地，湖北的沼泽地里出土的我国已知规模最大的战国石棺墓葬群，似乎也证明这里富庶由来已久。

卡萨湖是川藏线上不怎么起眼的小湖。湖面一半沼泽，一半湖水，绿草与野花，天色与湖色交织在一起。而到了秋天，站在湖东的山坡望过去，盆地的各种色彩交织混染，制造出斑斓而绚烂的色彩视觉，像是进入了莫奈的世界。

地裂缝，地震留给大地的伤疤

沿着鲜水河河谷前行，河谷两侧馒头状的山脉起起伏伏，波澜不惊。这是进入高原腹地之后典型的山原丘状地貌。在圆滑的丘状山体上，我注意到有许多沟壑深深浅浅、扭扭曲曲、纵横交错。车窗外一晃而过的山体，就像一张张布满皱纹、饱经风霜的脸。这些沟壑，深浅不定、长短不一，粗看好像是流水侵蚀形成的冲沟。但仔细观察，这些沟壑大多分布大山体的脊坡，宽度几乎相等，明显与流水侵蚀形成的细沟、切沟不同，更像是斧子随心所欲所劈。

这些看起来像沟壑的裂隙，就是鲜水河历次地震形成的地震裂缝。

以惠远寺为界，可将鲜水河断裂带划分为北西和南东段，北西段主要由炉霍断裂、道孚断裂和乾宁断裂构成，其明显要比南东段

河谷两侧的丘状山体上，有许多深深浅浅、纵横交错的裂缝，就像一张张布满皱纹、饱经风霜的脸。它们是地震形成的地裂缝。摄影 / 刘乾坤

更为活跃。据资料，北西段每年以 10～20 毫米的速度发生移动，受此影响在鲜水河断裂带发生的 9 次 7 级以上地震中，北西段占了 6 次。而其中尤其以炉霍断裂带最为活跃。我们经过的地方，恰好是鲜水河断裂带的北西段，历次的活动在地貌上留下非常醒目的痕迹。在航片上，它就像留在大地上的一条伤疤，又平又直延绵数十千米。由于这里地处青藏高原腹地，地表流水侵蚀作用和人类活动影响都很微弱，多期次地震在震区形成的遗迹被完整地得以保存十分完好，使这里成为国内外最好的地震断裂带遗迹现场博物馆之一。

早在 20 世纪二三十年代，这些纵横交错的裂缝就引起了博物学家、打箭炉（康定）牧师 J. H. Edgar（中文名叶长青）的兴趣。1923 年 3 月 24 日发生 7.5 级地震后，叶长青翻越折多山，沿着鲜水河断裂带进入地震区，追踪地震破裂带。1930 年，美国地质学家阿诺德·赫姆（Arnold Heim）与叶长青再次进入鲜水河地震带开展调查，在其《道孚地震区》一文中他写道："该地裂缝带长约 85 千米，仍

阿诺德·赫姆所绘的炉霍地裂缝素描图（c 由次近代裂缝发展而来的纵向峡谷；d 由次近代裂缝生成的横向峡谷；r 河流从远处左侧流过。水平线表示人造平台地）

然沿炉霍断裂展布。按时代先后，地震地裂缝带可分为：近代的——包括过去四五十年来所产生的破裂；次近代的——包括后期侵蚀下明显加宽的地裂缝，时代可能始于晚第四纪；古代的——包括那些完全是侵蚀成因的表面效应，地震成因是由其他证据推断的地裂缝。"阿诺德·赫姆的考察成果在《美国地质学会会报》得以发表，这是首次从地震地质的角度对鲜水河断裂带进行的研究，从而使鲜水河成为我国地震地质研究最早的地区之一。

地裂缝是在地震作用下，地表的岩体或土体产生开裂，并在地面形成一定宽度和长度的裂隙。在鲜水河两岸的山坡上，多期次地震所遗留下来的地裂缝穿山越岭，纵横交错，它们不仅发育在松散堆积物中，甚至坚硬的岩层和山体也被拉开。这些地裂缝或呈X形、Y形、S形、锯齿形、反"多"字形、不规则状，历历在目，蔚为大观。

除地裂缝以外，鲜水河断裂带对地貌的改造十分明显。断层两侧的山脊、水系、冲沟、第四纪堆积物几乎都受到扭错。在河谷两侧，我们经常可以看到多条支流水系出现同方向、同角度的统一弯曲，有些水系甚至扭成肘状弯曲。频繁而强烈的地震活动，还在鲜水河两岸，形成复杂多样、相互重叠的地震遗迹。如地震沟、断头沟、断尾沟、断塞坑、地震鼓包、地震滑坡、地震塌陷等，它们记录了鲜水河断裂带的每一次颤动，是历次地震留在大地上的珍贵档案。

崩柯，因地震而兴的美丽建筑

几年前我在从事炉霍地震遗迹调查课题时经常查阅炉霍县志。在县志中，我发现有关县城变迁十分耐人寻味。新修的炉霍县志记载，新中国成立前，炉霍旧县城设在现新县城南面的半山坡上（老街），相距新城五千米，旧县城原为章谷土司之官寨。

清嘉庆二十年（1815），土司官寨修筑在寿灵寺的地基上，而寿灵寺则在旧县城遗址。次年炉霍发生大地震，县城震毁，官寨土司则与寿灵寺商妥易地修建，自此旧县城建在土司官寨遗址。

民国十二年（1923）炉霍又发生大地震，土司官寨遭毁灭及火灾，官寨又重建。直到民国十三年（1924），炉霍县知事修建公署坐落于土司官寨东端，即为县城。后一直为旧县府驻地直到解放被人民政府接管。

这些略显零乱的信息表明，土司官寨、县城、寿灵寺都是在地震中，毁了又建，建了又毁，而且几乎无论搬到哪里都免不了震毁再重建的结局。鲜水河断裂带除了带给这里平阔的盆地、丰饶的土地、富庶的物产，也常常带给人们麻烦，有时候我们需要付出的高昂的代价，甚至是家毁人亡。

在长期与地震打交道的过程中，居住在鲜水河断裂带上的人们慢慢也有自己的心得。既然无法逃避，那就在防震减灾上学会思考，比如改善居住的房屋结构。

梁思成先生在《中国建筑史》开篇序言中说，"建筑之始，产生于实际需要，受制于自然物理，非着意创制形式，更无所谓派别。其结构之系统，及形式之派别，乃其材料环境所形成……"纵观康巴地区的藏式民居，大多为乱石垒砌或土筑而成，唯沿鲜水河谷，大量采用全木结构或木石结构，因为他们发现木结构的房屋远比土石结构更加抗震。这也许就是"乃其材料环境所形成"的独特结构，是顺应自然物理的智慧选择。经过一次一次的改进，沿鲜水河断裂带,最终逐渐形成一种非常特别的防震建筑——"崩柯"。

"崩柯"在藏语中意为"木头围起来的房子"。这种建筑又称"箱式建筑",是一种框架式木结构建筑,它们一般为二层或三层,底层关牲畜,二层人居。这种建筑内部结构全部是由木材穿插组合拼接起来的,这种结构就是"崩柯"的核心内涵,建筑学称之为"井干式",它是以粗壮的圆木作为立柱,柱子上顶着大梁,大梁在顶,椽子木作为基本骨架来展开空间的分割和构成。基本的骨架构建之后,把精选过的圆木从中间切割开来,刨平的光滑的一面向内,圆凸的一面向外依次横向竖排作为墙壁。如果房屋的四面都是以半圆

"崩柯"建筑的防震效果在多次地震中得以验证。摄影/李忠东

木作为墙壁的单层结构,通常称其为"单纯式崩柯",如果有两面或三面半圆木作墙而有两面或一面是石砌墙或土夯墙的单层平房结构则为"复杂式崩柯"。

此外房屋最外一圈的柱子之间,都要用"欠"相连,最下面的是地欠,中间的是腰欠,最上面的是天欠。欠条嵌进柱头后,还要在柱头上打进一根长20多厘米的栓子,把欠条栓死,从而将整体建筑连成一体。最大程度上保证它"小震不坏,大震不倒"。

"崩柯"建筑的防震效果在多次地震中得以验证。2011年4月10日,炉霍发生5.3级地震后,四川省建筑科学研究院和四川省建设工程质量安全监督总站对震区的具有藏式风格的藏族人自建房进行了建筑工程震害调查。经调查,"未发现木结构承重房屋倒塌的现象,较为正规的木结构承重房屋从底层伸至2层的木柱在楼、屋

炉霍民居,村寨上方纵横交错的山体是地震形成的地裂缝。摄影/李忠东

盖处与梁间均采用榫卯连接，连接较可靠，木墙体均采用圆木对剖接而成，木围护墙及木隔墙纵横墙交接处采用榫卯连接，连接较可靠，这些做法使木结构部分的整体性和抗震性能均良好"。在此次地震中，木结构的崩柯完好无损，而非木结构的土石围墙则大量出现裂缝、斜歪、垮塌等震害。

由于全木结构需要大量木材，成本很高，且不环保。近年来采用石砌墙、夯土墙作为底层，以全木材作为上层的两层平顶楼房的"崩柯"成为主流。这种建筑在遭遇8度地震时，底层围护墙可能垮塌，但整个建筑不会发生倾覆，最大程度上保证人员的安全，况且底层围护墙较为低矮，且底层主要关牲畜，围护墙即便垮塌也很难对人造成伤害。

也许正是因为家园来之不易，居住在鲜水河断裂带的人们似乎更加珍惜生命，热爱生活。这些看起来好像专门为防震而设计的建筑，其外部和内部的装饰都非常精美，甚至称得上豪华，成为康巴藏区民居的奇葩。尤其是在内部装饰上，他们利用木材便于着色和雕刻的特点，将家居建造成为雕、塑、绘的民间艺术殿堂，再加上地上色彩鲜艳的地毯，墙上图案精美的挂毯等，营造出华丽、典雅、富丽堂皇的效果，被人们称为"散落人间的仙境皇宫"。

玉石之峰与黄河曲流

> 黄河流经四川,有两个地方令人印象深刻,一个就是它与长江的分水岭巴颜喀拉山脉最东段的莲宝叶则,一个就是它留在若尔盖草原的曲流。

青藏高原东北部,是一个众山交会之地,昆仑山脉、巴颜喀拉山脉由西北向东南逶迤而来,秦岭亦由东向西延伸于此,岷山、邛崃山脉、阿尼玛卿山和西倾山也从不同方向合围过来。众山环绕的地方,正是若尔盖大草原。

若尔盖是青藏高原隆升中形成的一个断陷盆地,纵横数百千米,海拔 3500 米以上,面积达 5 万平方千米。其地势辽阔,山脉如丘,天地高远,长江与黄河的上游在此交织缠绕,河道迂回摆荡,水流滞缓,汊河、曲流横生,形成大片沼泽。沼泽中水草盘根错节,结络而成大片草甸,发育出最美的高寒湿地景观。若尔盖湿地,中国三大湿地之一,也是世界面积最大,保存最完好的高原泥炭沼泽湿地。

发源于青藏高原巴颜喀拉山脉北麓约古宗列盆地的黄河,穿过三江源之后沿巴颜喀拉山脉和阿尼玛卿山之间的谷地向东南奔流。

然而，它浩浩荡荡，一路东流的进程，在突然闯入若尔盖盆地后，由于东部邛崃山脉和岷山的抬升更为剧烈，黄河之水再难东流，被迫 360 度的转向，扭头向来时的方向，沿着阿尼玛卿山与西倾山之间的北西向河谷，穿过青海的共和盆地，最终切开龙羊峡，重新找到东流的机会，这才走出了青藏高原。

黄河流经四川，有两个地方令人印象深刻，一个就是它与长江的分水岭巴颜喀拉山脉最东段的莲宝叶则，一个就是它留在若尔盖草原的曲流。

巴颜喀拉"玉石之峰"

构成青藏高原的系列山脉中，巴颜喀拉山脉躲在昆仑山脉、秦岭和横断山脉的阴影之中，非常低调，而且极容易被忽略。然而，巴颜喀拉山脉对青藏高原而言却有着非常特殊的意义，因为它是黄河与长江河源段的分水岭。一座雪山同时孕育出中国的两大河流，想想都充满了神奇。

巴颜喀拉山脉位于青藏高原的东部，全长 780 千米，海拔 5000 米左右，主体属于青海省，仅东部延伸至四川省阿坝藏族羌族自治州的阿坝县境内。然而，这个东部一小段却不普通，因为巴颜喀拉山脉的最高峰位于这里。巴颜喀拉山脉的主峰位于玛多县西南，海拔为 5267 米，但最高峰却是东段海拔 5369 米的年宝玉则峰，这也使得东段成为整个巴颜喀拉山脉最为精彩的华章。年宝玉则峰同时也是青海与四川的分界线，两省对这里的命名略有不同，位于青海省境内的部分称为年宝玉则，而位于四川境内的部分，称为莲宝叶则。

据说，"莲宝叶则"在藏语中意为尊严、圣洁的玉石之峰，同时它还是藏区著名的神山，且为安多地区众神山之首。在被誉为"天神后花园"的青海境内的年宝玉则景区关闭之后，它的另一侧，莲宝叶则逐渐向世人展露其原生态、玉石般的圣洁之美。

从阿坝县城出发，一路向西，前往莲宝叶则。天空乌云低垂，阴沉欲雨。我们的车行驶在阿柯河谷，河谷地形空阔，两侧低矮的丘状高原氤氲在清晨的薄雾中。不一会儿，道路开始崎岖，弯道明显增多，视野开始受到山的限制，慢慢我们便被卷入巴颜喀拉山起伏的群山之中。进入山区，天气反而开始变好，过了一会儿，居然蓝天从云中洞开。继续沿着沟谷溯流而行，很快便被群峰环抱中的一个湖泊绊住了脚。湖不大，没有风，亦没有游客，湖因此显得寂寥。但一会儿，一群研学旅行的孩子呼啦啦挤出车门，倏忽之间散落在山谷，很快又一阵风一样被车带走，湖泊即刻恢复了宁静。湖的四周是沼泽性湿地，各种野花覆盖，满山遍野。两岸裸露的花岗岩石峰、湖畔草坡的白塔皆倒映湖中，影影绰绰，犹入幻境。同行的几个人站到伸入湖中的一个半岛上拍照，红色、绿色衣服也倒映在水中，更增加了湖的寂静。

湖泊所在地是一条又长又宽的山谷，山谷的低洼地形蓄水之后形成这个美湖。而山谷则是古冰川作用所形成，谷底平坦宽阔，两侧陡峭，横断呈U字形，像滑板运动中的U形赛道。这种河谷又称冰川槽谷或冰川U形谷，是山谷冰川在运动过程中，对底部和两侧的山体和岩石进行侵蚀而形成的山谷。通常，有U形谷的地方，都意味着古冰川曾经从这里经过。

大约4000万年前，青藏高原地区发生了一件影响深远的大事

莲宝叶则冰川 U 形谷中的湖泊。摄影 / 李忠东

件。从南方大陆脱离出来的印度板块，从遥远的南方一路漂洋过海近 6000 千米而来，与亚欧大陆激情相撞，狠狠地插在亚欧板块之下。这不仅造成喜马拉雅山脉的隆起，还导致了青藏高原的整体抬升。进入距今 360 万年的第四纪之后，这一地区的隆升加速，高山地貌开始形成，并最终形成了现今海拔高度超过 5000 米的极高山地貌。与此同时，在青藏高原快速隆升的第四纪，地球也进入冰川时代，变得异常寒冷，地球表面大多数地区被冰川所覆盖。这一时期，巴颜喀拉山东段也发生多次冰川活动，冰川围绕在莲宝叶则峰，像八爪鱼一样，从山顶向四周蔓延，形成许多树枝状的山谷冰川。大约在 2 万年前，随着冰期的结束，地球温度慢慢升高，冰川逐渐后退，最终龟缩到山体顶部极小范围，也就是我们今天看到的现代冰川。

冰川时代虽然过去，但冰川运动对地貌的改造痕迹却留在了这里，形成了莲宝叶则最为壮观的古冰川地貌：角峰、冰斗、刃脊、鲸背岩、羊背石、终碛垄、侧碛垄、U形谷、冰川湖等等皆随处可见。尤其是冰川U形谷，变得温暖而湿润，灌木和草甸疯长，雪山的融水汇集成溪水，蜿蜒如蛇地从谷底流过。在莲宝叶则地区分布着二十余条这样的山谷。

　　冰川湖泊是莲宝叶则另一种观赏性极强的古冰川遗迹。在这里，我们常常看到一种悬在山顶或坡脊之上的湖泊，和另一种顺沟谷延伸的湖泊，藏族人称它们为"措"或"海子"。这两种湖泊都是冰川作用所形成的湖泊。悬在山顶或坡脊上的湖泊名为冰斗湖，是一种冰川侵蚀作用形成的湖泊，湖的形态或如圆镜，或如水滴。湖线圆润光滑，后缘峭壁三面相围，前端陡坎壁立，常有瀑布飞坠。

航拍莲宝叶则，左侧为冰川形成的宽缓河谷，右侧为花岗岩地貌及冰蚀湖。摄影／杨建

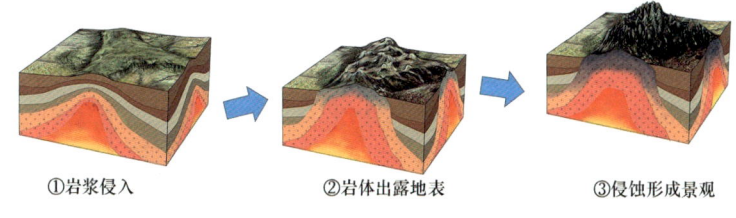

①岩浆侵入　　②岩体出露地表　　③侵蚀形成景观

花岗岩地貌形成示意图。绘图／杨金山

从空中看，冰斗湖碧莹如玉，悬浮在山谷上方。而位于沟谷中、顺沟谷延伸的湖泊，名为冰川堰塞湖，是山谷冰川在运动过程中，两侧的岩块、泥沙不断落入冰体，被冰川搬运至下游，冰川消融后退时，这些砂砾泥石停积在沟谷壅塞河道中形成的一种湖泊。

资料显示，莲宝叶则地区有大小湖泊上百个，大多数分布在青海省境内。阿坝县境内的扎尕尔措是目前唯一对游客开放的高山冰湖。扎尕尔措躲在三面山崖环绕的圈椅状古冰斗之中，需徒步2千米才能到达。

行走在架设于侧碛垄之上的木栈道，两侧花岗岩所形成的石峰峭壁吸引了我的注意。仔细观察，主要以崖墙和尖削山峰为特色。崖墙绵亘如长城，万仞之势令人望之生畏，崖墙之上山石峥嵘，寸草不生，崖墙的立面，常常被冰川磨蚀得光滑如镜，猿猱难渡。最精彩的莫过于各式各样的花岗岩山峰，山峰大多为尖削状，峰顶发育峰丛或峰林，山峰是峰丛的基座，峰丛又是峰林的基座。峰林之上，石柱林立。这些峭拔嶙峋的尖峰地貌，显然受到一组密集的垂直节理影响，是岩石沿垂直节理风化剥蚀的结果。"峰尖坡陡，棱角分明"，是莲宝叶则寒冻风化作用下形成的花岗岩地貌的显著特点。它一方面说明莲宝叶则目前仍处于快速抬升的状态，另一方面也证明高寒

嵯峨嶙峋的花岗岩尖峰地貌和连绵如城的崖墙让这里仿佛"魔界"。摄影 / 杨建

的冰融作用在景观的形成过程中起着关键作用。

大约在 1.5 亿年前，地球深处的炽热岩浆沿着通道侵入地壳，然后在距地表约 3000 米以上的地方缓慢冷却、凝固，形成莲宝叶则花岗岩山体。之后，随着强烈的地壳隆升，整个区域隆起成山。在岁月的风化剥蚀过程中，覆盖在花岗岩上面的岩石剥蚀殆尽，埋藏在地壳深处的花岗岩暴露出地表，接受流水、阳光、寒冻、重力等因素的侵蚀和塑造，最终形成我们看到的，嵯峨嶙峋的花岗岩尖峰地貌和连绵如城的崖墙。莲宝叶则峰之所以能屹立在巴颜喀拉山脉，成其最高峰，也是得益于花岗岩不易被剥蚀的坚硬岩性。

崖墙、峰丛、峰柱的组合，在沟谷的两侧形成众多出人意料的象形景观，或如佛陀端坐云端，或如将军仗剑而立，双眼所及无不神态各异，栩栩如生。这些妙趣横生的花岗岩地貌在各色杜鹃花的衬映下，更显得刚柔相济。

行至扎尕尔措的观景台，湖的对岸，一面花岗岩崖墙横空而立，黑褐色的崖壁高 700 余米，仿佛天之边界，一个大地和天空都陌生的世界。大家不约而同地想到《冰与火之歌》中的北境长城，而四周那些形如将军、骑士、侠客的象形崖石，如剧中的"守夜人"，他们是否亦如"黑暗中的利剑，长城上的守卫，抵御寒冷的烈焰，破晓时分的光线，唤醒眠者的号角，守护王国的坚盾"？

返程的路上，深圳电视台的李婉突然对我说，这里极像美国西部加利福尼亚州的约塞米蒂国家公园。约塞米蒂同样为花岗岩地貌，那里的花岗岩同样经历了冰川的覆盖和雕琢，冰川堆积物同样阻塞山谷、创造了约塞米蒂湖，而那座令人生畏的酋长岩，与这里的"北境长城"亦有曲异同工之妙。

越过一个冰川堆积形成的垄岗，杂乱的冰碛物上灌草丛生，一株红花绿绒蒿开得极盛。红色的花蕾下垂，在阳光下艳丽鲜活，顿时让整个山谷一下子拥有了色彩感，并产生一种跃动的姿态。

曲流，黄河在四川的姿态

巴颜喀拉东段的莲宝叶则在四川境内发育的水系主要流入长江流域，在青海境内则主要是黄河流域。长江水系和黄河水系，围绕着一座雪山和一片湿地纠葛缠绵，上演着迁徙、漂移、侵蚀、袭夺的大戏，然后依依作别，一个向北一个向南，各自奔流，这是一出山水之间的爱恨情仇，而演绎的舞台就是若尔盖大草原。

离开松潘的川主寺向西，我们的车经过一段长长的冰川 U 形谷翻上尕力台。上了尕力台，便摆脱了群山和峡谷的束缚，天地空阔而高远，心情也随之舒展。广袤的若尔盖大草原绿茵茵地沐浴在太阳的金光中，恬静而壮美。同行中的南方人纷纷俯身窗外，看蘑菇一样散放在草地上的羊群。有的低吟起"天苍苍，野茫茫，风吹草低见牛羊"的古老诗歌。

而我的心中却惦念着黄河在这里形成的曲流。

"黄河之水天上来，奔流到海不复回。"很多人熟悉北方的黄河，却不知道黄河也流经四川。黄河干流在四川境内只有短短的174千米，流域面积也仅为1.87万平方千米，但她将四川版图西北角的石渠、阿坝、红原、若尔盖、松潘等地揽入怀抱。尤其是流入若尔盖大草原，更是幻化成黄河上游最美的曲流，一路上河道曲折婉转，逶迤直达天际，形成最美的"黄河曲线"。

所以，欲说黄河上游的曲流，便不得不先说若尔盖。若尔盖草原位于四川境内的阿坝州，是青藏高原东部边缘一块十分特殊的区域。它的海拔高度在3300米至3600米之间，也被称为松潘高原。若尔盖虽为高原，但相对于东边的岷山、南面的邛崃山脉、西边的莲宝叶则、阿尼玛卿山、西倾山以及北面的西秦岭等山岭，却是群山环抱的高原盆地。黄河干流从峡谷段进入若尔盖盆地，在这片广阔平坦的草地蜿蜒出最美的曲线后，在甘肃省玛曲县再次进入峡谷，然后一路奔涌向东，进入黄土高原，从此河水混沌，浪奔涛涌，截然另一个模样。

黄河把最清澈、最柔美的倩影留在了若尔盖。

黄河之所以在若尔盖如此柔美，是因为她在这一段为曲流。曲流又称河曲或者蛇曲河，是一种既受地形条件控制又最不受约束的自由段落，也是河流中最为优雅和柔美的部分。

若尔盖曲流。摄影 / 土治

　　曲流形态多姿柔美，但形成原理十分简单。当河流流经平缓空阔地段时，河床坡度减小，向下侵蚀的作用减弱，而向两侧河岸的侵蚀作用加强，河流因此便不断地侵蚀河岸，致使河道发生弯曲。我们将弯曲河岸凹入的部分称为凹岸，凸出的部分称为凸岸。当河水行至拐弯处，由于惯性和离心力的作用使水流不断地向凹岸冲蚀，凹岸不断退缩，越来越凹。与此同时，河底的泥沙不断堆积在凸岸，形成边滩。在此作用下，河道变得越来越弯曲，最终形成千回百折的曲流。而曲流继续发展，相邻两个凹岸越来越靠近，最终直接连通，这便是曲流中常见的裁弯取直。裁弯取直后的新河段，又会在惯性和离心力的作用下形成新的曲流，周而复始，最终在大地上不断留下新、旧河道漂移摆动的痕迹以及大量的河迹湖。

　　细究曲流形成，其实主要需具备两个自然条件。首先地形既要相对平坦，还要有不大不小、恰到好处的落差。落差太大，河流下切速度大于侧向侵蚀,就会形成峡谷,而无法形成河曲。落差太小,河流就会潴淤形成湖泊,而无法在河床流动,失去侵蚀能力。其次河流经过的地表也要软硬恰好、松散适度。若地表太硬,河水则无法下切,只会形成滩流、汊流。地表太软或太松散,优美的蛇曲形态则不易被保留。若尔盖大草原地形平阔,是最易形成曲流的地方,而草原上根系发育的地表植物恰好又能很好地"保存"河曲的形态,黄河在这里一步三回头,蜿蜒如蛇行就不奇怪了。

黑河与白河是黄河在若尔盖盆地的主要支流,它们皆发源于若尔盖盆地的东部,因为流经若尔盖盆地,具有发育自由河曲的地形条件,河道也因此高度蜿蜒曲折。

黑河又称墨曲、麦曲、洞亚恰、若尔盖河,由于流经沼泽草甸泥炭层,两岸黑色泥炭被流水冲刷而暴露,水色亦被染成灰黑,因而得名"黑河"。黑河发源于岷山西麓哲波山的洞亚恰,一路往西

黄河"九曲十八湾","第一湾"便位于若尔盖县的唐克镇。上图白河与黄河相汇处。
摄影 / 王炘

贾曲在曼扎塘留下最为繁复的改道曲流遗迹以及最为密集的河迹湖群，向北汇入黄河。
摄影／秋石（图虫创意）

北穿过若尔盖大草原，于玛曲东汇入黄河。黑河流域丘缓谷宽，曲流发育，多牛轭湖。据统计，黑河全长为 445 千米，牛轭湖多达 237 个，平均 2 千米便有一个。黑河的下游段多湖沼，泥炭储量相当丰富，水草也十分丰美，我国三大名马的河曲马，便产于此地。

白河，又称嘎曲、安曲，发源于巴颜喀拉山东端的查勒肯沟，由南往北流经红原县，至唐克镇索克藏寺以西汇入黄河。白河进入红原大草原后流速减缓，河道弯曲加剧，留下一连串的牛轭湖和废弃河道。据统计，白河从龙日坝流出峡谷到唐克汇入黄河直线距离 120 多千米，蜿蜒出 150 多个半封闭的圆圈，十余个 Ω 形完美河湾，形成 82 个牛轭湖。白河在若尔盖蜿蜒盘旋，形成众多的新月形河湾，其中便包括红原县城西侧的月亮湾和若尔盖的唐克。

除黑河和白河，黄河右岸还有一条短促的支流名为贾曲。其发源于阿坝县与红原县交界处山岭，曲折向北，河长仅 136 千米，流经草地沼泽区，在曼扎塘留下最为繁复的改道曲流遗迹以及最为密集的河迹湖群，然后向北汇入黄河。在卫星图上看，宽展的河谷内新旧河曲交织缠绕，乱如麻。

赶天赶地，我们终于在太阳落山之前赶到唐克。黄河自古就有

"九曲十八湾"之说,其"第一湾"便位于若尔盖县的唐克镇,这里恰好也是白河与黄河相汇之处。黄河自西款款而来,白河则从南蜿蜒而至,两条河像两条长蛇在索克藏寺前相互缠绕,终于合二为一,然后180°折转,向西北蜿蜒迂回,在这里留下S形的"黄河第一弯"。

夕阳中的若尔盖草原弥漫着温润的氤氲之气。双脚踏着河岸萋萋芳草而行,野花的芬芳与泥土的清香包围浸润着我们。登上观景台,夕阳斜晖中,黄河像蛇一样蜿蜒向北游动,水面泛着的粼粼波光随着夕阳西斜,由金黄色变成深红,柔美极了。

有人将黄河在若尔盖的曲流比喻成华尔兹舞步,因为华尔兹的舞步就是用一个个方向相反的旋转向前滑行。在这里,黄河以及它的一条条支流就像一对对的舞伴,它们以若尔盖草原为舞池,不断地跳着旋转舞步向北而行,将动人的身影和柔美的曲线留在这里,形成无比壮美的地质奇观,令人叹为观止。

其实黄河之水无论是壶口段,抑或唐克段,就河水的物性而言有什么区别呢?无非是河水流淌的环境不同而已。但大山当道,她便劈岩越障、开山凿岭,以磅礴之势、坚韧之躯寻找出路。当地势平缓,河水在科里奥利力和地球旋转离心力的作用下形成若尔盖这样千回百转的曲流,像浴血后的斗士,或者历经沧桑的老人在夕阳中回望人生。

天色愈来愈暗,天际处,那一抹红霞久久不舍离去。我们开始起身,踩着湿漉漉的软草朝来时的方向转去。"看,落日!"一旁的潘云唐教授一声轻呼,就在一刹那,我们被眼前景色惊住了。天际间,一轮圆日像一个红色气球轻飘飘地搁在水面,黄河一片血色,直达天际。

横断山脉的"红"与"黑"

> 在横断山脉众多自然景观中,有两处景观称得上"世界奇观",一处是道孚"墨石公园",另一处是新龙县红山。它们都不是横断山脉的主流景观,但这一"红"一"黑"却构成了横断山脉两抹最特别的色彩。

在横断山脉众多自然景观中,有两处景观称得上"世界奇观",一处是道孚"墨石公园",另一处是新龙县的红山。墨石公园又名八美石林,发育的是一个极为罕见的墨绿色糜棱岩石林。而红山又名阿色丹霞,也是一种少有的高寒丹霞景观。这两个景区都是横断山脉的非主流景区,都显得和典型的"高原景观"格格不入。但这一"红"一"黑"却构成了横断山脉两抹最特别的色彩。

探访新龙红山

从新龙县城到阿色丹霞大概需要 3 个小时的车程,一路都在担心天气,一路天空都阴云低垂,雪雨欲来的样子。行至阿色丹霞所在的银多乡,已是大雾弥漫、满天飞雪。车停在路的尽头,我们步行向上,天气居然奇迹般转晴,绕过一个山嘴,一大片红色山石在云雾的间隙豁然而现。雪野中的红山有一种别样的美,新覆在山体的浅雪和飘来又散去的雾,将"色如渥丹,灿若明霞"的丹霞地貌衬托得十分妖娆。来这里之前,已经查阅了红山的大量图片和视频,一直也觉得雪野中的红山最有韵味,白雪简约了大地,反而让丹霞更纯粹、明艳。这场及时的薄雪,似乎专门为我们而下。

何谓"丹霞"?这个词源出于三国魏曹丕《芙蓉池作诗》,诗曰"丹霞夹明月,华星出云间",形容的是天上的彩霞。1928年,中国地质学家冯景

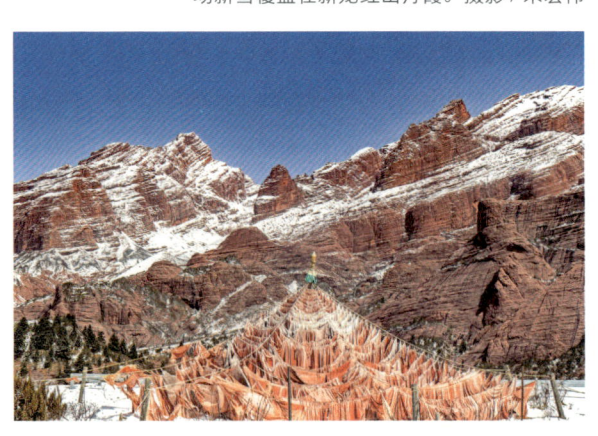

一场新雪覆盖在新龙红山丹霞。摄影/米宏伟

构成阿色丹霞的是大约形成于距今 6500 万年～2300 万年前的古近纪红色砂砾岩。摄影 / 米宏伟

兰注意到粤北五岭余脉丹霞山，拥有色卡级的红色砂砾岩层，便将它命名为"丹霞层"，这个"丹"字描绘的则是当地岩层因富含高价铁，而呈现的红彤彤的颜色。

1977年，"丹霞地貌"正式成为一个地貌学术语，且由中国人命名，算得上是我国地质学家对国际地貌学的特殊贡献吧。我国的丹霞地貌以中国南方湿润区、西北干旱区、西南环四川盆地为主要

分布地。四川是我国三大丹霞地貌分布区之一，但四川的丹霞地貌主要分布于盆地的西南缘川黔渝交界处，类型上主要为一种"见崖不见峰"的"隐藏型"丹霞，又因普遍发育环形绝壁，又称之为"环崖丹霞"。新龙红山发现之前，在川西高原从未有丹霞地貌被发现的记录，所以当新龙县阿色丹霞被发现之后，曾引起许多学者的关注和研究兴趣，它多少有点颠覆我们对丹霞分布的传统认知。

新龙丹霞。摄影/杨建

丹霞地貌是一种"有陡崖的红层地貌"。物质组成、地质构造、外动力地质作用（流水侵蚀、重力崩塌等）往往被视为形成丹霞地貌最重要的三要素。构成阿色丹霞的是红色岩石，大约形成于距今6500万年~2300万年前的新生代古近纪。那时期的阿色地区则处于河湖纵横的一个山间盆地，在盆地内沉积了一套以砾岩和砂砾岩为主的巨厚红层，它们就是形成阿色丹霞的主要成景岩石。这套岩石较为粗粝，固结程度较差，抗风化能力相对较弱，因而阿色丹霞往往很难见到陡峭的山崖、连绵的绝壁长墙，这和四川盆地边缘白垩纪红色砂岩、泥岩形成的丹霞地貌有很大的不同。

一般来说，岩层水平更容易形成绝壁，而阿色地区受喜马拉雅造山运动的影响，岩层普遍发生倾斜和舒缓褶曲，不具备形成大型绝壁长崖的条件。所以，在这里我们看到丹霞地貌的形态也与众不同。主要发育线状山脉、堡状丘山、叠板岩墙、单斜群峰、孤山独峰等宏观景观，此外也有一些小型和微型景观点缀，如柱状石峰、孤立石柱、笋状石芽等微观象形山石。尤其是这里的山脉呈线状分布，波状起伏，山峰的形态大多为锥状和金字塔状，表现出"顶尖、身斜"的"非典型"丹霞特征，这和我们在广东丹霞山看到的"顶平、身陡、麓缓"的"标准"丹霞地貌截然不同。

假如非要给阿色丹霞找个兄弟，它在形态上似乎更接近西北干旱地区的丹霞景观。比如，这里发育一种独特的丹霞形态——砂岩窗棂宫殿构造，这是我国西北干旱区特有的丹霞地貌形态，因其立面酷似窗棂，整体结构如宫殿而得名。再比如，有些崖壁上分布着盐风化形成的各种孔穴，大如佛龛，小如蜂巢，这也是在西北干旱区丹霞绝壁上常见的一种微地貌。然后，西北干旱区丹霞地貌发育于干旱少雨环境，气候干燥，植被稀疏，具有荒漠、劣地特征。而阿色丹霞分布区则气候湿润、河溪密布、植被丰茂、环境优美。尤其是夏天，草原、森林、灌木、河溪、海子与红色丹霞山石相映成趣。

阿色丹霞与其他丹霞的"与众不同"，很多学者也注意到了。2016年5月，中山大学彭华教授来此考察后，曾经给予阿色丹霞极高评价，称这里是"国内顶级的高寒型丹霞地貌资源，同时具备冲击世界级品牌的潜质"。而成都理工大学殷继成教授在2017年现场考察，便提出阿色丹霞可能属于"类丹霞地貌"，或者是"中国丹霞地貌新类型"。

沿着冰川形成的U形宽缓河谷溯流而上，远处群山起伏如线，

冰原石山是一种特殊的冰川地貌，在阿色丹霞中发现冰原山石，证明这里冰川作用既强烈又特别。摄影/米宏伟

近处奇峰如林,山石若霞,脚下碧草如茵,溪水潺潺,空气中氤氲着淡淡牛粪的味道和雨后花草的清香,这是非常惬意的游览体验。行至一处山石下,同行的《中国国家地理》杂志副社长才华烨指着前方问我:"那个是不是古冰斗?"我抬头一看,前方山体上部露出一个三面岩壁环抱、一面向外开口的圈椅状地形,果然是一个古冰斗。

古冰斗是一种典型的冰川侵蚀地貌,在冰河时代堪称"冰川之母",作为储存冰雪的冰蚀洼地,冰川冰在这里积聚后,再向外溢出而成山谷冰川。气候变暖,冰川消退,冰去"斗"空,最终露出我们今天看到的形状。在青藏高原上分布有大量古冰斗,常常用它来判断古冰川分布的海拔高度与期次。有时"斗"内积水,还会形成玲珑巧致、色若翡翠的"冰斗湖",令人赏心悦目。

冰斗常见,然而形成于丹霞地貌中的赤色冰斗,我却是第一次见到。我们戏称其为"丹霞第一古冰斗"。

冰斗的出现,让我回忆起进沟路上看到的好几处冰川磨光面[①]。还有那些锥状、金字塔状丹霞山峰,如刀锋般的山脊,这不就是冰川作用形成的冰川遗迹吗?

接着,"冰原石山"也露出了尊容,这种形态类似石峰的古冰川地貌,分布在山体中上部,山峰尖峭,形态如锥,下方被窄槽状的冰蚀痕迹围绕,起初以为是普通的丹霞石柱。这种冰原山石,是一种顶峰露出冰面的孤山,它本来常见于"大冰被"式的大陆冰川上,如今竟在山岳冰川作用区的新龙阿色丹霞见到,实属意外,这也为

[①] 冰川经过时,对底部或两侧岩石磨蚀形成的光滑面,上面常见冰川擦痕。

阿色丹霞的古地貌增添了一丝神秘色彩。

"高原丹霞"四个字，显然有着更多可以深耕的余地：新龙的这片红山整体海拔多在 4200 ～ 5100 米之间，分布区内超过 5000 米的山峰就有十余座，眼前所见，不禁让我思考——这里的丹霞地貌特征，究竟是谁的鬼斧神工？

在结束于大约 1 万年前的第四纪冰川时期，这里曾经是古冰川作用区。那个时候这里冰河蜿蜒、冰川肆虐，冰川不断侵蚀改造着这里的地貌。彭华教授和殷继成教授在寻找阿色丹霞的差异时似乎都忽略了这一点。流水侵蚀是我们传统上认为的丹霞地貌形成的主要外地质作用，但这里的丹霞由于海拔高，经历过冰川作用，冰川侵蚀不但参与到丹霞地貌的塑造过程，而且极有可能还是这里丹霞地貌形成的主要成因。也许随着对这里科学考察、研究的不断深入，未来真的可能因此出现一种新的丹霞地貌类型，我们姑且先称之为"冰蚀型高寒丹霞地貌"。

隆升、夷平、沉积、断裂、流水切割、冰川侵蚀……阿色丹霞是岁月演化的幸运者，特殊的红色岩层，复杂的地质构造，流水和冰川持之以恒的侵蚀，"雕刻"出这片中国面积最大的高原丹霞景观。

被"神秘黑石"刷屏

岩石和光阴的故事，同样也会在横断山脉其他地方发生，比如道孚县八美镇的墨石公园。

有人看过之后，说这里美得像异星表面，有人惊叹于那一丛丛从大地冒出的墨黑的石芽，称其为"中国地质百慕大"。"墨石公园"

远望石林恰如墨染,一条灵动的飘带穿沟越岭,蜿蜒于碧草野花之间。
摄影 / 李忠东

形成墨石公园石林的岩石名为"糜棱岩",一种受断裂挤压形成的变质岩。
供图 / 图虫创意

是景区之名，从地貌的角度，这里其实叫"八美石林"。而从专业的角度，它还有更多的叫法。比如强调它的地质构造成因，它是"构造石林"；注重其变质作用属性，它是"变质岩石林"；从构成石林的岩石类型角度，它是"糜棱岩石林"。无论是"构造石林""变质岩石林"还是"糜棱岩石林"，对于游客而言都显得生涩难懂，但恰恰最能体现这种石林的价值和不同。石林是我国较为常见的地貌，但大多数是喀斯特石林、砂岩石林或者花岗岩石林，像墨石公园这样特殊的石林全国仅此一处，极为难得，称其"世界奇观"并非过誉之词。

墨石公园的石林，分布在雅砻江支流庆大河的东侧坡地上，川藏公路从旁经过。离开公路，沿一条小路行几百米，就是观景台。眺望石林恰如墨染，一条灵动的飘带穿沟渡岭，蜿蜒于碧草野花之间。沿新修的步道，缓慢步入其中，才能真正感受到石林如同一片异世界。

我发现一个有趣的现象：有人去过墨石公园后，在网上发言，墨石公园根本不是黑色的，摄影师PS修图，差评。而跟帖的人则反驳说，我觉得很黑啊，视觉一流。也有人说它灰、说它绿，就此陷入一种魔幻感的争论中。

其实，这并不是视觉偏差，八美石林本身即有"变色龙"的本领，它在环境差异下，呈现的颜色略为不同：春季和冬季灰中带蓝，夏天湿润季节时，石林则苍黑带绿。颜色是岩石学中一个简单而直接的表观，石头的基础色会受到岩石形成时环境的影响，八美糜棱岩成岩时，它的基础色彩就是墨绿。然而由于这片石林的石体中富含钙盐，钙盐中的结晶水容易受到湿度影响而"变装"，所以八美石林又是一种"变色石林"。当地的藏族人甚至传说，土石林是由五位穿着不同颜色衣服的卫士化身而成。

墨石公园石林的造型也是亮点,以形状可以分为不同类型:尖棱状、城墙状、柱状、槽状、金字塔状、刀刃状、钟状……在游客眼中,或只归结为一句"大自然的鬼斧神工",不过在地质学家眼中,不同形态则意味着石林的不同发育阶段:初级阶段多呈沟槽状;成熟期的石林显得高大威猛,演变成柱状或金字塔状;到了衰亡期,又多成尖棱状。

走在石林,常看到穿着奇装异服的年轻人,在石林中拍摄视频或照片。在他们的镜头里,石林时而万塔汇聚,时而草长石低,每变换一个角度,也就换了一个舞台,不亦乐乎?

中国著名的石林很多,如云南的路南石林、西藏札达土林、四川兴文石林……与它们相比,八美石林其实面积不大,仅约5平方千米。然而它却是中国唯一、世界罕见的糜棱岩景观,兼具了山之雄、林之秀、石之怪、岩之奇,更重要的是,它的成因之独特,竟是因为一条地震断裂带。

说到墨石公园的形成,我们得从这条断裂带说起。打开四川省地质构造图,有三根呈Y字形的构造线将整个四川的大地分为三个地块,十分醒目。这三条构造线分别是鲜水河断裂带、龙门山断裂带和安宁河断裂带。它们是我国最活跃、最强烈,也是最危险的断裂带。龙门山断裂带的威力,大家通过5·12大地震已经有所领略。而鲜水断裂带同时也是著名的地震带,以其震级高、频度大而闻名,可以与著名的圣安德列斯断裂带(位于美国加州)一比高下,并且就地震活动而言它还远远高于圣安德列斯断裂带。这条断裂带形成于2亿前的三叠系晚期,自产生人类的250万年前开始(更新世日趋活跃。其中，发生于1973年2月6日的炉霍大地震顷刻间造成15700幢房屋倒塌，2175人失去生命。这次大地震形成的地震遗迹，至今仍完好地保存在鲜水河两岸的谷岭之间。

墨石公园形成石林的墨绿色岩石就是鲜水河断裂带的产物，也可以说是历次地震所形成。这种岩石名为"糜棱岩"，是一种发育于断裂带上的一种特殊岩石。它是断裂带上的岩石受到强烈挤压，碾磨成粉末状后，再重新胶结形成的一种变质岩。这种岩石只在断裂带附近出现，是寻找和识别断裂带的重要标志。当这种岩石伴随青藏高原隆升暴露地表之后，由于质地软弱，胶结疏散，在流水冲刷、风雪铲刮、重力崩塌等风化作用下便形成了状若石林的景观。其实这种岩石不仅出现在这里，沿鲜水河断裂长达上百千米都是这种糜棱岩带，有幸成为石林的只有墨石公园。

雅砻江的支流鲜水河是一条有故事的河流，据考古资料，这里是康巴高原农业的发源地之一，5000年前的新石器时代便开始农耕，因为生活在断裂带，这里发明了称为"崩柯"的防震建筑，成为康区极富特色的民居。研究表明，石头的颜色主要受到岩石形成时环境的影响，人类适应环境的哲学与大自然是一脉相承的。新龙丹霞的红，是因为岩石中含有大量氧化环境下形成的铁，而墨石公园的黑，也是受母岩的颜色和后期变质的影响。而这两处奇特景观的形成皆得益于光阴，它们以奇异的美诠释着大自然的神秘力量，它们既是大自然的杰作，又是解开大自然神奇之谜的密码。

◎ 四川盆地,曾经沧海的天府之地

◎ 环崖丹霞,中国丹霞的另类

◎ 大渡河峡谷:雄阔与幽深之美

◎ 1700岁,两株桢楠的故事

天造大盆

第四章 04

四川盆地：
曾经沧海的天府之地

> 北纬30度几乎都是荒漠或半荒漠地区，而唯有四川盆地是一个温润多雨的绿色盆地。青藏高原的隆起改变了行星风系，截留了暖湿气流，使包括四川盆地在内的中国东部成为最适宜人类居住的乐土家园。生活在这里的"盆友"，是如此的幸运。

2017年3月15日，一则新闻迅速在网上刷屏。来自德阳、绵阳、遂宁的3000余名群众在德阳市中江县普兴镇共同见证了"四川盆地盆底"的发现过程，镇内最低处以285.8米的海拔高度成为盆地之底。很多朋友看到消息后问我，这是真的吗？这个发现有三个荒谬之处。首先，四川盆地不是碗，更像是一个盒子或盆子，盆底不会是某一个点；其次，四川盆地整体上由西北向东南方向倾斜，即使有最低点，也不会是位于盆地西北的德阳中江，而应当在东南方向，否则盆地内的河流如何东出三峡；最后，一个科学发现，应当由专业人士通过专业的论证来完成，3000群众见证发现，算什么？但这件事也告诉我们，其实我们对自己所生活的四川盆地知之甚少，但又对她充满了极强的好奇。

那么四川盆地究竟长成什么样子呢？她又是如何形成的呢？她的形成和存在对巴蜀文化又产生了什么样的影响呢？

四川盆地不是"碗"

要了解四川盆地，我们首先要弄清四川盆地是什么样子。而要了解四川盆地长什么样子，有三个视角。第一视角借助卫星空中鸟瞰，用上帝的视角；第二视角是行走在盆地内，用人类的视角；第三视角是进入盆地深部，用地质的视角。

许多人望文生义，想当然地以为四川盆地像一个大碗，或一口大锅，或一个脸盆。所有的想象都受到"盆"字的诱导，以为从空中看四川盆地要么是圆的，底部要么像碗底或锅底，由四周向中央倾斜，要么像脸盆，底部平坦。实际上，从卫星上看，四川盆地像是一个深陷在中国大陆的一个"天坑"，它在平面上的形态呈不规则的菱形，四周被青藏高原、大巴山脉、巫山、大娄山、云贵高原环绕。正因为如此，有人将四川盆地称为"信封盆地"，她看上去的确像一个信封。重庆云阳，四川的叙永、雅安和广元构成信封的东、南、西、北角，安岳至南充的连线构成信封的中央密封线，中心点大致位于遂宁。

那么从地面看，四川盆地的底部，是锅底，还是盆底？结果也许要出乎许多人的意料。假如我们沿北纬30度线做一条地势剖面图，它正好东西向横切四川盆地，二郎山以东、七曜山以西大致就是四川盆地的范围。从图上我们发现，四川盆地的底部既不是锅底，也不是盆底，甚至都不是平坦的。四川盆地的面积约为26万平方千米，

穿越资中县城的沱江。摄影／王治

在地貌上由西向东依次为成都平原、川中丘陵、川东平行岭谷，其中成都平原占9%、川中丘陵占61%、川东平行岭谷占30%。所以，构成四川盆地的其实主要是丘陵和低山。

中国的四大盆地中，塔里木、准噶尔、柴达木均为内流盆地，唯有四川盆地是外流盆地。内流盆地是指河流由四周向中央流淌，在中央汇集成湖泊，或者消失在沙漠之中，也就是说这些盆地的河流都在盆地内自生自灭，没有终归大海的机会。而外流盆地的河流则从盆地一侧进入从盆地另一侧流出盆地。从整体地势来看，四川盆地的底部是倾斜的，由西北向东南微微倾斜。观察盆地内的河流我们便不难发现它的这个特点，因为贯穿四川盆地的岷江、沱江、涪江、嘉陵江无一例外，从西北的青藏高原和秦巴山地向东南流淌，然后在盆地南部或东部汇入长江，最后冲出盆地，浩浩荡荡流入长江中下游平原，从而完成从我国最高一级地貌单元（青藏高原）到

第二级地貌单位（四川盆地）再到第三级地貌单元（长江中下游平原）的三级跨越。水往低处流的原理告诉我们，四川盆地的底部是斜的，而且是西北高、东南低。当我们知道四川盆地的地势之后，便知道如何去寻找盆地的最低点，它一定是在河流冲出盆地的边界上。如四川盆地在四川省的最低点便位于盆地东部广安市邻水县文武村御临河峡口，海拔188米，恰是御临河流出四川的地方。因此有人通俗地说四川盆地更像一个倾斜的盒子：原来我们不是生活在"碗"里，而是在"盒子"里。

从海盆到湖盆再到陆盆

从地质的角度，四川盆地是一个复合型或叠合型盆地，经历了漫长的地质演化历史。什么意思呢？打一个比方，它就像是由几个脸盆一个一个套在一起,每一个脸盆代表着不同时期的岩石,有时是海洋环境,有时是湖泊环境,有时是陆地环境。这有点像多层蛋糕,不同时代、不同物质成分的地层岩石,就像不同原料、不同色彩、不同口味的蛋糕层,它们从下而上一层层堆垒在一起,最古老的在下面,最新的在上面。

四川盆地的物质构成具有双层结构,即由基底和盖层构成。最底部,我们称为结晶基地,由10亿年~8亿年前巨厚沉积岩与火山岩组成,岩石因长时间埋藏于深部,在高温高压下已经发生的变质结晶。这套岩石因埋藏较深,在成都平原要在地表约7000米以下才能见到,但由于青藏高原快速隆升和流水切割,在盆地边缘的深邃峡谷,如大渡河峡谷底部,我们还能幸运地看到这种古老岩石。而盖层则是指覆盖在基底之上的岩层,由震旦纪以来长达8亿年的沉积岩系组成,其中8亿年~2.5亿年前形成的主要是一套海洋沉积物,其中就包括大量的碳酸盐岩,我们今天在盆地周边看到的喀斯特地貌,大多数就是这一时期的岩石形成。而2.5亿年之后,这里主要为陆地环境,沉积了厚达数千米的红色砂岩、泥岩,四川盆地也因此被称为"红色盆地"。

经过海盆、湖盆、陆盆的沧桑变迁,四川盆地这才变成今天我们看到的样子。

四川盆地属扬子陆台一部分,称为四川陆台,位于古特提斯海东侧滨海地区,属较稳定的地区,但仍经过两次大规模的海浸。第一次从5亿多年前的寒武纪开始,延续到3.7亿多年的志留纪,不断下陷成了海洋盆地,志留纪时发生加里东运动,除了西部的龙门山地槽继续下陷外,其余地区上升为陆。大约3亿年前的石炭纪末,发生范围更大的第二次海浸，盆地再次为海洋占据。

距今 2.5 亿年之前，四川盆地开始了沧海桑田的变迁。首先是出现了规模较大的咸化海域——上扬子蒸发海，大量的盐卤、岩盐与天然气正是在这一时期埋藏于此。距今 1.9 亿年前的三叠纪末，发生的一次强烈地壳运动——"印支运动"，使盆地边缘逐渐隆起成山，四川地台也整体抬升，被海水淹没的地区逐渐上升成陆，海盆由此转化为湖盆，这个湖被称为"巴蜀湖"，从此四川盆地结束了海浸的历史。在地质上称这个时期的盆地为陆相沉积盆地，它是今天四川盆地的原型，但要比四川盆地现在的范围大得多。这个湖（盆地）有多大呢？大约有 50 万平方千米，比世界上第一大湖——里海，还要大 10 万平方千米，相当于法国的面积。当时，今天四川省的大部和重庆市的大部都处于巴蜀湖中。这一时期，盆地气候温暖湿润，到处生长蕨类、苏铁和裸子植物，恐龙成为这片土地的主人，它们占领着天空、大地和湖沼。

到了 7000 万年前的晚白垩纪，伴随着青藏高原的快速隆升，四川盆地周边山地继续隆起，湖泊大大缩小。封闭的盆地地形以及急剧缩小的水面，使气候逐渐变得干热，大量风化、侵蚀、剥蚀的物质在盆地堆积了数千米厚，形成红色和紫红色的砂岩、泥岩和页岩。这一时期，裸子植物不断衰退，恐龙最终在这里由繁盛走向灭亡，成群的尸体漂浮在河湖，被流水运移，掩埋在泥沙里，在岁月中凝固成坚硬的岩石。

距今二三百万年的第四纪，地壳再次发生构造运动。巫山两侧水系溯源侵蚀，共同切穿巫山，形成举世闻名的长江三峡，盆地之水纳入长江水系。从此，四川盆地由内流盆地变为外流陆盆。

四川盆地广泛发育丹霞地貌。上图为沐川丹霞飞瀑。摄影/李忠东

　　四川盆地与我国其他三大盆地相比最大特点还在于，由于受到东亚多个板块运动的影响，盆地四周曾经遭受到不同方向引力的挤压，在盆地周边形成一系列向盆地推移压覆的山脉，构成了世界罕见的推覆构造褶皱山脉群，它们将四川盆地团团围住，形成完整的盆地盆山体系。这些山脉的形成，主要与两大板块的运动有关：印度洋板块由南向北、太平洋板块由东向西与亚欧板块碰撞。这两大板块在运动中都遭遇了四川盆地的顽强阻挡，因为四川盆地是一个相对下沉的刚性地块。四川盆地的这个特性不仅抵挡住了地质历史上的板块挤压，在5·12汶川大地震中也表现得超级稳定，当盆地周边山地在大地震中天翻地覆、山河易貌之时，盆地内部仍然岿然不动。这恐怕也是四川盆地之所以能孕育巴蜀文明，数千年来一直维系"天府之国"之富庶的重要原因吧。

红色盆地造就的独特景观

从2亿6500万年前,四川盆地形成厚达3000～4000米的河湖相红色碎屑岩,也就是著名的四川红层。四川红层带给我们至少四种独特的奇观:形成大量的丹霞地貌;依托红层方山,形成了一系统的南宋抗蒙城堡要塞;凭着巨厚的红色砂岩雕琢出大量举世闻名的大佛、石窟;在四川盆地留下大量的恐龙化石。

"丹霞"一词,源于曹丕的《芙蓉池作诗》"丹霞夹明月,华星出云间"。1928年,我国地质学家冯景兰首次在广东丹霞山提出丹霞层,而后历经陈国达、曾昭璇、黄进、彭华等学者百年来持续深入研究丹霞地貌最终成为一种由我国地质学家命名的地貌类型。四川盆地是我国三大丹霞地貌分布区,而且独成体系,别具风格。尤其在四川盆地的西南缘川黔渝交界处,发现一种丹霞,它赤壁环崖,瀑布飞垂。当地老百姓称它为"锅圈岩""圆洞""红圈子""环岩"。后来我们将它称为环崖丹霞。

南宋年间,为了抗击蒙古铁骑,宋朝军民在四川盆地创建了83座山城。1235年宋蒙战争全面爆发,至1279年崖山海战最后一役,双方浴血交战长达45年。这其间,南宋在四川盆地的山城堡垒战,对左右战争局势、延长宋朝统治,起到了极为重要的作用。这些山城堡垒,皆依托红色丘陵中的方山而筑。这种方山山顶平阔、四面峭壁围绕,比人造的城郭更为险要,更加易守难攻。而且,砂岩层是良好的含水层,便于凿井取水,平阔的山顶也适于农耕,可屯田以自给,非常有利于长期凭险据守。蒙古军用了5年,便征服了中亚的喀喇汗国和花剌子模国,用了8年,征服波斯和幼发拉底河以

四川盆地广泛出露的红色砂岩为石窟艺术在四川的传播提供了条件。上图为安岳石窟。摄影 / 李忠东

利用岷江江畔的块状砂岩雕凿出世界最大的大佛。摄影 / 李忠东

北的地区……而历来给人留下孱弱印象的南宋却抗击蒙古大军超过半个世纪。从某种程度上而言，四川盆地的方山城堡，赢得了战争，只是输给了历史。

大家对乐山大佛都较为熟悉，71 米高的巨大身躯，深嵌在岷江之畔的巨厚红色砂岩，在四川盆地，像这样的大佛其实还有很多。白石窟艺术进入四川盆地，似乎一下子便找到了知音。巴蜀石窟，无论总数还是分布区域，都是当之无愧的中国第一，并且写下了中国石窟的下半阕。这主要得益于广泛分布于四川盆地的红层，这种独特的砂岩厚度巨大，软硬适中，非常适合于雕刻，这为摩崖造像提供了绝佳条件。在四川盆地或边缘，几乎有红色崖墙的地方，都有石窟出现，从最北的广元千佛岩，到南端的泸县玉蟾山。

由于四川盆地形成期与恐龙在地球上生活时代正好一致，盆地自然环境又非常适合恐龙生存和繁衍，盆地的沉积环境还利于恐龙遗骸、遗迹的埋藏，盆地内的构造运动，形成的向斜、背斜、隆起、凹陷，加之流水切割，风化剥蚀容易将化石暴露出来，便于我们发现。因此，四川盆地便成为我国重要的恐龙化石产地，也是世界上最重要的古生物化石产地之一。这里出土的恐龙化石不仅分布面广、数量丰富、门类众多、保存完好，而且还发现了多个规模庞大的恐龙化石埋藏群。围绕四川盆地，北部广元、旺苍、南江一线，西部的龙泉山，西南的自贡、宜宾，东部的綦江、合江、广安、宣汉、永川、云阳一线，都是恐龙曾经出没的地方。其中四川盆地的西南、东部最为集中，自贡被称为"恐龙公墓"，重庆被称为"建在恐龙脊背上的城市"。

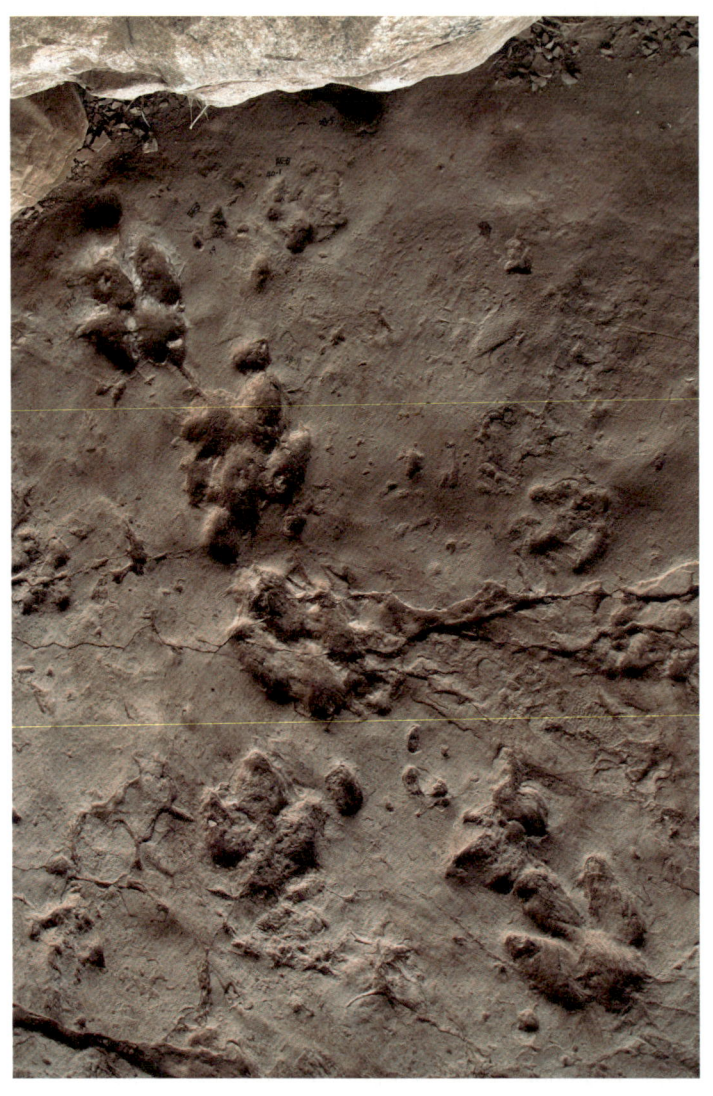

四川盆地在中生代的环境非常适合于恐龙生活,如今天在盆地内留下大量恐龙化石。上图为重庆綦江发现的恐龙足迹。(图片由重庆綦江国家地质公园提供)

四川盆地成就天府之国的繁华

成都平原位于四川盆地的西部,由岷江、西河、斜江、南河、邮江、石亭江、绵远河等多条龙门山的出山河流带来的泥沙卵石等沉积物堆积形成,是盆地内最为富庶的地方,号称"天府之国"。成都平原的富庶得益于岷、沱二江的滋养以及都江堰工程对岷、沱二江的治理和科学利用。

而都江堰治水之所以取得成功,也得益于成都平原优越的地理条件。从地势来看,成都平原是一个海拔在 450～750 米之间,坡降较大的扇状倾斜平原。从都江堰到成都主城区,直线距离约 50 千米,海拔便由 730 米降至 500 米,高差约有 230 米,坡降大约在 3‰～8‰,非常适合自流灌溉。历史上包括李冰在内的治水者,正是充分利用了这一优势,对岷江因势利导,才成就了"水旱从人,不知饥馑"的天府之地,而河流冲洪积也给平原带来肥沃的土壤。形成的土壤既有地带性黄壤、黄棕壤,也有非地带性潮土和水稻土,以及石灰土、紫色土等岩性土。平原内耕地土层深厚,适合发展种植业和桑蚕业,成都平原也因此成为可兼济天下的"粮仓",不但形成独具特色的农耕文化,还因此孕育出灿烂的古蜀文明。

"蜀道难,难于上青天",在很多人的想象中,四川盆地是一个落后、闭塞,交通不便的苦寒之地。但三星堆考古已经证明,成都平原与中原地区、西亚、南亚等都有广泛联系。而张骞在今阿富汗境内发现购自印度的邛杖和蜀布,也证明四川盆地一直以来就四通八达,与世界随时保持沟通。李白说蜀道难,其实是指向北翻越秦巴山地到长安的路,然而除了这条古道,我们还有多条向南、向

天府之国的繁华得益于先贤对岷江、沱江的科学管理和合理利用。
上图为都江堰全景。摄影 / 王洪。

东的水路和古道走出盆地，居住在盆地的先民并没有被盆子围死。就算是发出"蜀道难，难于上青天"的李白，其实他出入蜀地走的大多数还是向南、向东的水道。"峨眉山月半轮秋，影入平羌江水流。夜发清溪向三峡，思君不见下渝州。"诗人坐在船上，夜行岷江，就着峨眉山月，喝着小酒，无比的惬意，有何难呢？

著名学者霍巍曾说："四川是长江上游的文明中心、农业牧业文明交接带、中外文化交流的前缘、丝绸之路的中心点。"四川盆地在历史的地位，恐怕真的是被人们长期低估了，比如成都从汉朝开始，便是全国"列备五都"的一线城市。

公元前202年，刘邦建立西汉，为巩固政权、加强对地方的统治，他推行"天下县邑城"政令，即县级以上驻地都要修筑城池。当时的洛阳、邯郸、临淄、宛（南阳）、成都是仅次于京城长安的全国

性经济中心，合称"五都"。到了唐代，五都分别为上都长安，东都洛阳，西都凤翔，南都成都（曾改江陵为南都一年），北都太原。而且隋唐时期，就有"扬一益二"之说，扬为扬州，益为益州，即成都。可以说，当时的成都是仅次于长安、扬州的大城市。居住于这里的人由于太过富裕，嫌银两钱币太重携带不便，于是在1024年发明了"交子"，成为世界最早的纸币。

"借蜀立国"，中国的避难所

四川盆地的富庶历来久负盛名，路人皆知，且不乏被人惦记。

"伐蜀还是攻韩？"公元前316年，秦国为了兼并六国，开始做统一天下的战争准备。秦大夫司马错与张仪在这个问题上有一场精彩的辩论。司马错称欲图天下，必先图巴蜀。秦惠文王采纳了他的伐蜀之计，司马错奉命从石牛道伐蜀。

秦灭掉建都在盆地西部成都的蜀国之后，随手也灭掉了建都在盆地东部的巴国，以其地为巴郡，在今重庆市区修筑江州城为郡治。秦将四川盆地纳入版图，除了"取其地足以广国""得其财足以富民"（《战国策·秦策一》）之外，还获得了另一个战略优势，那就是巴蜀可从水道通楚，"得蜀则得楚，楚亡则天下并矣"。可以说，四川盆地为秦统一天下奠定了基础。

东汉末年，汉室衰微，群雄并起，刘备空怀一腔复汉大梦，苦无根基。在与诸葛亮的政治大讨论"隆中对"中，诸葛亮献出的政治路线图就是取益州而安天下。他说"益州险塞，沃野千里，天府之土，高祖因之以成帝业"。刘备进入四川盆地之后，利用盆地雄厚的经济实力，这才实现了他的梦想，并且与魏、吴鼎立40余年。

唐朝时期，四川盆地曾接纳两个皇帝在此避难，不愧陈子昂所述"蜀为西南一都会，国家之宝库……可以兼济中国"。公元756年，唐玄宗为避"安史之乱"进入成都，在成都住了一年多。公元880年，唐僖宗避黄巢起义逃亡成都，也曾在成都待了4年。这两位皇帝都不约而同地选择四川作为他们的政治避难地，而且都在四川度过了他们的政治危机，使唐王朝的统治得以延续。"九天开出一成都，万户千门入画图。草树云山如锦绣，秦川得及此间无。"这是李白《上皇西巡南京歌十首》的第二首，南京指的就是成都，诗中的成都俨然人间仙境、天上人间。

四川不仅是国家的避难所，而且还往往成为农民起义军逃避朝廷追杀的首选地。明末，李自成、张献忠起义，张献忠曾两次在走投无路时进入四川。第一次入川后曾一度扭转颓势，第二次入川在四川建立"大西"政权，以成都为西京。但两年之后，便不得不退出成都，据史料记载，退出成都时张献忠对四川进行了空前烧杀破坏，人口锐减，从而导致了清朝长达一个世纪的"湖广填四川"。两百年之后，另一个农民起义将领石达开也在走投无路之际进入四川，可惜最终兵败四川盆地西南缘的大渡河安顺场，有关石达开的传说至今仍在四川广为流传，他的残余部队据说有不少散落在盆地周边的崇山峻岭。

1937年11月，淞沪会战失利，国民政府发布《国民政府移驻重庆宣言》称"国民政府兹为适应战况，统筹全局，长期抗战起见，本日移驻重庆"。随后，国民政府的党、政、军机关陆续迁到重庆，

成都的繁华得益于发达的水路交通。上图为位于锦江畔的黄龙溪古镇。图片 / 图虫创意

以四川盆地为中心的抗战大后方的战略地位得以正式确立。其实早在两年前，蒋介石便将四川视为"复兴民族最好的根据地"。他有两句有关四川的名言，第一句是："我们今后不必因为华北或长江下游出什么乱子，就以为不得了，其实没有什么！只要我们四川稳定，国家必可复兴！"另一句是："其实不必说川滇黔三省存在，就是只剩下了我们四川一省，天下事也还是大有可为。"据统计，四川盆地作为中国抗战的大后方承担了国民政府战争总费用的三分之一，全国征收稻谷总量的近四成。抗战中还从捉襟见肘的生产生活中节余大量粮食，慷慨接纳一千多万外省入川的难民，并有260万川籍士兵浴血在各大抗日战场。四川盆地独特的地理环境，丰富的物产，宽容豁达的人文精神在面对民族生死存亡时再次扮演了"避难所""大后方"的关键角色。

蜀锦、蜀茶、川盐：四川盆地的特殊物质贡献

在对四川的称谓中，"蜀"字最古老，至今仍与"川"字共同作为四川的简称。"蜀"之名最早见于甲骨文，传说因古蜀王教民桑蚕，"蜀"字便来源于"桑中虫"之意。考古证明，四川盆地最先掌握桑蚕技术，桑蚕丝绸业起源最早，是中国丝绸文化的发祥地之一。

成都城名"锦城""锦官城"，江名"锦江"，显然与这里的优质特产——蜀锦有关。中国的织锦文化起源于蜀地，蜀锦是中国古代四大名锦之首，其定名的历史比排名第二的云锦早了数百年。早在古蜀时期，蜀人便学会了养蚕、制丝、织锦。左思《蜀都赋》中所书："阛阓之里，伎巧之家，百室离房，机杼相合"描述的便

四川盆地的盐井开采

是蜀中织锦盛况。而且据考证，南、北丝绸之路上流动的，很大一部分便是来自四川盆地的蜀锦。

蜀锦织造的历史究竟可以上溯到何时？2021年，在最新的三星堆考古中于祭祀坑内发现丝绸朽化后的残留物，从而证明3000多年前的三星堆王国，已开始使用丝绸。

四川是茶叶的起源之一，最早有关饮茶的记载是西汉宣帝时，蜀郡人王褒制订的《僮约》，其中便有"烹茶尽具""武阳买茶"

的清晰记载。它证明早在西汉时期，茶饮已然是四川盆地上层社会的一种生活习惯和日常消费，并且证明茶叶在当时已经是一种商品，可以在市场上自由买卖。四川盆地西缘，气候温润，海拔适中，四季雨雾缥缈，恰也非常适合于茶树的生长。境内的蒙顶山是最早人工种植茶树的地区之一，早在西汉，吴理真便开始在山上驯化栽种野生茶树，这里农民至今仍以种茶、制茶、贩茶为主要谋生手段。唐宋时期，蒙山茶盛极一时，堪称茶中精品。唐玄宗时，蒙山茶被列为贡品，并且为历代天子祭祀天地祖宗的专用之物，这样的荣耀一直沿袭到1100多年后的清代。宋朝时，战乱不止，战马需求量大，而北方来源又受阻。最初宋廷一度以银两绢帛换马，无奈"银帛钱钞，非蕃部所欲"，最后不得不改为茶叶，这才得偿所愿。而茶叶的主要来源便是四川盆地的都江堰、雅安名山一带。据记载北宋时期，曾有二位皇帝三次特诏"名山茶易马，不得他用"，当时"名山茶"已经成为换马的专属商品，是关乎国家、民族前途命运的战略物资，受到空前重视。

盐在历代被统治者视为国家战略资源，关乎社稷民生。相传居住在四川盆地东部的巴人领袖廪君便是因盐立国，建立巴国。而我们日常所说"盐巴"便是指的就是巴人所产之盐。四川盆地在海陆转换时期，曾经出现规模较大的咸化海域——上扬子蒸发海，相当于一个大的盐盆。大量的盐卤、岩盐、天然气在那个时期被"囚禁"在地下。早在2000多年前，先民便在四川盆地发现这种特殊的物资，并开始对这种物资孜孜不倦的追求。李冰治水众人皆知，而他的贡献——穿广都盐井便鲜有人知了。据《华阳国志.蜀志》记载"秦孝文王以李冰为蜀守，冰能知天文地理……又识察水脉，穿广都盐井、诸陂池，蜀于是盛有养生之饶焉"。李冰在治水过程中偶然发现盐泉，并采用开凿水井的办法，开凿了我国第一口盐井——广都盐井。据史料推测，广都盐井位于今天的双流区华阳镇与仁寿县一带，它的凿井时代考证应在公元前255～公元前251年之间，距今已有约2300的历史了。在此之后，先民不断在盆地内凿井取卤，从大口径盐井到卓筒井，无数次的实践，终于掌握了高超的凿井技术、无与伦比的制盐智慧。不仅如此，采盐业的发展与繁荣，还促进了中国资本主义萌芽，培育了这里根植于盐卤的独特文化。如今，四川盆地仍然是盐、天然气、页岩气的著名产地。

山水相望，雪山下城市的千年意境

建筑师刘卫兵是"川西林盘"最为热心的推广者和川西林盘生态理念最为坚定的践行者。他曾多次将"川西林盘"带到联合国和全球人居环境论坛。而他源于"川西林盘"灵感的设计作品曾获得2012年全球人居环境规划设计奖和2016国际人居生态建筑规划设计方案竞赛建筑类金奖。有人评价他的作品"彰显出古蜀文化风韵和传统生态人居的可持续性表达"。而这一切皆来源于他对川西林盘淳朴之美的情感。

成都平原在历史上就是一个移民了聚居区，从秦代开始，大规模的移民至少六次。不远千里移民于此的外来人，首先要在平原上修屋建房，然后他们还会在房舍周围挖掘水井、种树植竹，古井、古树的年龄往往就是这家人移民至此的时间。有了这些之后，成都平原便有了"阡陌交通，鸡犬相闻"的烟火气息。这种以农家院落为中心，周边高大乔木、茂密竹林及外围河流、田园耕地等融合的农村居住环境形态聚落方式被为"林盘"。这种"林盘"又以成都平原最为集中和典型，而成都平原一直被四川人称"川西坝子"，所以"林盘"也称为"川西林盘"。这种人群随田散居的聚落格局自然是深受成都平原地理环境的影响。广袤平阔的土地空间，需要以分散居住的方式来高效、便捷地实施对土地的管理，既不至于太集中而耕地不足，也不至于太分散而远离耕地。而成都平原上，岷江、沱江高度网格化的排灌体系，也促使川西林盘沿着棋盘网格状纵横交错的沟渠衍生。从空中看，这种点状、丛簇状的聚落方式给生态景观略为单调的成都平原增加了许多灵动，它既特别，又富有田园诗意。

在成都生活了6年的杜甫，应当就居住在成都西郊浣花溪的川西林盘。那时的成都西郊人烟稀疏，房屋不多。杜甫在朋友的帮助下，在浣花溪畔一个叫江村的村落旁边修建了一座草堂，用以安身。"浣花流水水西头，主人为卜林塘幽。""江深竹静两三家，多事红花映白花。""黄四娘家花满蹊，千朵万朵压枝低。留连戏蝶时时舞，自在娇莺恰恰啼。"杜甫的这些诗都是川西林盘最生动、最朴实的生活写照。这里的茂林修竹、茅屋舍院、小桥流水应当给了他许多诗意和灵感，使他暂时忘却战火纷飞的凄苦和离乡背井的窘迫。

坐在川西林盘草舍小院的杜甫，偶尔也把视线投向远方，于是他看到了西岭的雪山。"两个黄鹂鸣翠柳，一行白鹭上青天。窗含西岭千秋雪，门泊东吴万里船。"杜甫不仅开了在成都遥望雪山的先河，还把"观雪山"的心得留在这首诗里，而且还间接证明了成都平原所拥有的便利水运交通和对外发达的商贸活动。停泊草堂门

成都平原西侧雪山起伏。以成都繁华街区为前景，以雪山为远景，所拍出照片往往引来众多的围观与惊呼，直接催生了成都"雪山下的公园城市"这一名片。上图为以成都现在楼厦为前景拍摄的幺妹峰。摄影 / 姚逸飞

口，锦江河畔的东吴商船，带来了什么，又带走了什么呢？

在今天的成都，有一个名为"在成都遥望雪山"的社团颇为活跃，他们从2008年便开始用影像记录、标注成都平原西部的雪山。他们或以现代成都的标志性建筑，或以成都平原的川西林盘，或以自家阳台为前景，以西侧的邛崃山脉、大雪山脉的雪峰为远景所拍出照片往往引来众多的围观与惊呼，并直接催生了"雪山下的公园城市"这一成都最新的形象名片。他们追求的正是杜甫诗中留给我们的千年意境。

成都平原是东西两侧皆为山脉所围限的长条状平原。尤其是西侧，青藏高原东缘横断山脉的大雪山脉、邛崃山脉、龙门山脉从平原边缘拔地而立，扶摇直上数千米。这些山脉山岭高度普遍在4000～5000米左右，大雪山脉的最高峰贡嘎山，海拔7508.9米，周

边有多座 6000 米级的卫峰。邛崃山脉的最高峰四姑娘山幺妹峰海拔 6247.8 米，周围亦有多座 5000 米以上雪峰。虽然在绝对高度上成都平原西部的雪山无法和喜马拉雅山动辄 8000 米级、7000 米级的雪峰相提并论，但因为雪山是从海拔 500 米的成都平原拔立而起，相对高差巨大，所以在视觉上反而显得更加高大、奇崛。

成都平原西侧的系列群山恰好与华西雨屏带相重合，华西雨屏带是我国著名的降水带，丰沛的降水在低山和平原形成绵绵细雨，在高山区则形成大面积的降雪，因而成都平原的西部、横断山脉的东部汇聚了大量的永久性雪山和季节性雪山，成为我国最靠东的雪山分布区和最靠东的海洋性冰川分布区，这也为成都遥望雪山提供了绝佳条件。在这里海拔 5000 米以上的山峰，一年的大多数时间都有积雪，而海拔 5500 米以上，几乎就算是终年雪山了。

有趣的是，围绕在成都平原东部的龙泉山脉，山岭海拔在 1000 米左右，山脉走向与西部群山相平行，恰恰为成都遥望雪山提供了绝佳的天然观景平台。雨过天晴的早晨或黄昏，站在龙泉山脉上向西眺望，远处是此起彼伏，巍然雄阔的雪山群，四姑娘山幺妹峰、贡嘎山群峰高悬在云端，它们那特有的金字塔状的角峰在晨光暮色中散发着金属般的光芒，而脚下则是密如森林的现代楼厦、车水马龙的繁华都市，或者是平原上阡陌纵横的田园，星星点点的林盘，"雪山下的城市公园"，一千年前杜甫的浪漫意境，在这一刻成为人人可见的实景画卷。

众所周知，我国有四大盆地，均位于我国西部。但四川盆地和其他三盆地都不一样，准噶尔盆地、塔里木盆地、柴达木盆地均位于西北干旱区，气候干旱，荒凉寒冷，人迹罕至，许多地区一片死寂，是生命的禁区。而四川盆地气候湿润，植被丰茂，美丽富饶，人口密集，文化底蕴深厚。更为神奇的是，四川盆地处于北纬30°附近，本来北纬30°线上应属于亚热带回归高压带，干热少雨，所以北纬30°几乎都是荒漠或半荒漠地区。而四川盆地则是一个绿色植物覆盖、温润多雨的绿色盆地。这要得益于她西侧的青藏高原，正是因为青藏高原的隆起改变了行星风系，截留了太平洋、印度洋的暖湿气流，才使包括四川盆地在内的我国大陆东部也具有明显的季风气候，变得温润多雨，成为最适宜人类居住的乐土家园。生活在这里的"盆友"，是如此的幸运。

环崖丹霞：
中国丹霞的另类

> 这里的丹霞发育于连绵群山的深处，隐匿在亚热带常绿落叶阔叶混交林所组成茫茫林海，只有沿着水系进入山体内部的峡谷中，赤红色的陡峭崖壁、高悬的瀑布、层层跌落的流水，这才展现出它真实的一面——外面平淡无奇，内部别有洞天。我建议使用"环崖丹霞"这一名称，来命名四川盆地南缘川、渝、黔一带这种特殊的丹霞地貌。

不一样的丹霞

金沙江千回百转，在南北相间而行的横断山深切岭谷间，向南向东奔涌 2000 千米之后，终于切开最后一道屏障——大凉山，投入四川盆地的怀抱，并在宜宾纳岷江之流，成为长江的起点。穿行在四川盆地的长江，在经历了千山万壑的重重阻障，于惊涛骇浪之后，在这里得以短时喘息。就像钢琴曲中两段激昂的急板与快板之间的行板和柔板，平静而温婉。尔后，长江东出四川盆地，进入最惊心动魄的三峡，开始另一段波澜壮阔的行程。

赤水河两岸的丹霞地貌具有极大的隐蔽性。上图为赤水河。摄影/杨建

长江初入四川盆地的右岸，有一条不甚大的支流，名为赤水河。这是一条有着较高知名度的河流。1935年初，被国民党军围追堵截，几乎陷于绝境的红一方面军在这里上演了惊心动魄的"四渡赤水"运动战，最终摆脱险境，成功北渡金沙江。红军之所以能在赤水来回穿插、突破重围，除了指战员的卓越胆识之外，巧妙利用赤水河的地理位置及两岸地形亦是关键。赤水河位于川、黔、滇三省交界，既是地形地貌的承转过渡之地，又是三省军阀势力结合带的薄弱环节。同时赤水河两岸，丹崖赤壁，谷深坡陡，植被浓郁，进退有据，具有极大的隐蔽性，也给了红军从容开展运动作战的地理条件。

就在红军穿梭于赤水河两岸的红色砂岩沟壑绝壁间之际，远在广东韶关的仁化县，刚刚告别研究生生活、日后成为我国著名构造地质学家的陈国达亦行走在另一片红色崖墙、峰丛之间，并在3年之后的1939年第一次提出丹霞地形的概念，开启了我国丹霞地貌研究的先河。

2010年，我国南方湿润区6个丹霞地貌景区打捆成功申报为世界自然遗产，广东的韶关和贵州的赤水同时名列其中。两个素不相关的事件和两个相隔千里的地区，终以这种方式，以"中国丹霞"的名义叠合在一起。

历史就是这么有趣而出人意料，就像当年曹丕写下"丹霞夹明月，华星出云间"的诗句时，也不会想到他用来形容云彩的"丹霞"会成为一座山名字，并且最终成为一种红色地貌的名称。

6个典型丹霞地成功申遗，被视为我国地貌学的一次成功。毕竟"丹霞"作为中国人自己发现并命名的、土生土长的地貌类型，能获得世界的认可，实属不易。

这6处丹霞地貌，跨及浙江、湖南、广东、福建、江西、贵州，它们具备什么样的特点呢？

丹霞地貌自陈国达先生首次提出，曾昭璇正式命名，再到获国际地貌学界认可，对其定义和内涵始终在变化和发展，甚至始终充满争论。但争论的焦点主要集中在是否专属陆相沉积，中生代以外的红层算不算，产状平缓是否为必备条件，而对丹霞地貌的形态和颜色则有广泛共识。在形态上，"顶平、身陡、麓缓"被认为是丹霞地貌的标准形态，陡崖则是其必须具备的特点。而在颜色上，"色如渥丹，灿若明霞"，红色调是不能含糊的唯一色彩要素。

依据申遗文件，我国的专家依据《世界遗产操作指南》总结出"中国丹霞"作为整体所具备的四项特点，其中对"中国丹霞"的内涵是这样定义的："中国丹霞是一个由陡峭的悬崖、红色的山块、密集深切的峡谷、壮观的瀑布及碧绿的河溪构成的景观系统，整体为临水型峰丛—峰林景观，被天然森林广泛覆盖。构成丹山—碧水—绿树—

白云的最佳景观组合，是中国和世界上最美丽的丹霞景观的例证。"

然后，当我们将这6处丹霞地放在一起进行比对时，却发现一个有趣的现象。除贵州赤水外，湖南崀山、江西龙虎山、福建泰宁、浙江江郎山、广东丹霞山这五个丹霞地貌区，在宏观上皆发育有大面积的平顶型、圆顶型峰丛、峰林，如湖南崀山的鲸鱼闹海（峰丛）、广东丹霞山的巴寨岩、福建泰宁的大金湖；或者有高大奇险的峰柱，如江西龙虎山的金枪峰，江郎山的三爿石，广东丹霞山的元阳石。这些丹霞地貌都有一个共同的特点，都有规模宏大、造型奇特、色泽艳丽的山、峰、石、柱、崖、墙。它们兀立于地表，具有地标意义，非常引人注目。而贵州赤水的丹霞地貌则明显不具备这样的特点，这一地区的丹霞地貌形态主要为丹崖陡壁，赤色长墙，高悬飞瀑，且全部隐藏在沟壑与丛林中。从高处看，群山起伏，植被遍覆，完全不具备很多丹霞地貌地区，在宏观上的所具有的雄奇险峻。唯有沿河流溯流向上，走进水系的细枝末节，于沟谷深处，才逐渐显现出它的雄奇。不仅是赤水，我国西南部川、黔、渝交界处的四川省乐山市、泸州市，重庆市江津一带，所分布的丹霞地貌，也都具有这个特点。

那么它们是不是另一种我们不熟知的丹霞呢？为此，我们开始了探秘之行。

在泸州叙永县，我们找到环崖丹霞

从成都出发，贴近四川盆地西南缘而行，新修不久的成都经自贡到泸州的高速公路穿行在盆地底部，中生代形成的紫红色砂岩、泥岩，以低山、丘陵、平坝的形态交替出现。这片貌似平淡无奇的起伏其实隐藏着许多惊人的秘密。三叠纪以来，近两亿年的连续沉积，在这里形成厚达 3000～4000 米的河湖相红色碎屑岩，也就是著名的四川红层。

就在这些红色的丘陵中，1915 年受国民政府中央地质调查所之邀，来此考察的美国地质学家劳德伯克在自贡荣县的一面侏罗系砂岩崖壁上，发现了四川盆地的第一枚恐龙牙齿化石，由此叩开了四川红层恐龙王国的大门。

而在比侏罗纪更为久远的三叠纪末，这里正处于海陆转换的关键时期，大量的咸化海石膏、盐卤、天然气被"囚禁"在岩层深处。东汉章帝年间（公元 76～88 年），自贡先民开始了对盐卤这种稀缺资源孜孜不倦的追求，并因此创造人类钻凿井技术的最高成就和川南一个个因盐而兴的城市、古镇、码头以及大量根植于盐卤的灿烂文化。

听说我们要做川南、黔北一带的环崖丹霞专题，摄影师李忠义显得有些兴奋。当我把赤水照片拿给他看时，他猛拍脑门，作恍然大悟状。

"哦，就是红圈子嘛，我老家那一带也有。"

李忠义是泸州叙永人，早年在叙永某茶场供职，对那里的山水了如指掌，于是这次考察的行程便从他小时候游玩的叙永开始。

从黄桷坪互通下高速，通往画稿溪国家自然保护区的山区公路蜿蜒在茫茫竹海。

位于云贵高原大娄山北缘与四川盆地中部低山丘陵的过渡地带的画稿溪国家自然保护建立于 2003 年，其主要保护对象为亚热带原

四川盆地西南边缘发育大量的隐藏性丹霞。
上图为叙永画稿溪环崖丹霞。摄影 / 李忠义

始常绿阔叶林生态系统和中生代残遗物种桫椤群落及其伴生的珍稀野生动植物。在地史上这里和四川盆地南缘一样属于华南古陆和古地中海的边缘部分。从地貌上看，保护区隆起的巨型方山，被三条河流切割，形成典型的峡谷与方山组合。区内沟谷纵横，切割剧烈，从谷底至山顶的相对高差一般在 300～500 米，地形地势极其复杂。

　　沿着水尾河的支流向上，越往里走，越为深幽。两侧的岩壁明显呈现出微微弧形的变化，岩壁的下部，常有进深数米的岩腔，成为当地供奉山神、菩萨的地方。两壁岩墙之间河谷，落差并不大，河床的岩石主要为相对坚硬的砂岩和相对较软的泥岩组成，岩性的差异导致流水侵蚀差异，河床呈现出高低错落的阶梯状，因而除高悬的瀑布而外，河床上往往还有一连串的跌瀑与之组合。河床两侧没有水流的地方，生长着各色植被，受到国家重点保护的金花茶、鹅掌楸等以及大量的喜湿喜阴植物便生长在这里。国家一级珍稀濒危保护植物桫椤在沟内成群落分布，它们树形优美，树干粗大，数量众多。

行至沟谷的尾部，绕过一片桫椤的遮挡，一个赤红色的环形绝壁出现在眼前，环形岩圈直径约 80～120 米，垂直高度 80 米，平面闭合度超过 200 度，岩层裸露，岩壁光滑，一帘线形瀑布从环形岩圈后缘顶部直泄而下，直坠谷底。环形绝壁之下，巨大的崩积岩块杂乱堆积，将这种丹霞形成演化的证据清晰地留在这里。

从沟中出来，李忠义又带我们走了两条沟，沟的长度皆在 2～3

泸州叙永环崖丹霞。摄影 / 李忠义

千米左右，沟内景观大致相同，即沟谷长度皆不长，沟谷形态皆为瓮形（沟口窄小，沟尾宽阔），沟谷的尾部皆为裸露的环形绝壁，环形绝壁后缘均有一帘瀑布长垂，沟谷内的河床皆发育阶梯状跌水，两侧均生长桫椤。

这种与众不同的丹霞地貌似乎开始慢慢浮现。

那些以"洞"命名的景区并非全为环崖丹霞

一般而言，越是由盆地向山地过渡，越靠近边缘，山体愈是高大，切割越深，形成的景观也就愈壮观。

赤水位于叙永以东，与画稿溪为邻，与四川盆地属同一沉积盆地，具有相同物质条件、构造体系和气候环境，那里的丹霞地貌会怎么样呢？是否也与叙永一样，发育环形绝壁呢？

中山大学的黄进教授是我国著名地理学家、地貌学家，被业界称为中国全面系统研究丹霞地貌的第一人，有"当代徐霞客"之称，为中国丹霞地貌研究作出了杰出贡献。黄进教授从1990年以来，曾八次到赤水考察，2015年，他以《赤水丹霞》为题将几十年研究成果结集出版。

然而遗憾的是，我们在黄进教授这本著作中，并没有发现这种丹霞地貌形态的记录，他将关注点着眼于抬升速率、风化速率的研究，对赤水丹霞多瀑的现象亦多有关注，但为什么唯独没有环形绝壁的描述呢？

带着这个疑问，我们决定进入赤水景区。

赤水市是一个位于川、黔交界的小城，两省以赤水河为界，向西跨河即为四川合江县九支镇，两城以赤水河相隔，又以赤水河大桥相连，其实已经难分彼此了。

赤水之名源于赤水河。赤水河源于云南镇雄县大湾鱼洞乡之大洞口。上游由西向东，至古蔺河口折向西北，于四川的合江汇入长江。赤水河大部分河段都穿行在上白垩统嘉定群砖红色砂岩、泥岩，也就是丹霞地貌区。每到汛期，大量红色泥沙被流水挟裹入河，将河水染成血红色。早在唐朝，这条河便以"赤虺河"来相称。"流卷泥沙，每遭雨涨，水色浑赤，河以之名也"，明朝时正式改名为赤水河。赤水河素有美酒河之称，沿河两岸，茅台、古蔺、习水皆出好酒。

赤水丹霞地貌主要分布在赤水河、习水河的中下游山地，丹霞地貌的分布面积达1300平方千米。沿着赤水河、习水河向南而行，除了河谷两侧偶尔能见到一些赤水色的绝壁和悬瀑，并无其他奇景。但当你离开干流，徒步任意进入这个羽状水系网的任一条支流，每一条深幽的沟谷都隐藏着溪潭、跌水、瀑布、丹崖、桫椤，都会给你意想不到的惊喜。所以，赤水丹霞，由很多景区组成，因为很多沟都可以独立开发，独自成景，常常让初来的游客云遮雾罩，不得要领。它就像一个迷宫，每一条沟壑，都藏着惊喜。

在黔北、川南一带，常将瀑布称为"洞"。四洞沟，即为有四条瀑布的沟，十丈洞，即为沟中瀑布高达十丈。所以也就有很多以洞命名的景区、景点，如赤水四洞沟、十丈洞、蟠龙洞、中洞、百丈洞，叙永八节洞，习水大园洞。瀑布与悬壁是赤水丹霞的共有特点，也是环崖丹霞必备条件。那么，以洞命名的景区，会是我们寻找的环崖丹霞吗？

十丈洞，现更名为赤水大瀑布，也许是担心游客不知"洞"为

经过考察,赤水十丈洞(赤水大瀑布)不是环崖丹霞。摄影 / 李忠东

何物,改了一个直截了当的名字。但十丈洞瀑布并不是环崖,它既没有环形的绝壁,亦没有线状下垂的瀑布。

与十丈洞瀑布相距 1.6 千米的中洞瀑布同样为一个大型的帘状瀑布,高 18 米,宽 75.6 米,被称为"中国帘状瀑布的典型代表"。两个瀑布尽管高低悬殊,但宽度都为 80 米左右,正好与河床的宽度相当。十丈洞瀑布的瀑水源于香溪湖水库,水流沿大坝均匀下泻,而中洞瀑布的瀑水则源于十丈洞瀑布的下泻流水,经过一段水平岩层冲刷出的河床再次均匀跌落成瀑。帘状瀑布,对崖壁均匀冲刷,崖壁表现出均匀后退的特点,这是十丈洞、中洞难以形成环形绝壁的原因。

那么另一个以洞命名的四洞沟呢？四洞沟是赤水的著名景区，发育四级瀑布，其中水帘洞瀑布、月亮潭瀑布、飞蛙崖瀑布均为帘状瀑布，瀑布宽在37～43米之间，与河床的宽度基本一致，未形成环形崖壁。唯有最高一线的白龙瀑布，高60米，宽23米，远远小于河床宽度，流水沿河床中部侵蚀，崖壁呈现出不均匀后退，具备环崖丹霞的特点。

古蔺黄荆沟有一种"红圈子"地貌

从赤水的风溪口出发，沿风溪沟一直往南过两河口，越过十丈洞大瀑布，继续溯流而上10余千米，就到了四川境内。四川古蔺县的黄荆老林景区就位于两省交界处，也就是风溪沟的上游。这是一个鲜有人知道的景区。从地形地貌单元及地质构造来看，这里的山脉、水系及其地质成因和赤水丹霞区一脉相承，难分彼此，尤其与十丈洞瀑布山水相连，分属风溪沟上段和中段。但两个景区"热"度却天壤之别，就算是中秋这样的小长假，黄荆老林依然门可罗雀，游人稀稀拉拉。而10千米之外十丈洞却已人满为患，游客如织。

位于川南群山深壑的黄荆老林被大片森林结结实实覆盖着，大片森林已经有200多年的国家保护历史，可以算是我国最早的保护区之一。黄荆老林的主要景区为八节洞，按字面理解，应当就是一沟八瀑的意思，而导游图上的确也有八个以洞命名的景点，如一节洞、二节洞。

沿着沟谷溯流向上，嘉定群砖红色砂岩形成的水平河床光洁而鲜艳、两侧堆积着粗大的崩积岩块。和赤水窄束逼仄的峡谷、跌宕起伏的河床相比，八节洞的箱形沟谷视野宽阔，河床平整如毯，这不仅可以观景，亦可在河床上玩水。翻卷着白色浪花的溪水从赤红色河床一路漫过，这本身就有极强的视觉美感。

受到宽阔河床的控制，八节洞的瀑布皆以帘状瀑布为主，瀑布的宽度与河床的宽度较为接近，流水对崖壁的冲刷均匀，崖壁表现出均速整体后退的特点，难以形成环形绝壁。

二渡赤水，发现最大的环崖丹霞

对黄荆老林的考察，似乎给了我们一个启示：以"洞"命名的多瀑的沟谷，不一定有环崖存在。在这一区域还有许多以"岩"命名的景观，它们是否为环崖呢？我们决定重新返回赤水，去看看那里一个著名景点——佛光岩。

当我们从沟谷的入口缓慢进入，两侧绝壁夹峙的沟谷平缓深幽，沿着被流水冲刷得光洁的红色水平砂岩河床渐渐深入，不经意中，我们已经进入一个瓮形谷的内膛。瓮，是川黔一带农村常见的一种土陶制成的容器，主要盛装谷物、酒等，其特点是肚大口小。瓮形谷内，空气潮润，仿佛可以挤出水，常绿阔叶林及各种河谷灌草藤蔓铺天盖地，遮天蔽日。行至瓮谷的尾部，突然一面红色环形绝壁在面前横空而立，绝壁中央最凹处，一条银色瀑布从空中纷纷扬扬，飘然坠落。

站在谷底向环形绝壁望去，蓝天呈一弯弧形，仿佛进入凡尔纳所描绘的地心世界。

环崖的山岩之石，皆为红色，是那种纯粹的不含一丝杂质的红，尤其雨后初晴，"雨余红色愈精神"。万绿幽谷，皆被这明亮鲜艳的红抢了风头。

组成绝壁的岩石层理，在平面上呈水平，如一本本整齐叠放的厚薄相间的书。但在环形绝壁上，则呈弧形弯曲，像一个个红色的不同厚度的岩圈套在一起。它就是我们要寻找的环崖丹霞。

金沙沟是赤水河的另一支流，桫椤保护区便位于这条沟内。景区开发的景点，均位于金沙沟两侧的更次一级支流，"赤壁神州"便是其中一处著名景点。神州赤壁位于红岩沟内，为典型的环形绝壁，绝壁高 160 米，宽达 102 米。绝壁上裸露的赤红色岩石与岩壁缝隙生长的植物组成酷似中国版图的图案，因此又有"中国版图"之称。环崖弧顶有瀑布垂落，高 100 多米。

燕子岩溪是风溪沟的一条小支沟，溪长 4.9 千米，流域面积约 6 平方千米。燕子岩溪发育两组瀑布，均形成环形绝壁，燕子岩便位于第二级瀑布中间的崖壁之上。

经调查，赤水河西岸的仁溪沟所发育的五级瀑布、丙安沟上游华条沟多级瀑布，尤其是百丈洞瀑布、金沙沟支流两千米沟、沙干沟支沟小沟的七级瀑布尤其是锅圈岩瀑布均以育环形绝壁，尤其是华条沟的百丈洞瀑布、沙干沟支沟小沟的锅圈岩瀑布更是规模宏大，环形特征完整而典型。

江津四面山是另一个环崖丹霞分布中心

倘若赤水是四川盆地南缘环形丹霞的分布中心，那么位于赤水东北方向的重庆江津四面山则是另一个高潮。

在一条瓮谷的底部,佛光岩横空而立。摄影 / 李林(图虫创意)

四面山位于大娄山北坡，四川盆地南缘。晚白垩纪的夹关组（嘉定群）砖红色厚层至块状石英砂岩夹薄层泥岩厚达 451.5 米。古近纪以来，与四川盆地南缘的其他地区一样，受喜马拉雅运动影响，在四面山及其周围，形成一系列近南北向褶皱，四面山正好处于两个背斜之间的向斜核部，形成典型的中低山倒置地形。这里，岩层近于水平，褶皱舒缓，向斜成山，为流水侵蚀形成丹霞奠定了十分有利的条件。

四面山的岩圈直径在 50～1000 米之间，高数十至 400 米不等，平面闭合度达 200°～300°。这个半月形弯转的环状赤壁丹崖，往往成为沟谷的后缘。就像一个巨大长墙向河谷上游方向弯转，然后绕过河谷，向另一侧延伸，形成 U 字形管状结构。彼此对立的赤壁丹崖，构成壁立千仞的幽深峡谷，上游弧形转折处，则呈 C 字形结构，口小肚大，形似农民储粮的瓮，故称其为"瓮谷"。其中，水口寺、土地崖、望乡台、鸳鸯瀑布、杉坪子、月亮湾等六处典型环形绝壁及瓮谷最具震撼力。

和赤水一样，四面山丹霞以多瀑布著称，且都有"瀑布之乡"之称。区内大小 40 多条溪流，有 100 余挂瀑布梯次跌落，其中落差超过 130 米的便有 2 处，超过 80 米有 11 处。而且每一个赤红色的环崖绝壁和瓮谷均有一条高垂的大型瀑布与之组合，如望乡台瀑布、悬幡岩瀑布、水口寺瀑布、鸳鸯瀑布最为壮观。

望乡台瀑布是四面山内落差最大的瀑布，其高 151.76 米，宽 40 余米，其势若天河长垂，震山撼谷。望乡台瀑布的绝妙之处是瀑布以红色丹霞赤壁为背景，原始森林为依托，红山、绿林、白瀑融于一体，构成一幅色彩绚丽的山水图画。

细究环崖绝壁出现的位置，我们发现四面山沟谷的断面形态有宽谷、峡谷两类。宽谷位于河流上游地段的夷平面，河床底平，水流平缓，谷两边的山顶及山脊圆润，山坡舒缓。而峡谷位于河流下游地段，河谷窄狭，两侧为壁立的绝壁，谷底多巨大的石块堆积，流水湍急，常见激流或低矮的瀑布。

宽谷与峡谷的交会处就是环崖绝壁—瓮谷—瀑布出现的位置，而这个转折点在地貌学上称之为"裂点"。

江津四面山大量发育"瓮谷"、环崖丹霞。其中，水口寺、土地崖、望乡台、鸳鸯瀑布、杉坪子、月亮湾等环形绝壁及瓮谷最具震撼力。上图为望乡台瀑布。摄影 / 李忠义

"裂点"是河谷纵剖面从缓坡转为陡坡的转折点。就这里而言，裂点的出现与低矮的四川盆地南缘向云贵高原过渡有关，从四川盆地长江边海拔 200 米左右的低点，上升到海拔 1200 米以上的云贵高原，这是新生代强烈地壳差异升降运动的结果。四面山出现的裂点有水口寺岩口、朝源观、文家寨、土地崖、鸳鸯瀑布、龙沟天梯等，在裂点出现处都形成了环崖赤壁—瓮谷—瀑布的组合。

环崖绝壁是一种丹霞类型吗？

以赤水为中心的丹霞地貌，虽然与东南部的另五处丹霞景观地同时命名为中国丹霞世界自然遗产，但仔细比较后不难发现，它既不同于东南地区命名的丹霞地貌，更不同于西北干旱的丹霞地貌。在这里，"顶平、坡陡、麓缓"典型峰丘，突出的堡寨式、城堡式、石柱式都难以见到。这里的丹霞发育于连绵群山的深处，隐匿在亚热带常绿阔叶混交林所组成茫茫林海。只有沿着水系进入山体的内部，深幽的峡谷中，赤红色的陡峭崖壁、高悬的瀑布、层层跌落的流水，这才完全展现在面前，这仿佛进入一个群山绿树所包裹的世界，外面平淡无奇，内部惊艳张扬。

更为奇特的是那些发育于地形"裂点"上的环崖绝壁，直径达数百米的弧形红崖，像一面面环幕，平面闭合甚至达 200° ～ 300°。每一个环形绝壁的后缘均有的一帘高悬的飞瀑。发育环形绝壁的沟谷，则主要为口小肚大的瓮形沟谷，这种特殊地形所形成的封闭小区域，有着独有的生态系统以及数量众多的桫椤群落。

在传统的丹霞地貌形态分类上，无论是黄可光提出的类丹霞地貌、宫殿式、窗棂式、蜂窝状丹霞地貌分类系统，还是黄进提出宫殿式（柱廊状、窗棂状）、方山状、峰丛状、峰林状、石墙状、石堡状、孤峰状等分类系统，都很难与运用于赤水一带的丹霞地貌形态分类。

这样一种明显的地貌自然会引起人们的注意。实际上，乐山师范大学的罗成德教授在长期从事四川盆地红层地貌研究时，已经发现川、黔、渝之间的四川盆地西南缘，存在这种既不同于东南部传统丹霞地貌区，又不同于西北干旱区丹霞地貌，甚至不同于四川盆地其他地区的特殊丹霞。在他于2002年发表的《四川盆地丹霞地貌的几个问题》·文中，首次提出"红圈子"的问题。他认为四川盆地南部较普遍地分布着一种环状陡崖地貌。这种地貌在马边、沐川、叙永以及合江等地叫"锅圈岩"，取其形如农村柴草灶放锅的灶圈；

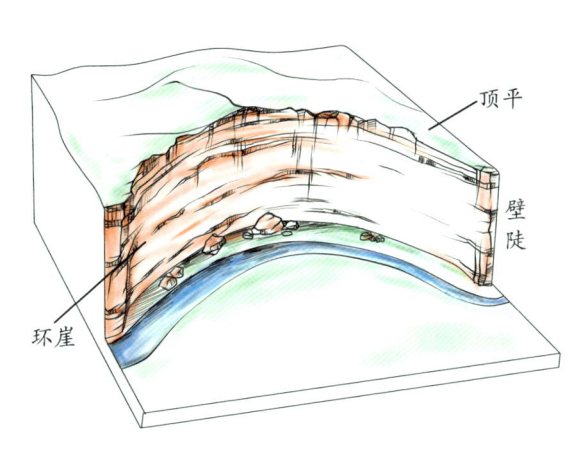

环崖丹霞形态素描图。绘图 / 杨金山

在习水叫"圆洞",也取其形近圆形;古蔺黄荆一带则叫"红圈子"或"环岩"。罗成德教授认为它既是一种环形陡崖,又是赤壁丹山,提出将"红圈子"作为这种特殊丹霞地貌的名称。他阐述了这种红圈子地貌的含义"岩圈直径 50～1000 米不等,高数十至 400 米不等,平面闭合度 200°～300°不等,四周岩石壁立,后壁有瀑布悬挂,底部有倒石堆或深潭"。

然而,罗成德教授的这篇文章并未引起更多人的关注,在之后包括黄进教授的研究中仍一直将其作为传统丹霞的一种早期阶段;我认为需要修正的是,一种新的地貌类型的提出往往建立在长期系统的科学研究基础上,需要时间验证并取得大多数专家的认可。红圈子地貌作为丹霞地貌的一种形态类型更为恰当。另外,使用当地百姓的俗称作为这种丹霞的形态类型并不是一个最佳选择,不同的地方对这种地貌均有自己约定俗成的叫法,因此"红圈子"一词尽管极其形象,但缺乏清楚的地貌类型指向,而且显得有点俗气和直白。

因此,我们建议使用"环崖丹霞"这一名称,来命名四川盆地南缘赤水河一带这种特殊的丹霞地貌。徐霞客曾在《徐霞客游记》中描述过一种地貌:"其山皆不甚高,俱石崖盘亘,堆环成壑,或三面回环如玦者……但石质粗而色赤……"虽然我们无法考证徐霞客记录的是何方地貌,但它描绘的这种地貌却与环崖丹霞十分吻合。

"环崖"能形象地概况这一地貌形态的特征,精准地提炼和表达出"环状陡崖"这一最显著的识别码。后缀冠之以"丹霞",则明确这种地貌形态的地貌学上归宿,可清晰地将想象指引到"色如渥丹,灿若明霞"的意境。

环崖丹霞是如何形成的？

丹霞地貌的形成可以从地层岩石、构造条件以及地表的植被、土壤、水文类型等许多方面进行分析。环崖丹霞的形成亦大同小异。这里在中生代的大多数时间，一直处于大型内陆盆地，沉积了厚达上千米的红层。尤其上白垩统嘉定群（夹关组）泛滥性河流环境，所沉积的砖红色砂岩夹紫红色泥岩，它为环崖丹霞的形成奠定了物质基础。之后，这一区域发生褶皱、断裂运动，形成一种特殊的"倒置地形"①，从而为区内陡崖、深涧、瀑布的形成奠定了非常好的地形条件。

在气候上，这里属于四川盆地南部暖季霜冻最少区和盆南山地

这种特殊的丹霞地貌在当地叫锅圈子、红圈子、环岩。上图为赤水佛光岩，是最典型的环崖。摄影 / 李林（图虫创意）

中亚热带暖温带区。年降水在 1200～1300 毫米之间，是四川盆地除华西雨屏区外，降水最丰沛的区域。年日照时数仅 1000～1200 时，几乎是四川盆地的最低值，因此水分蒸发量小，加之红色砂岩、泥岩透水性差，便决定了这一区域地表水极为发达。具有一定落差的地表径流，为丹霞地貌的形成提供了足够的动能。

那么环状陡崖又是如何形成的呢？中生代地层大面积抬升，同时产生不同方向的节理、裂隙，流水沿这些节理和裂隙进行侵蚀，形成两壁直立的深沟，称为巷谷。之后，这一地区发生了间歇性断块抬升，导致河谷河床在纵向上形成阶梯状的陡坎，流水至此皆成跌水或瀑布。由于这一区域岩石属于厚层或块状砂岩，岩层在跌水处也就是裂点容易产生重力崩解，而水平岩层容易受到水平掏蚀作用的影响，即沟谷在发育过程中，崖壁沿底部的岩洞和崖廊崩塌，使沟谷向横向拓宽，类似于嶂石岩地貌中 Ω 形嶂谷，也就是本文中的瓮形谷。在此基础上，流水的溯流侵蚀作用[2]，使岩壁以流水为中心出现不均匀后退，再加之流水的冲刷与打磨，便逐渐形成马蹄状的环形绝壁。

在调查中，我们发现并不是这一区域的所有沟谷都能形成环状绝壁。比如赤水风溪沟的赤水大瀑布（十丈洞）以及之下的中洞瀑布，瀑布跌落的悬壁便为直线，而不是弧形。与之相邻的四川叙永黄荆老林的八节洞，也无一为环形绝壁。不能形成环形绝壁的沟谷，

---

[1] 正常情况下，背斜成山，向斜成谷，这里由于向斜两侧的数条背斜被流水强烈侵蚀，形成谷地，向斜地层反而突起形成山脉。
[2] 河流沿沟谷的源头方向侵蚀，不断使河流向上移动，河谷延长，河谷中的瀑布后退的一种地质现象。

流水在坡度较缓的河床流淌　　　　　　　地壳抬升形成陡坎

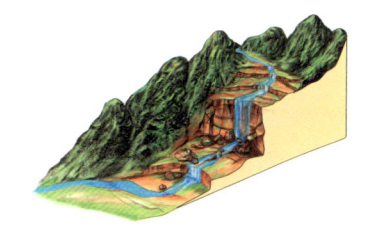

流水溯源侵蚀，在裂点形成环崖的雏形　　流水进一步侵蚀整理，最终形成环形绝壁

溯源侵蚀型环崖丹霞形成模式图。绘图／杨金山

都有一个共同的特点，那就是在地形裂点出现的瀑布均为帘状（即面状），瀑布的宽度和河床的宽度相同或接近。帘状瀑布，对崖壁的冲刷较为均匀，崖壁的中心和两侧的后退速率基本一致，崖壁表现出均匀后退的特点，因而只能形成平直的绝壁。而形成环形绝壁的瀑布，无一例外为线状瀑布，其对崖壁的冲刷不均匀，崖壁中心流水常年冲刷的地方，其后退速率较大，而两侧只能接受季节性流水（丰水期有水，枯水期无水）的冲刷，因而后退速率相对较慢，后退速率的差异形成环形绝壁。因此，从目前研究结果来看，笔者

认为水平岩层的水平掏蚀作用是这种环崖绝壁形成的基础,线状瀑布对崖壁的不均匀冲刷则是关键。除此以外,还有没有其他原因呢?我们期待有更多的专家和爱好者提出新的观点和见解。

正当我们为解开环崖绝壁形成之谜和窃喜时,在乐山市马边县境内,发现一连串的环形大绝壁,绝壁后缘并没有瀑布和流水,显然与我们熟知的"溯源侵蚀"无关。这又是怎么回事呢?

一种更加特别的环崖丹霞

朋友张三才是马边县的文联主席,对当地地文风物了如指掌,有一天他拿来一堆照片,让我看看照片上的奇奇怪怪的山、石、崖、洞都是些什么?有没有条件申请一处地质公园。

其中有一张拍摄于马边县苏坝镇名为"石丈空"的照片引起了我的兴趣。在这张照片上,有一面绝壁,光洁如镜,具有明显的弧形特点。通过读地质图得知,马边县的靛兰坝—苏坝与宜宾市的屏山县中都一线,正好位于马边—沐川弧形构造带上,这条弧形构造带由一系列大致呈弧形排列的褶皱组成,背斜陡窄、向斜宽缓。而其中靛兰坝—中和庄向斜的核部正好为早白垩世砖红色砂岩、泥岩。那么这里是不是也是环崖丹霞呢?如果是的话,那么这一带极有可能就是川黔渝环崖丹霞带分布的最北界。

我迫不及待打开卫星地图,顺着中都河一路追索而上。在深绿、浅绿、灰黄、灰白的影调中寻找河流的每一次拐弯,山体的每一处变化。果然,在中都河上游的几个拐弯处,卫星图上清晰地显示出环状的山崖,再把搜索范围扩大至中都河的支流,这样的环状地貌多达几十处。

让人感到费解的是，在中都河上游南侧的分水岭海拔1741米的人头山，有一条东西横亘的刀脊状山脊。这个长达5千米的连绵屏障，构成西宁河与中都河的分水岭。就在这条几乎平直的线形山脊的南侧，连续发育12个环形大岩壁，在卫星图上它们左右相连，就像紧紧相扣的连环套。在远离河流，汇水区面积也极小的单斜山陡立面山脊，这些环状崖壁是如何形成的呢？

来到马边县，张主席一行陪同我们考察，从县城出发，一路向东越过胭脂山，进入一个叫石门坎的窄束地带，四周地形立即感觉到明显的变化。红色砂岩所形成的单斜山兀立平畴，如巨大的屋顶斜坡。而在靛兰坝一带的河谷，发育一段深切河曲，直线2.5千米的距离，中都河在红色峡谷中迂回婉转，如蛇曲龙行近10千米，形成近20次弯曲。尤其是在穿牛鼻一带，河流由西向东环绕山体，近180度旋转，形成一个Ω形拐弯。从起点到终点，最窄的颈部仅仅40米，河流居然绕行了1000米。

张三才告诉我们，往屏山县中都镇方向，有一个叫火烧岩，比石丈空大得多。顺中都河向下，还未到火烧岩，左岸已经不断出现环形岩壁。虽然一路已经惊喜不断，到达火烧岩，当那边大岩壁扑面出现时，仍给我极大震撼。形成环状陡崖的砖红色砂岩，岩层近于水平，岩圈直径达700米，高达400米。绝壁临河而立，气势逼人。绝壁之上，赤色岩层裸露，在朝霞夕辉照映下，真正是"色若渥丹，灿若明霞"。

和我们在四川盆地南缘泸州、赤水、四面山看到的环形绝壁相比，荍坝的环状大岩壁几乎全部出现在河流的左岸，也就是河流的

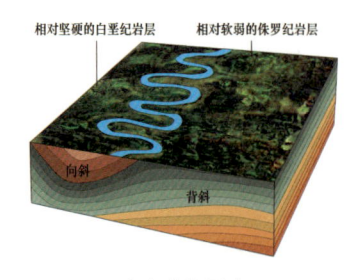

相对坚硬的白垩纪岩层　相对软弱的侏罗纪岩层

向斜　　背斜

自由曲流形成

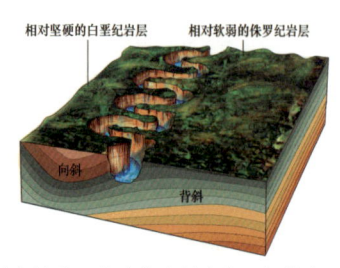

相对坚硬的白垩纪岩层　相对软弱的侏罗纪岩层

向斜　　背斜

地壳抬升，自由曲流转变为深切曲流

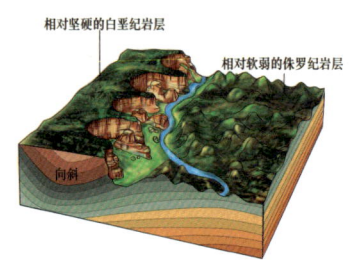

相对坚硬的白垩纪岩层

相对软弱的侏罗纪岩层

向斜

由于差异风化，软弱的一侧遭受风化剥蚀

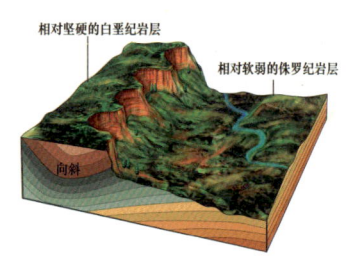

相对坚硬的白垩纪岩层

相对软弱的侏罗纪岩层

向斜

地壳继续抬升，差异风化加剧，河流改道，环形绝壁保留在山顶

侧向侵蚀型丹霞地貌形示模式图。绘图／杨金山

凹岸，而之前我们看到环形绝壁则主要发育于沟谷地形转折的拐点，这个拐点大多位于沟谷的尾部，并且一定会伴随一帘高悬的线状瀑布，出现环形绝壁的沟谷往往同时为瓮形山谷，显然，那一带的环形绝壁的形成主要受河流溯源侵蚀的控制。而茷坝的环形大岩壁弧形后缘并无瀑布发育，那么它的形成又是什么原因呢？

突然，我想起之前看到的像蛇一样蜿蜒于红色峡谷的深切河曲。一般说来，"河曲"只能形成于松散的沉积物组成的平原或宽谷中，但在四川盆地丘陵地带，却常能看到 S 形"河曲"深深地嵌入岩层之中。这种"嵌入式深切河曲"是平原和盆地中早期形成的"河曲"，在后期地壳强烈抬升、河流快速向下切割而成。它在不同时期受到两个侵蚀作用影响，早期以侧蚀作用为主，形成河曲，后期以下蚀作用为主，河床不断降低，直至嵌入岩层。那么这些环形的岩壁是不是就是河流侧蚀作用形成后，一面被地壳运动越抬越高，一面被

在屏山县的中都镇，我们找到多处环崖丹霞，它们与瀑布、森林的组合相当美妙。
摄影 / 李忠东

马边与屏山交界处的人头山连续发育12个环形大岩壁，是另一种成因的环崖丹霞。摄影/李忠东

河流越切越深，最终形成的呢？

而位于中都河上游人头山上环环相扣的12个环形岩圈，难道也是这样形成的吗？那么如今那条曾经蜿蜒的河流，又消失在哪里呢？

我们再次查阅地质图。地质图上，人头山出现环形岩圈的地方，正好是白垩系地层与侏罗系地层的分界线，南北两侧两套地层之间岩石的软硬不同，导致风化剥蚀出现巨大差异。北侧相对坚硬的白垩系块状砂岩，由于抗风化剥蚀能力较强，被保留在山体顶部，而南侧相对较软的侏罗系泥岩、页岩，由于抗风化剥蚀能力较弱，被夷为平地或浅丘。这不但造成地形的巨大反差，那条侧向侵蚀形成岩圈的河流也因地形的变化，改变方向，向南而去。

经过一年多的考察，目前发现环崖丹霞的范围，至少包括四川盆地南缘，向西至乐山的马边、沐川一带，向南延至叙永、古蔺、贵州的赤水、习水，向东则至四川合江、重庆江津，止于綦江的老瀛山。若从地形图上看，这个区域则呈微微向南凸的弧形条带，几乎连成一片，总面积达13000平方千米，已知的环崖丹霞景观就有

数十个之多。

  我们常常感叹大自然的多彩多姿，美轮美奂。又常常疑惑，这些奇异景观为什么偏偏在这里出现呢？大自然为什么独钟情于一山一地？从巨厚的砖红色砂岩的形成，到地质作用提供了空间条件，再到地壳的抬升作用，直至温润气候、丰沛流水直接作用于岩石，环崖丹霞的形成是大自然的鬼斧神工，得益于这里的奇特构成，也得益于光阴。

大渡河峡谷：
雄阔与幽深之美

> "大渡河"一词是什么时候出现的，又是什么时候开始专指眼前这条河的呢？"大渡河"一词来源于"大渡水"或"大度水"。但西汉时期编撰的《汉书·地理志》中，大渡水指的是青衣水，也就是青衣江。在相当长的历史时期，大渡河就像"沫水"一样，既指今天的大渡河，又指今天的青衣江，这两条毗邻而居、相伴而行的河流，着实让人摸不着头脑。

一条混沌的大河

大渡河，从古到今，先后使用过十多个名字。如北江、戠水、涐水、沫水、大渡水、阳山江、羊山江、鱼通河、金川、铜河。出现频率最高的是沫水、阳山江和铜河。

"沫水"大概是大渡河最早的称谓，北魏郦道元在《水经注·沫水》中记载："沫水出广柔徼外，东南过旄牛县北，又东到越巂灵道县出蒙山南，东北与青衣水合，东入于江。"古时的广柔是今理县一带，"徼外"则指理县西部邛崃山系，大渡河上游正是流经马尔康、金川、

大渡河金川段。摄影/杨建

丹巴一线；古时的旄牛县则在今汉源县西北，而古代灵道县则在今峨边县南，大渡河正是由汉源东流至峨边，那里是在峨眉山（蒙山）之南的峨边县，最后向东北流到乐山，与青衣江汇合。《水经注·沫水》大致给我们勾勒出了大渡河流经的区域，和我们今天看到的大渡河基本吻合。而更早的司马迁也在《史记》中记载"司马相如除边关，关益斥，西至沫、若水"。汉武帝派司马相如出使西南夷，曾到达沫水和若水。沫水为大渡河，若水为青衣江，后来乐山籍的郭沫若，干脆以沫水和若水各取一字为名。值得注意的是，由于大渡河与青衣江毗邻，地理环境十分相似，古人常常将它们混淆，所以青衣江又有沫水之称，大渡河又常被称为青衣江。所以在古代，沫水、青衣水、大渡水，常常是大渡河和青衣江共同的称呼。

而"阳山江"则可看作是大渡河的别称，也有人认为是唐朝时期大渡河的称谓，奇怪的是在古籍经典文献中鲜有出现，而在地方志中却出现得较为频繁。从乐山沿大渡河到灵关道上的汉源和甘洛的一条古道，在古时称为阳山江道，分水陆和陆路两线，是南方丝绸之路东西两路之间的横向连线。这条古道据说是秦时古蜀灭亡后，蜀人南迁的逃亡之路。有人考证在峨眉山符溪、金口河枕头坝、汉源小堡乡等地出土的大量蜀人墓葬和蜀式青铜器，便是史书所载"秦人迁蜀"事件证据，而史籍中"古泾口"后来演变为今天的金口河。

铜河是大渡河下游的别称，峨边以下即铜河，其得名有两种说法，其一因附近山中产铜，故名；其二，相传西汉人邓通在此开矿铸钱（史称邓通钱）而得此名。出生于乐山市沙湾大渡河畔的郭沫若在其著作中，就经常以铜河来称呼大渡河，可见铜河的称谓在民间流传较广。

大渡河一词是什么时候出现的，又是什么时候开始专指眼前这条河的呢？

"大渡河"一词来源于"大渡水"或"大度水"。但西汉时期编撰的《汉书·地理志》中，大渡水指的是青衣水，也就是青衣江。在相当长的历史时期，大渡河就像"沫水"一样，既指今天的大渡河，又指今天的青衣江，这两条毗邻而居、相伴而行的河流，着实让人摸不着头脑。任乃强先生说："查青衣江在汉曰大度水，汉以后即失此名。"但实际上，大渡河指青衣江的用法并未消失，北宋时期的《资治通鉴》卷226注中，就有这样一句话："大渡河，在雅州卢山县。"一直到成书于明朝天顺五年（1461年）的《大明一统志》

雅州条中还清晰地记载"大渡水，在芦山县北四十里，邛县、芦山往来必渡此水，故名'大渡'，东南流入南安县界"。而从唐朝开始，大量史籍出现的大渡河，大多是指黎州飞越县的那条河，唐飞越县境相当于今汉源县宜东镇，今天的大渡河正好从其北侧和西侧通过。而在唐高宗仪凤二年（677年），还曾在大渡河畔设立大渡县，据史实记载，于大渡河东岸置大渡县（今泸定县兴隆乡沈村），隶雅州，武后大足元年（701年），大渡县连同三县重置黎州。次年，也就是武后长安二年（702年）大渡县入飞越县。

难道说历史上真的有两条名为"大渡河"的河流？有关大渡河的历史就像一团乱麻，它和四川盆地西南缘的青衣江、岷江交织在一起，越理越乱。

一条蜿蜒的大河

大渡河发源于青海省玉树藏族自治州境内阿尼玛卿山脉的果洛山南麓，上源足木足河（其上源为麻尔柯河、阿柯河，在久治县）经阿坝县于马尔康市境接纳梭磨河、绰斯甲河（杜柯河、多柯河）后称大金川，向南流经金川县、丹巴县，于丹巴县城东接纳小金川后始称大渡河，再经泸定县、石棉县转向东流，经汉源县、峨边县，于乐山市城南注入岷江，全长1062千米。

观察大渡河流域的水系图，我们发现一个有趣的现象，从青海玉树的果洛山起源，整个水系大致由北向南流淌，但行至石棉一带时却突然来了一个90度拐弯，折向东奔岷江而去，在地图上形成了L形直角拐弯。这是流水自然的选择结果呢，还是河流受到地质构造

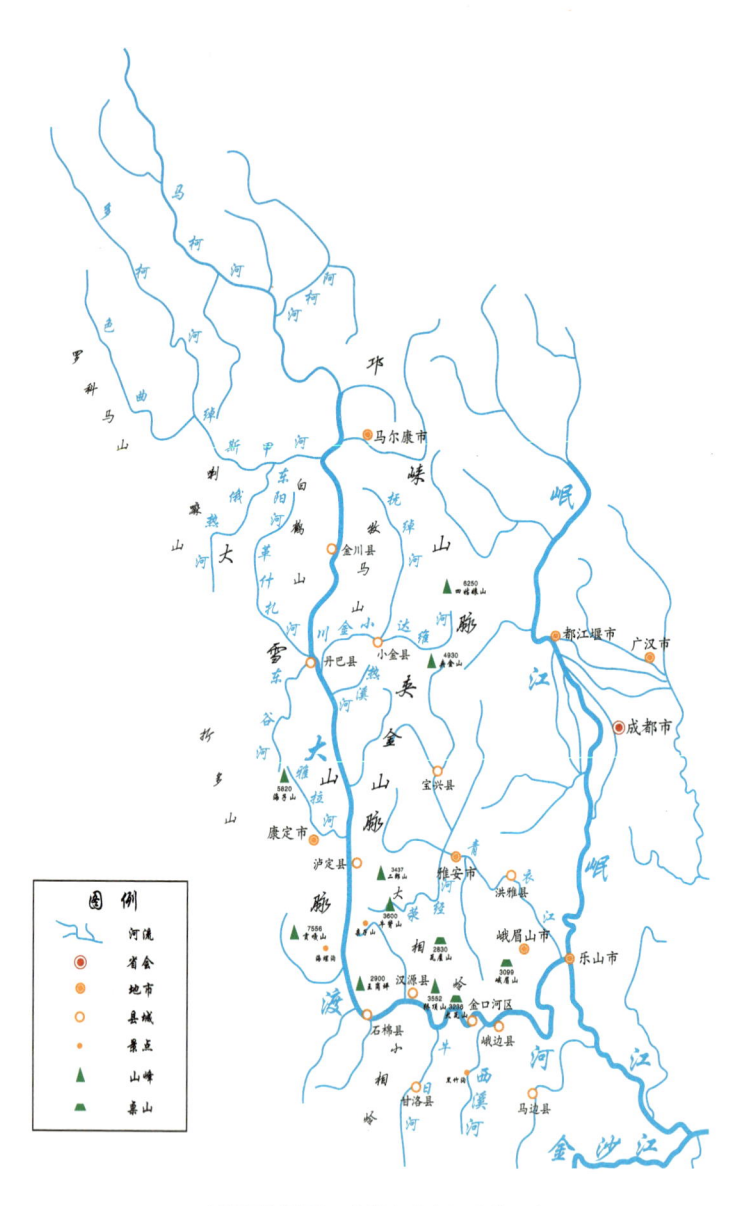

大渡河流域图。（引自《大河奇峡》）

等其他因素影响而发生转向呢？

我们再把范围扩大，更为有趣现象出现了。我们发现，不止是大渡河，流淌在横断山区的其他几条河流，金沙江、雅砻江均在中下游形成了一个明显的拐弯。金沙江在云南石鼓镇一改近南北流向，突然一个近180度回头，折转向北东，行120千米之后，再次在四川与云南交界处的拉伯一带再来一次近180度折转，重新恢复南北流向，这一任性的一波三折，金沙江向东平移了60余千米，多绕行了近300千米，在地图上留下两个大拐弯和一个镜像的N字图案。同样的，雅砻江由北向南行至白碉一带时，突然向北东折转，行90余千米之后，再次折转至南北流向，雅砻江同样向东平移了30千米，

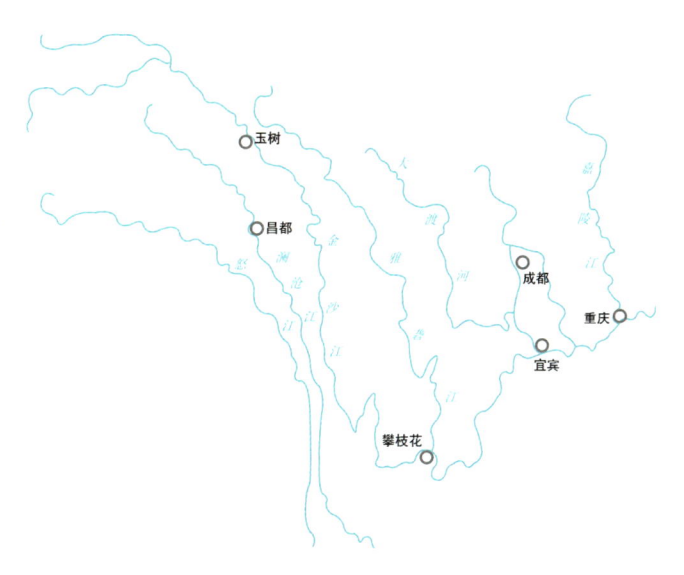

流淌在横断山区的其他几条河流，金沙江、雅砻江均在中下游形成了一个明显的拐弯。

大渡河在汉源乌斯河至金口河段形成 26 千米的深幽峡谷。摄影 / 李依凡

多绕行近 200 千米。难道这也是巧合？

我们将三条河流第一次拐弯的点做一个连线，三个点居然几乎在一条直线上，这条线呈北东—南西向展布，它们就像三个跳芭蕾的演员，随着音乐节奏身体同时倾斜，大腿同时往一个方向弯曲。唯一有区别的是，金沙江和雅砻江向北东方向折转之后，最终再次折转重新回到南北流向，而大渡河折转后，就再也没有回头，径直东流，汇入岷江。

地理常识告诉我们，大江大河的流向和拐弯大多与地质构造有关。穿行在青藏高原横断山区的系列南北向河流，正是受到近南北构造线的控制，同样这三条河流出现的协同拐弯，也受到一组北东—南西向断裂带的控制。

那么大渡河为什么向东折转之后，却并不像金沙江和雅砻江一样，再次折转回来，继续由北向南流淌呢？或者说有没有这种可能，大渡河本身已经折转回来向南流淌，但后来由于地壳变化等其他原因导致河水不能南流，这才被迫切穿大瓦山，奔向东侧的四川盆地呢？

与大渡河南北对应的河流是位于攀西地区的安宁河。安宁河发育于小相岭的阳糯雪山与菩萨岗，由北向南于攀枝花的二滩一带注入雅砻江，全长337千米。安宁河的多年平均流量217立方米每秒，这个流量与相邻的金沙江（4750立方米每秒）和雅砻江（1860立方米每秒）相比，显得十分寒酸。安宁河的流量虽小，但其流淌的安宁河谷却十分宽阔，安宁河谷甚至还是仅次于成都平原的四川省第二大平原，这似乎与形成它的安宁河并不匹配。一条流量仅200余立方米每

大渡河古流向图。（引自《大河奇峡》）

大渡河两侧有众多支系峡谷。上图为大渡河左岸的顺河峡谷。摄影 / 杨建

秒的河流能形成如此规模的冲积平原和河谷吗？

　　这种疑问，其实早在20世纪80年代就引起地理专家的关注。重庆西南师范大学的徐茂其教授在对大渡河支流南桠河考察后发现，南桠河存在大量广谷平川的残遗景观，而且尤其在菩萨岗垭口尤为壮观。他认为，从野鸡洞一带古河道的延伸方向来看，安宁河在上新世末更新世初，河道应是由南向北流入大渡河的，后因菩萨岗东西向强烈隆起，强迫菩萨岗以南的安宁河水倒向南流入金沙江。

　　徐教授的发现让人耳目一新，但有没有这种可能性呢？安宁河并非由南向北注入大渡河，而原本就与大渡河是同一条河流，安宁河谷是大渡河曾经的旧河道。在地史的某个时期，大渡河由南桠河经菩萨岗沿安宁河谷向南流，最后汇入金沙江。但由于菩萨岗东西向强烈隆起，成为分水岭，将大渡河南北分开，北面的大渡河被迫向东切开大瓦山，流向四川盆地。而南边的安宁河水量锐减，几乎成为断头河，只好重新一路纳聚细流，继续向南流淌。这就是为什么安宁河水量较小，但安宁河谷却十分宽阔的原因。而出现在菩萨岗一带宽 3～4 千米的所谓古安宁河谷遗迹，其实是大渡河的古河道遗迹。厚达数十米的第四系松散堆积物，也是大渡河的杰作。

其实这绝非天方夜谭，科学家们早就在大渡河谷和安宁河谷发现昔格达组湖相沉积，这些沉积物北始于大渡河的泸定一带，南至攀枝花，呈南北向线形串珠状分布，明显它们之间曾经是彼此贯通的湖泊。因此中国科学院地质与地球物理研究所的孔屏博士在 2009 年便明确提出如下推断："古大渡河的大致流径，它自丹巴以北向南，经泸定，在石棉附近连接南桠河谷，并越过拖乌山'风口'，再接安宁河谷继续向南，最后汇入古金沙江水系。"

曾经一直向南流的大渡河，在环境的变迁下，被迫向东寻找出口拥抱四川盆地，正是这一次转折，才切开大瓦山的屏障，将一段绝世峡谷留在这里，让我们惊叹不已。

一条委屈的大河

穿行四川西部的几条大河，它们都有彼此相同的特点。比如，它们都几乎等间距平行从北向南流淌，然后在南端与干流汇合，最终入长江东流出四川盆地。再比如，他们都完整地穿越青藏高原与四川盆地的过渡地带，从上至下，经历了源头区高寒湿地，中上游深切峡谷。这几条河就像是芭蕾舞天鹅湖中的四小天鹅，在同一位置外开，同一位置伸展，同一位置绷直，同一位置旋转，整齐划一，令人惊叹。这种高度的协调性，恐怕是全球独一无二的。这是受到青藏高原独特地质构造控制的结果。印度洋板块由南向北运动时，遭受到华北地块和塔里木地块的阻拦，难以北进，因而被迫向上生长，隆起形成青藏高原以及构成青藏高原的东西走向系列山脉，但在向东西延伸的过程，却又遭到东部扬子陆块阻截，再次被迫转向，在南北之间寻找发展空间，于是便形成了横断东西的横断山脉。横断山脉的最大特点是南北走向，山脉与河流等距离相间而行，并且之间的空间被极大压缩，中国科学院地理研究所张百平教授称之为"地表最紧凑的褶皱"。

四川西部的四条大河，大渡河汇入岷江，雅砻江汇入金沙江。河流越是往西，河流的长度越长。比如，岷江全长711千米（以东源为正源），大渡河全长1062千米，雅砻江全长1571千米，金沙江全长3481千米。所以，当数据放在一起比较时，大渡河似乎就显得有些委屈，它作为岷江最大的支流，其长度远远大于岷江（以东源为正源），不仅是长度，从流量来看，岷江在乐山与大渡河汇合之前的河口流量为485立方米每秒，而大渡河流入四川盆地之前的福禄镇，测得的多年平均流量为1490立方米每秒，差距悬殊。而从流域面积看，大渡河的流域面积为9.2万平方千米，而岷江整个流域的面积为13.6万平方千米，如果将大渡河流域的面积扣除，岷江流域的面积仅有4.4万平方千米。如果要给一个公正的说法，也许应当是这样：大渡河，长江的一级支流，全长1279千米，于宜宾汇入长江，

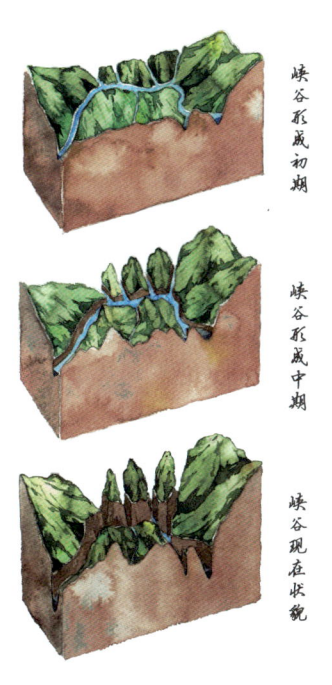

峡谷成因示意图。绘图 / 周箬萱

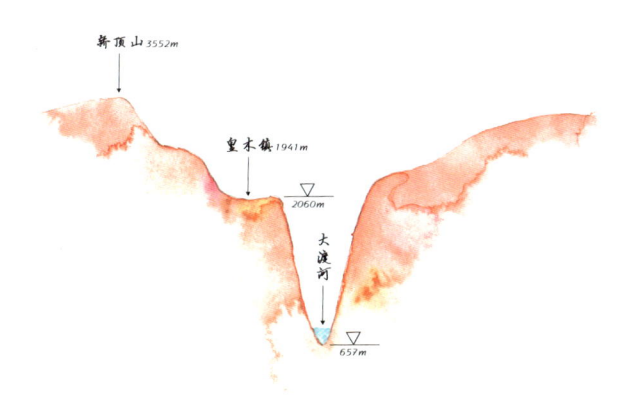

大渡河峡谷地貌横剖面略图。绘图 / 周箬萱

岷江是其最大的支流。

长期以来，以岷江为长江一级支流，以大渡河为岷江支流，还真是委屈了大渡河。造成这个结果的原因，也许是因为岷江形成并滋养了"水旱从人，不知饥馑"的天府之国，一直被视之为蜀地的母亲河，而居四川盆地西南一隅的大渡河无论从知名度还是滋养功能都无法与之相比，所以就习惯性将它当作岷江的支流了。岷江不仅抢了大渡河的风头，而且在历史上还长期作为长江的正源，直到明代徐霞客通过实地勘查才纠正，长江的正源其实是金沙江。

说到如何确定河流的源头，在河源学上一般从三个方面来看：从长度上看，"河源唯远"；从流量上看，"流量唯大"；从方向上看，应"与主流方向一致"。要同时满足三个条件是不太可能的，所以在实际工作中又以"河源唯远"为重要标准。以此为标准，又引出大渡河的另一段委屈来：历史上长期将大渡河作为岷江的一条支流，其实它至少应当是岷江的正源。岷江的正源，在传统上是这样认为的："岷江有东西二源：东源出自高程3727米的弓杠岭；西源出自高程4610米的朗架岭，一般以东源为正源，两源汇合于虹桥关上游川主寺后，自北向南流经茂汶、汶川、都江堰市；穿过成都平原的新津、彭山、眉山；再经青神、乐山、犍为；于宜宾市注入长江。"

这种说法完全无视了大渡河的存在，因为从河源学角度，无论是从长度、流量还是流域面积，大渡河都要比发育于岷山南麓的东西二源更有资格成为岷江的正源。20世纪90年代，中国科学院遥感与数字地球研究所刘少创率领的团队开展了一项课题，他们依据国内外地理学界普遍采用的"河源唯远"的原则，通过卫星遥感影

大峡谷通往悬崖村——古路村的路修建在绝壁上。摄影 / 李依凡

像分析及源头地区的实地考察验证,确定大河源头和长度,其中便包括长江及其四条重要支流。经过他们的研究,最终确定大渡河是岷江正源,其最上源流名为马柯河,源头位于青海省果洛藏族自治州达日县满掌乡境内的莫坝东山西麓,源头坐标为东经100°17′32″,北纬33°23′16″,源头海拔高程4579米。这一结果最终于2013年由中国科学院予以确认。

一条非渡不可的大河

横断山,山脉横亘,大河纵流,在空间上客观地形成屏障,它不但成为气候、降水的分水岭,造成自然地理的巨大反差,同时也阻隔了人类族群之间的流动、文明的传播，造成文化之间隔阂和差异，甚至因此产生文明之间激烈冲突。它实际上是我国西南地区东西部的屏障。

在历史上，石达开的义军和中央红军都曾经陈兵大渡河畔，面对滔滔江水，不能不面临"渡则活，不渡则亡"的艰难选择。而抗战爆发后，面对日军步步紧逼，关系民族生死存亡的乐西公路，也不得不在绝壁天悬，腾波迅急的大渡河上凿开一条血路。20世纪50年代初，举世闻名的成昆铁路，又不得不选择苏联专家认为根本行不通的西线，去穿越大渡河大峡谷这道"地狱之门"。

这让我联想到《公无渡河》式的悲怆："公无渡河，公竟渡河！堕河而死，当奈公何！"就连李白也发出"公无渡河苦渡之。虎可搏，

乐西公路是一条著名的抗战公路，至今穿行在这条路上，仍可感受到当年修筑之难。上图为乐西公路岩窝沟。摄影/薛康

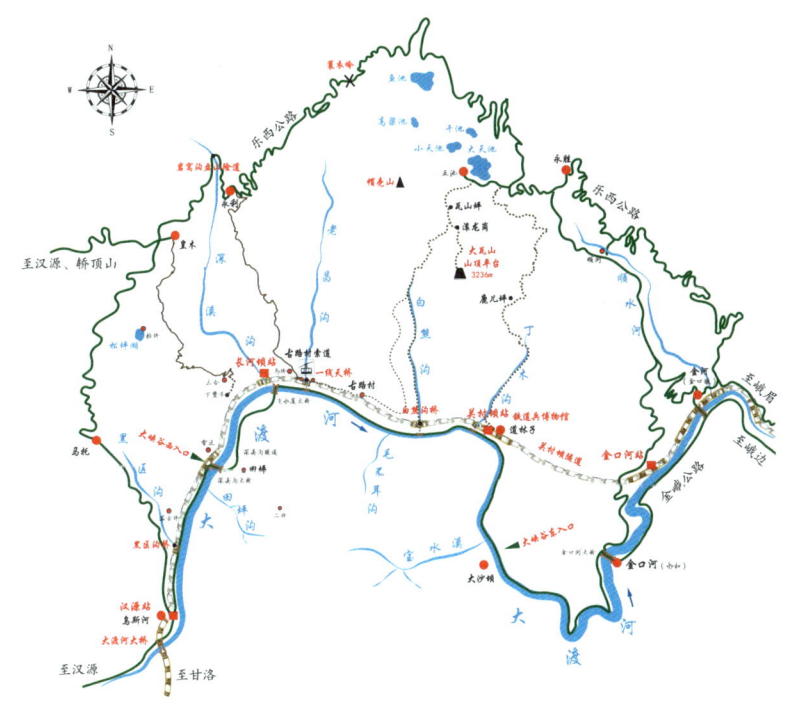

大渡河峡谷示意图。（引自《大河奇峡》）

河难凭"的哀叹。一条考验勇气的河，一条非渡不可的河，既然非渡不可，苦渡又如何。或坠河而亡，或渡河而生，都当有"箜篌所悲竟不还"的豪气。

从大峡谷溯流而上，行80千米，有一座翼王亭屹立于石棉县城北大渡河铁索桥畔的石儿山上。它是为了纪念石达开兵败大渡河而建。亭为六角形，四方有吴王靠和坐槛，竖《翼王亭记》石碑，亭外还有纪念翼王石刻碑文20余通。而翼王亭下方，一座长110米、宽4米的悬索桥横跨在大渡河畔。悬索桥的钢索就深深地嵌入在两

穿行在大渡河峡谷中的成昆铁路。摄影 / 杨建

岸坚固的花岗岩里,仿佛从岩石中"生"出。穿过桥塔,在大渡河上划出一道美丽的弧线,桥塔上绿苔斑驳,40根粗大的钢索锈迹斑斑。它就是乐西公路最关键的工程之一——石棉大渡河悬索桥,也是当时我国第二大公路悬索大桥。桥头,乐西公路工程处处长兼施工总队长赵祖康亲撰的《修建川滇西路大渡河悬索桥工记》和《大渡河钢索悬桥落成记》两通碑便屹立在那里。石达开,乐西公路,两件看似毫不相干的事件就这样"混搭"在一起。其实,看似无关,实则命运都与大渡河相关。"公无渡河,公竟渡河",石达开"堕河"而亡,抗战则最终苦渡而险胜。

多少年后,当我们来到石棉县城的大渡河畔,站在石达开的小老婆抱着刚出生的儿子投江自尽的那块岩石上时,仍会感觉到一股寒气从河里直逼而来。安顺场那副著名的对联"翼王悲剧地，红军胜利场"将石达开永远地定格为失败者，他的存在似乎只是为了衬托红军的英勇。

再沿大渡河继续溯流而上90千米，还有另外一座悬索桥横跨在大渡河上，这就是始建于清康熙年间的泸定桥，不过当年的修桥者绝对想不到，他修的这座桥在300多年后居然改变了中国的历史。1935年5月29日，在安顺场苦渡无望的中央红军溯流而上来到泸定桥畔，面对敌人守军和滔滔江水，又一次面临"渡则活，不渡则亡"的险境，最终红军以22勇士飞夺泸定桥，救红军于生死一线间！

"红军不怕远征难，万水千山只等闲。五岭逶迤腾细浪，乌蒙磅礴走泥丸。金沙水拍云涯暖，大渡桥横铁索寒。更喜岷山千里雪，三军过后尽开颜。"80年后当我们重温这首著名诗歌的时候，仍能感觉到毛泽东在写这首诗时的万丈豪情。仔细解读这首诗，会发现伟人在写其他地方时都是用"闲""细浪""泥丸""暖""喜"这样的字眼来表达红军对长征艰辛的不屑，充满了革命的乐观主义。唯独提到大渡河时用了一个"寒"字，这个"寒"字足以证明伟人对这条大河的敬畏之情。

1700 岁，
两株桢楠的故事

> 云峰寺门前的这两棵 1700 年的桢楠王，既是大自然留给这里最好的生态赞歌，也是进入"绿美雅安，熊猫家园"的大门。

山水形胜，木石前盟

2024 年清明节，细雨纷飞，非常符合这个节气所该有的氛围。这样的细雨，非常适合步屟寻幽。

汽车驶出京昆高速荥经出口，随即左拐沿着一条溪水盘山而上，数千米便到了云峰寺。沿着湿漉漉、长满青苔的石阶缓步而行，有关云峰山、云峰寺、桢楠王的来龙去脉，前尘往事便在接待我们的荥经县文联主席李增勇不紧不慢的讲解中渐渐浮现。

云峰山，其实之前不叫云峰山。云峰寺，之前也不叫云峰寺。

云峰山，又名马耳山，因山形酷似马耳而名，它是瓦屋山的北延支脉。瓦屋山在断块作用下在荥经县与洪雅县之间形成"四面临

古树环绕的云峰寺。摄影 / 朱含雄

空，顶平如桌"的桌状山，向北延伸形成一面陡峭、一面和缓的单斜山，云峰寺便位于陡峭一侧马耳山西麓。马耳山虽然失去了桌状山的雄阔，但也给云峰寺带来令人津津乐道的好风水。它的南北两条细脉从高处延绵而来，将云峰寺揽入怀中，一脉为青龙坡，一脉为白虎岗。源于马耳山的九龙溪也分出两股，一股为磨房沟，一股为楠木沟，两股溪水分别绕寺院两侧而下，在寺前合二为一，汇聚之后称为观音沟。

云峰寺，又名太湖寺，相传因寺前一块玲珑剔透的太湖石而得名。此石名"太湖飞来石"，寺因之为"太湖石云峰寺"。太湖石、太湖寺，大概太容易混淆，慢慢太湖寺反而成为寺庙的名字。

这块石头如今还在寺前，不过数丈，但的确长得"骨清奇，相有异"，难怪古人传说为女娲补天所遗。其实此石既非天外飞来，也非女娲所遗，而是土生土长的本地所出。从山脚拾级而上时，我便注意到两侧多有这种岩石。这种岩石中因为含有可溶解的物质，遇水时会发生溶蚀现象，因而多孔洞，又称窟窿石，是我国古代的四大名石、奇石。这种岩石盛产于太湖地区，因此称之为"太湖石"。岩石虽为本地所出，但在雅安一带却并不多见，所以被当成"域外飞来"便不足为奇，这也算是给云峰寺增添了几许神秘色彩。

山水形胜，似乎给予了这里神奇的力量。"青山古寺"更觉得清幽玄远。

到云峰寺，自然是奔着桢楠古树而来。云峰寺天王殿前的两棵古桢楠，树干硕大挺拔，树形优美婀娜，据科学测定已有1700年的树龄了，是目前中国最大的桢楠树，称为桢楠王。两棵桢楠古树正对寺庙大殿，位于寺庙建筑的中轴线上，分列山门通往大殿的石梯左右，显然不是随意生长。树王旁边，另有两棵古香杉，笔直挺立，犹如两炷高香敬献于佛殿之前。显然，这四棵古树，虽不同年代，但都必然和身后的建筑有密切关系。古人有在庭院、庙堂等建筑的门前种树的传统和习俗，既可强调建筑的神圣与庄严氛围，又可增添建筑的美感。

1700年前，正值西晋八王之乱之后，中国最为分裂、混乱的五胡十六国时期。匈奴、羯、鲜卑、氐、羌等纷纷崛起，中原大地你方唱罢我登场，城头频换大王旗，百姓颠沛流离，苦不堪言，北方士族纷纷衣冠南渡。然而，南方亦非清静之地，距荥经150千米的成都，氐族李雄建立"成汉"，自称皇帝，但王朝仅仅维持了40余年，成汉最终于公元347年被东晋桓温所灭。

成汉灭亡两百年前的东汉顺帝元年（126年），张道陵在四川鹤鸣山创立道教，因奉其道者，须纳五斗米，时称"五斗米道"。道教创立之后，迅速在蜀地得以传播。也许正是在这战火纷飞的动荡时期，一个道人以这里的黄姓宗祠为基础，修建起了一个道观，为一方百姓祈福禳灾、祛邪驱鬼。道观修好之后，这位道人又在观宫门前种下两棵桢楠树。在之后的岁月中，道观几经毁建，后来干脆改换门庭，成了佛教寺院。但这两棵桢楠却根深叶茂，荣辱不惊地活到现在，活成一个奇观。后来，清代有一位诗人曾经为云峰寺写过一首诗，诗中写道："道人不是无情者，赠汝云峰一片云。"他认为诗中的一片云，便是指绿云缭绕的古楠林，这首诗极有可能暗指1700年前，那位不知名的道人不经意间种下两棵桢楠的往事。

奇妙的是，这两棵有着1700年历史的古木，始终与旁边那块"太湖飞来石"相依为命，让人生出许多有关"木石前盟"的美丽联想。

万物生长，一木独尊

雨，若有若无，似落非落。站在有着1700年树龄的古桢楠树面前，尽管心已有所备，仍然被它的粗壮挺拔气势所震撼。两棵树，左右分列，同时栽种，相同树龄，貌似孪生兄弟，其实仔细观察仍略有区别。左侧这株高29米，胸径2.24米，在约5米处分杈为两枝，两枝粗细均匀，树形完整。而另一株树高31米，胸径2.48米，树在2米处出现分杈，一枝枝叶繁茂，一枝有雷击火烧的痕迹，让树的重心明显向枝繁的一侧倾斜，尽显沧桑之态。

立于树荫之下，一颗种子"啪"一声掉落在笔记本上，拿在手上细看，黑色的核果呈椭圆形，有黄豆般大小。一棵参天巨木，萌芽于这如豆大小的种子，生命的奇迹，令人惊叹。

孔子在《论语·里仁》中说"德不孤，必有邻"，人是这样，树亦如此。云峰寺 1700 年的古桢楠并不孤独，也许正是这些种子的四下散播，生根发芽，开枝散叶。也许是后人不断地栽种，围绕云峰寺，树渐渐多起来，慢慢古木参天，遮天蔽日，浓荫匝地，形成一个古树群落。在这群落里，建档的古树名木多达 199 棵，树龄在 500 年以上一级古树便有 68 株，300～500 年之间的二级古树 36 株，100～300 年之间的三级古树 95 株。而其中，树龄在百年以古桢楠便有 120 株，润楠 23 株。千年以上的古树多达 18 株，其中桢楠 15 株，银杏 2 株，枫杨 1 株。

据 2021 年的最新数据，雅安市有一级古树 172 株，仅云峰寺一地便占据了 40%。全市有樟科楠属、润楠属百年以上古树 412 株，仅云峰寺一地，便占了近 35%。可以说，整个雅安市的现存 500 年以上古树，百年以上的楠木树（桢楠、润楠），有三分之一以上都在云峰寺。这片罕见的古桢楠群落名列雅安十大珍稀植物群落之首，被央视誉为"中国最美的古树群落"，果然名不虚传。

《吕氏春秋》中写道："天无私覆也，地无私载也，日月无私烛也，四时无私行也。行其德而万物得遂长焉。"任何一种自然现象、独特文化的形成都不是凭空而来，都受到"地理因素"的影响，甚至地理是决定性因素，历史地理学者将其称为"地理机会"。云峰寺古桢楠群落的形成也有其地理机会。这个地理机会就是青藏高原与四川盆地过渡带的复杂、多元地理和华西雨屏带在这里形成的良好生态环境。

楠木，在三国之时被称"枏"和"梅"，位居我国古代四大名木（楠、樟、梓、椆）之首。《诗经·秦风·终南》中"有条有梅"的诗句，有人认为其中"梅"指的便是楠树。楠木在植物学上属樟科的楠属和润楠属，广泛分布于我国西南的主要为楠属，而云峰寺的桢楠多为细叶楠，主要分布位于亚热带常绿阔叶林区，喜欢气候温暖湿润的生长环境。

雅安地处青藏高原与四川盆地的陡跌转换地带，同时跨越了四川盆地和青藏高原两大地理单元。她的西面和北面，属于青藏高原横断山东部的邛崃山脉，山势辽阔、群山环峙，青衣江纵贯其间。她的南面是横断山的另一条山脉，大雪山脉的南延部分。大相岭、小相岭南北相间，大渡河以磅礴之势切割出一段绝世奇峡，然后向东进入四川盆地。而东部，则是四川盆地西缘的中低山丘陵区，发

雅安云峰寺桢楠树果实。摄影 / 李依凡。

云峰寺千年以上的古树多达 18 株。上图为有着 1700 年树龄的古桢楠王。摄影 / 李依凡

育台状丘陵和浅丘平坝，其间山地起伏、谷盆相嵌、茶垄纵横。

正是因为有西部和北部横断山阻挡青藏高原干燥寒冷气流侵入，同时又截迎东南暖湿气流，沿横断山脉与四川盆地的交接过渡带，便成为我国降水最丰沛的区域之一。这条多雨带，就是著名的华西雨屏带。雅安正是华西雨屏带的中心区域，年降水日数多达263.5天，年降水量达1700毫米，距云峰寺直线距离仅数千米的龙苍沟一带，监测到的年降水更是达到2630毫米，是四川省名副其实的大暴雨中心之一。

山水承转的复杂地形，多山地、多峡谷、多河流的多元地貌，多雨、多云雾的湿润气候，成为解读雅安自然地理的关键。这里拥有原始性、原真性良好的山地生态系统，是公认的"天然生物基因库"和"动植物博物馆"。这里既是19世纪以来，西方探险家、动植物学家考察、探秘的热点地区，也成全了今天天府之肺、生态家园的美名。

1865年，法国传教士吉恩·皮埃尔·阿曼德·戴维第一次在雅安见到大熊猫和珙桐树。30年后，英国植物学家亨利·威尔逊，受戴维的"引诱"来到这里，他不仅在一个叫"营盘"（汉源县永利乡）的地方找到了梦寐以求的珙桐，还在雅安发现命名丁香、西南蔷薇等28种植物物种。雅安良好的自然生态环境和丰富的生物多样性既是他们来这里的理由，更没有辜负他们远渡重洋的艰辛。值得欣慰的是，就在戴维第一次发现大熊猫、珙桐近150年之后，荥经再次发现世界最大的野生珙桐群落，面积超过30万亩。100多年以来，这里的生态系统仍保持最原真的完整性，森林覆盖居四川省第一，青衣江的水质位居全国第一，空气质量位居四川省之首。这就是云峰寺古桢楠群落能在这里开枝散叶，千百年来生生不息，枝繁叶茂的地理机会。云峰寺门前的这两棵 1700 年的桢楠王，既是大自然留给这里最好的生态赞歌，也是进入"绿美雅安，熊猫家园"的大门。

巨树参天，皇木传奇

桢楠树形修长正直，树干粗壮甚伟，木质细密坚固，历来被视为栋梁大材，广泛用于制棺、造船和建筑。李时珍在《本草纲目》评论楠木："（其）干甚雄伟，高者十余丈，巨者数十围。气甚芳香，纹理细密，为梁栋器物俱佳。盖良材也。"

公元 1403 年，燕王朱棣经过 4 年的"靖难之役"，在南京奉天殿即皇帝位，然建文帝朱允炆不知所终，残余势力依然强大，令新皇略有不安。公元 1406 年，朱棣开始开始营建北京城，作迁都准备：那里才是他的王兴之地，经营多年，根基深厚。他首先使久废的大运河重新畅通，然后命工部尚书宋礼入川督办木政，为修建紫禁城采办顶梁大木，从而开启了西南地区长达 400 余年、跨越明清两代的"皇木采办"历史。仅仅是有记载的数字，这期间单在四川采办"皇木"就达 23 次，运走的"皇木"超过 53000 根。

而堪当大材的桢楠、香杉更是宫殿金柱（擎天柱）的不二之选，成为"皇木采办"中的重中之重。这种栋梁之材，甚至被明清两代的朝廷奉为"神木"，并衍生出神木崇拜，至今在四川的屏山县仍保留有朱棣御赐的神木山祠、碑等遗迹，而北京储存皇木的"皇木厂"也因之命名为"神木厂"，神木厂中两根巨大的楠木，一直受到最高等级的国家祭祀。这既是古老的山川崇拜遗风，也反映了对这种栋梁大材的敬意和感恩。

　　这些原本藏于深山僻地的参天巨树，也因此有机会成为皇宫殿宇的栋梁，既见证了中国历史的风云变幻，也享受着皇家的尊崇。云峰寺所在的荥经是不是皇木的采办地，史料已无清晰的记载。但雅州在嘉靖、雍正、乾隆年间都有相关皇木采办记载，雅安还曾经设置专门的官员负责楠木的采办和运输。大相岭一带作为楠杉的重要产地，完全有可能成为重要采办地。至今在大相岭南北两侧，都还保留了大量与"皇木"有关的地名，如大相岭南脉汉源县境内的"皇木镇""皇木厂"，距云峰寺仅数千米的天凤乡（现已并入新添镇）的皇木岗（岗为山垭口之意）。我们已经很难想象，当时有多少人跋山涉水，风餐露宿踏勘、选材，又有多少人足胝履穿，攀藤侧立（《清史稿》语）伐木、架厢，多少参天巨树从高山穷谷、老箐密林被选伐出来，然后沿青衣江、长江、大运河……千里北上，成为北京紫禁城皇宫殿宇的金柱栋梁。

　　如果我们再往前追溯，这里的楠木其实早就参与到人类文明的发展进程。木官，也称木正，是汉代专门掌管林木选材的官员，《汉书·地理志上·蜀郡》记载："严道（县），有木官。"由此可见，至少从西汉开始，荥经的桢楠便作为一种重要资源，由国家进行统一管理。当时的楠木，除了作为建筑用材之外，还有一个非常重要的用途，那就是造船。宋代罗愿在《尔雅翼》中写道："楠，大木也，可以为舟，又可以为棺，故古称梗楠豫章，以为良木。"

　　而雅州最为辉煌的历史便是奉唐太宗李世民之命为征伐高句丽造船。贞观十六年（642年），高句丽内部发生政变，导致与唐朝的关系迅速恶化。随后，唐朝发动对高句丽的讨伐之战，唐太宗御驾亲征。在战争最为紧要关头，唐太宗命雅州府"雅州只为造船急，所以如此，早与书莫听急，贼已至万，发兵恐少，敕"，这就是著名的李世民《雅州造船帖》。实际上，更早的隋朝，隋文帝就曾在蜀地伐木造船，而且是"上起楼五层，高百余尺"的大船。唐太宗之所以要命雅州伐木造船，自然是因为这里有建造大船所需要的楠木大材，同时雅安自古出工匠也是重要原因，所谓"西蜀由来多名工，芦山僻地竞尔雄"，如今芦山、名山一带的木匠仍远近闻名。雅安制造的战船，由青衣江经乐山、重庆、武汉、上海，然后再从大海绕至朝鲜半岛，成为高句丽叛军的噩梦。

战国时期，一种叫船棺的葬俗在蜀地很是流行。所谓船棺，就是用船形棺木装殓死者，希冀他们的灵魂借此随着河流到达彼岸。其中最为著名的是 2000 年在成都商业街发现的船棺墓群，墓葬遗址距今 2400 年左右，墓中出土船棺 17 具，经四川省林业科学院做木材树种鉴定，证实均为桢楠木，其树龄在 500 年以上，最长的一具 18.8 米，直径 1.4 米，由整根楠木雕凿而成。尽管船棺墓曾经被盗，贵重陪葬品几乎荡然无存，但残留的漆器却依旧透露着皇家之气，墓主的身份显然极为尊贵。

从宫殿庙宇的顶梁金柱，到国之重器的楼船战舰，再到皇家帝王的梓宫船棺，荥经的桢楠始终在中国数千年文化史上扮演着独特的角色，但也因此被逼到濒临灭绝的境地。

距云峰寺仅数千米的荥经县严道街民主路，有一座不甚起眼的小寺隐逸在闹市，名叫开善寺，建于明代成化十二年（1476 年），正值皇木采办最盛之时。2006 年作为四川省少数历经数百年而不倒的木质建筑，被列入国家重点保护文物。开善寺如今保持完整的正殿和观音殿，其支柱等木构造全部由桢楠所建，梁、枋、斗拱等残留的明代旋子彩画极其珍贵。在皇木采办时期，不是所有树木采伐后均有机会北上，大多数桢楠都因成材不佳而弃之山野，所谓"伐十得一"。这座开善寺也许就是利用当年采伐后的未能北上的"废材"所修建，也许是当年的官民将皇木偷偷地留下来一部分，修建了这座寺庙，来报答荥经百姓。

因寺而活，因树而兴

楠木在历史上曾经大面积分布，李吉甫在成书于唐宪宗元和年间的《元和郡县图志》中便记载四川"山多楠木，堪为大船"。尤其是雅安大相岭一带，更是"山林参天，岚雾常晦"。而现在我们很难再见到天然的楠木林，仅见散生独树或小片聚生林。前几年在开展森林调查时，还因为"表现面积不够"而难以作为一种森林类型而被记录，甚至有人对楠木是否为成林树种产生怀疑。而实际上楠木是典型的成林树种，在明清两代长达数百年的大规模采伐之前，楠木形成的森林在雅安应当较为常见。只是任何成林树种都经不住历朝历代年复一年而又不给它们成林机会的采伐，到清代中叶，上报朝廷的奏折中便经常出现"已伐尽""亦难得""无成林者""今少"等语。曾经的莽莽桢楠林海，最终消失殆尽，仅有零星孤木遗世。

所以，当荥经云峰寺古桢楠群落被发现后，才显得如此弥足珍贵。那么，这个罕世的古树群落，又是如何躲过皇木采伐的刀斧之灾的呢？

这让我们想起古桢楠群落所处的环境，除了山水胜形的地理优

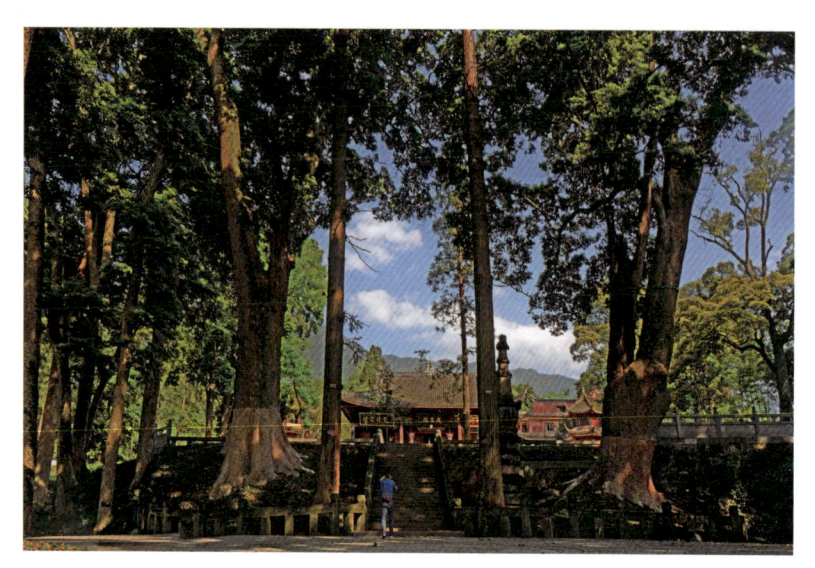

云峰寺与古桢楠。摄影 / 朱含雄

    势,我们发现所有古树都围绕在云峰寺建筑周围,也就是以云峰寺寺宇庙阁为中心形成一个古树群落。显然,这片古桢楠群落之所以逃过历朝历代的刀劈斧锯,和云峰寺一定有密切的关系。

    查阅云峰寺的历史脉络,其实语焉不详。"始建于唐,赐额于宋,兵毁于元,重建于明,续修于清,历经了千年沧桑巨变"。这是有关云峰寺引用最多的资料。是先有树还是先有寺,因树而建寺还是因寺而栽树,是一个有趣的话题。在云峰寺一直流传着这样一个故事。据传云峰寺曾毁于元代兵乱,元末明初,有一从云南鸡足山云游而来的僧人在前往峨眉山的途中曾经在此小住,并栽下几百株桢楠,当他从峨眉山返回时,见所种幼树生机盎然,自觉有缘,遂留下四处化缘，重建了寺庙。然而元末明初距今大约不到700年的时间，而云峰寺却有18株超过千年的古树，最古老的两棵桢楠，更是栽种于两晋时期，距今1700多年，至少说明在这个云游僧之前还有更早的种树人。

云峰寺的前身是道观，道观的前身是一个黄姓人家的家庙，李增勇主席认为最古老的桢楠应当栽种于道观时期，最早的种树人应为道人。云峰寺由道教观宫改为佛教寺庙应当在唐代韦皋治蜀时期。韦皋是历史上最为成功的治蜀者之一，出镇蜀地21年，"功烈为西南剧"，百姓称他为诸葛亮转世。韦皋治蜀最大的功德之一便是最终完成乐山大佛的修建，使这个烂尾了90年的工程终得竣工。他"开清溪道以通群蛮，使由蜀入贡"，打通四川盆地与云南高原的通道，让雅安成为西南与中原联络的重要节点和枢纽。作为大唐的封疆大吏，西抗吐蕃是韦皋的第一要务，为了扩展青衣江航运，以便运送军粮，韦皋修建了"乐雅水道"，并在水道沿线兴建庙宇二十余座作为"辟支道场"，来庇佑水道畅通，云峰寺便是其中之一。这个时期，应当是桢楠大量栽种的时期。时隔千年，韦皋同时修建的众多道场大多湮灭在岁月之中，云峰寺和围绕在寺庙的古桢楠群落，不仅没有损毁，反而越来越兴旺，越来越繁盛。

虽然我们无从知晓云峰寺古桢楠群落的栽种者都是些什么人，但历代寺庙的僧侣对这些古树的保护却是不争的事实。在云峰寺，我一直想寻找有关僧人保护古桢楠的"动人"故事，但非常遗憾，也许是历史太过久远，也许这些僧人早就视古树为寺庙的一部分，从来不曾认为保护这些古树是什么了不起的功德，所以没有人能记得这些"琐事"。

树因为生长在寺庙，历代百姓将其当成了神佛之物，生出敬畏，所有采办皇木的官吏，所有采伐皇木的民工，都自觉地绕开这里，树在无形中得到了"佛"的庇佑。而云峰寺，也因为有这一片古桢楠树，一代一代高僧才因此被吸引而来，寺庙日臻恢宏雄伟。黄云鹄等一批一批的名人雅士才因此来这里寻古访幽，寺庙名声日盛，香火更旺。

不仅是寺庙的僧侣，其实历代朝廷、政府、民间都是这片古桢楠的"保护者"。在通往云峰寺的小径旁边，有一个巨石，石上嵌着一通镌刻于1935年的石碑，内容为《心经》全文，落款刘文辉。刘文辉曾任西康省主席，是这片土地的最高行政长官，据传他经常在寺庙小住，对这片古桢楠既熟悉，也悉心呵护。1958年林业部建立，1959年4月刘文辉任林业部部长，与树木又重新结缘，正是在他担任林业部的期间，荥经县在云峰寺建苗圃基地，这片古桢楠才因此躲过"浩劫"。2013年4·20地震发生之后，自贡市对口援建荥经县，援建人员偶然间发现这里古桢楠有白蚁病虫，遂派出自贡市白蚁防治科学研究所（全国仅三家）的专家为古树治病。而如今，中国古桢楠王公园已经建成，一树一证建档管理，一树一策保护措施也陆续展开……以古桢楠群落为代表的绿水青山迎来新一代的守护者。

结束考察，即将离开云峰寺，李增勇主席把我带到一面石砌的堡坎前，让我看堡坎上的镶嵌的一尊石雕。石雕只有鸡蛋大小，上面雕刻着一个三人合一的人像，左边是一戴方巾的儒士，右为一大耳垂轮的僧人，中间一人螺髻高耸，是道士。李增勇告诉我，这是1988年，云峰寺修缮观音殿前堡坎时偶然发现，名叫"一团和气"。云峰寺是儒、释、道三教合一寺庙，寺庙在不同时期供奉各自的神，

在观音殿前的堡坎上,我们发现一个融儒、释、道于一身石刻像。
摄影 / 李忠东

但老百姓却凭空想象、创造出这个集儒、释、道于一身的"三教神",无意中把和谐共生、和气致祥的朴素思想用最朴素的形式呈现出来。

云峰寺的一面墙上写着 5 条告示:不收住宿费,不设功德香,永远不收门票,不得带酒肉入内,不烧高香。在进门处,摆放着细香,标明"免费取用"。

顶天立地,卓尔不凡;高尚、正直、忠贞、文雅、美好……这即是桢楠的品格。

◎ 阶梯边缘：大小凉山的"宽窄"、"凉热"

螺髻山，"冰"与"火"的世界

◎ 大湖如链：云南高原的断陷湖群

湘西，云贵高原边缘的台地峡谷 ◎

云贵高原

第五章

05

阶梯边缘：
大小凉山的"宽窄""凉热"

> 大小凉山既不似青藏高原雄阔高冷，也没有云贵高原的峰岭崎岖，它们厚重而不失柔美。在这里，金沙江、雅砻江、大渡河气势磅礴，安宁河温婉润泽，南丝古道、成昆铁路纵贯南北，无数城市、古镇、村落隐逸在山水皱褶之间。

　　横断山脉的东部向南延伸，在经历了大雪山脉的巨大隆起，形成海拔7508.9米最高峰贡嘎山之后，便开始逐次降低高度，最终在攀西地区与由南迤逦向北而来的云贵高原紧紧相拥，完成青藏高原与云贵高原两大高原、两级阶梯的地形转换。这些过渡区域的山脉，要么在河流的强烈切割下支离破碎，高原边缘被肢解成一系列南北平行间隔的高山峡谷；要么山原被分割成众多宽坦台地和山间盆地，它们既没有北部青藏高原的雄阔、高冷，也没有南部云贵高原的峰岭崎岖。它们既不失厚重，又多了几分柔美。在这片土地上，金沙江、雅砻江、大渡河气势磅礴，安宁河温婉润泽，南丝古道、成昆铁路细若游丝纵贯南北，无数城市、古镇、村落隐逸在山水皱褶之间，数十个世居民族以此为家园生生不息，南北民族以此为通道交会融合，多元文化在这里碰撞演进，然后越过山水阻隔，沿着南方丝绸

凉山处于多重地貌的交会聚合之处。上图为雷波与美姑之间的大断崖。摄影 / 唐晓军

之路映耀南亚。这就是凉山。

边缘过渡带的多重地理

在凉山州考察时，我们常常面临这么一个问题，这里到底是横断山区还是云贵高原，这座山是大凉山脉还是大雪山脉。这里的地貌单元好像并不泾渭分明、界线清晰，它们相互交织缠绕，显得混沌而难以言状。但这恰好是凉山自然地理最为突出的特点，复杂、多样，既山水承转又交会融合。

凉山州处于我国最高一级地貌单元青藏高原与第二级地貌单元云贵高原和四川盆地的过渡转换地带，跨越了云贵高原和青藏高原两大地貌区。她的西边，是青藏高原横断山脉东南部沙鲁里山脉的

金沙江峡谷。摄影/杨建

南延部分，山体浑厚，丘原延绵，全州的最高点5951.3米的恰朗多吉便位于这里。她的北部，是横断山区的另一条山脉，大雪山脉的南延部分。小相岭、牦牛山、马鞍山、锦屏山南北相间，大渡河如巨斧将山体劈开，以磅礴之势切割出一段绝世奇峡，然后向东进入四川盆地。而由北向南的雅砻江行至这里（盐源洼里一带），突然180度掉头向北流淌约80千米后，再次在和爱乡一带180度掉头向南，形成一个完美"几"字形大拐弯，将位于冕宁的锦屏山围限在深峡，直线约20千米的距离，河流弯出了近160千米的河道。这个大拐弯，与金沙江在云南石鼓一带的大拐弯具有异曲同工之妙，它们共同成为长江流域最为神奇的地理现象。

而东部和南部，则是横断山的南延部分，同时也是云贵高原的北延部分，两个地貌单位在这里相嵌相融。穿行在四川与云南之间的金沙江，将高原边缘切割得支离破碎，形成系列深邃峡谷和密集障谷、隘谷。

而中部，则是螺髻山、鲁南山、龙肘山等一系列南北走向的短轴山脉，这里也是地学上著名的康滇地轴核心地段。康滇地轴又被称为康滇南北构造带，以发育一系列南北向断裂构造而闻名。康滇地轴还有一个更富诗意的名字，那就是攀西裂谷。地质学家们经研究发现，这里在3.7亿前年是扬子古陆与青藏古陆碰撞拼接的地方，在长达数亿年的拼合对接构造运动过程中，伴随着地球深部地幔炽热岩浆的上涌，以及岩浆与古陆基底岩层产生强烈的热结晶作用，从而形成一个地球上罕见的成矿地质带。攀西大裂谷曾经是地质学研究的热点，也曾经与东非大裂谷相提并论。复杂多样的地质现象，让这里有"天然地质博物馆"之称，包括钒钛磁铁矿在内的47种矿产资源在裂谷中的聚集，又成全了这里"聚宝盆"的美誉。攀西裂谷，就像凉山大地的中轴线，沿着这条中轴线，分布着一系列的谷地和盆地，雅砻江支流安宁河的流淌与滋养，让谷地和盆地温暖又得到滋润，成为横断山区极其难得的阳光暖谷和粮仓果乡。

"宽"与"窄"

和横断山脉一脉相承，凉山州的山脉和河流皆为南北走向，但山脉延续到这里多少显得有点"力不从心"，短促而不甚高大，有

金沙江金阳与布拖交界处的马蹄湾。摄影 / 李忠东

点像由实线变为虚线。但和横断山的窄束蜂腰略有不同，这里既有逼仄深幽的峡谷，又有宽缓的河谷和盆地。这种地貌格局既有横断山区固有特点，又有云贵高原的风格，恰好也是凉山最为独特的地脉。这里的自然地理、历史文化、宗教习俗、地道风物都以此为基础发展演进。

单之蔷先生曾经写过一篇文章，讨论横断山的窄与帕米尔高原的宽。但横断山和帕米尔是相隔数千里，且毫不相关的两个大尺度地貌单元，而凉山州地貌的宽与窄却在同一个地貌单元。2022年底，我们考察组从布拖县城驱车到金沙江畔的阿布哈洛村，便体验了一把从山原到峡谷，"宽"与"窄"的奇妙旅程。

青藏高原的隆起，产生一个后果，那就是从高原边缘奔涌而下的河流获得了更大的势能而变得更加湍急，所以它们能够切开高原，塑造出密集、悠长、深邃的峡谷。

凉山州的东部和北部，正好位于云贵高原和青藏高原向四川盆地转折的陡跌地带，山系在南北向构造的控制下均呈南北向展布。不同规模的密集断裂裂隙,地形之间的巨大落差、水平且巨厚的碳酸盐岩,都有助于亚热带气候丰沛降水的侵蚀。大渡河、雅砻江、金沙江以及它们的支流产生的巨大侵蚀作用,将山体咬噬得支离破碎,在这里形成壮观、密集的脉网状峡谷群。大渡河支流尼日河,金沙江支流西溪河、美姑河、溜筒河及其两侧支沟均发育密集的障谷、隘谷。峡谷的两侧偶尔发育岩柱—岩墙,它们是岩石沿垂直裂隙进行溶蚀、侵蚀的结果,如龙头山下的岩柱群,会东金沙江畔的老君滩都有岩柱发育。

让人惊叹的是,在靠近黄茅埂、大风顶一带,山体尽管整体已经破碎,但山原地貌尚未完全被破坏,仍留了众多四面或三顶绝壁环绕的断块桌状山和单斜山。加之这里的山体顶部普遍发育一种形成于2亿多年前的灰岩和玄武岩,这种质地坚硬的岩石像是给山体穿上金钟罩,使山体更容易保持顶平(斜)身陡的形态。大风顶、黄茅埂的龙头山都是这种奇特地貌的极致代表。其实仔细观察,龙头山这样的大断崖在这一区域并不孤立存在,而是成群分布,它们大都受到北西—南东向、北东—南西向两组断裂的控制,山顶微倾形成一个大斜面,三面绝壁围绕,如巨轮漂浮于大海。

沿着山体的斜坡登上大断崖,身下绝壁千仞,远处像手风琴一样折叠的山脉和峡谷在飘来散去的云雾中,呈现出中国水墨山水画的意境。同行的马春林告诉我,这种充满"叠嶂感"的景观是横断山区冬天所独有的一种自然现象。因为冬季太阳直射南半球,我们所处的北半球太阳入射角度较低,从而导致这些空间被极度压缩的紧凑山脉和密集峡谷呈现出层峦叠嶂的效果,他希望这种自然现象能作为一种新的概念而提出,并引起更多人去关注和研究。而凉山

在大小凉山的边缘发育众多四面或三顶绝壁环绕的断块桌状山和单斜山。摄影 / 唐晓军

州的峡谷群无疑是"叠嶂感"最为强烈的区域。

纵横的峡谷、雄阔的大断崖带给我们奇妙的视觉享受，但给峡谷中人们却带来了生活的麻烦。当古彝族六祖中的曲涅、古侯部落从昭通越过金沙江来到这里，沿着美姑河向大凉山的腹地寻找平阔富庶之地开枝散叶时，也有小部分彝人选择留在这里，他们利用峡谷中难得河流阶地、冲洪积台地，在峡谷深涧、悬崖绝壁上垦荒耕织，用河流带来的点滴土地，支撑起一种连绵不绝的峡谷农耕生活方式和独特文化。如昭觉县的阿土列尔村、布拖县的阿布哈洛村，尽管生活不易，但却把生活过成别人眼中的风景。

远离金沙江的高原腹地，落差降低，流水动能不足，山原仍保留着舒缓的形态。也许正是如此，我们才将凉山以黄茅埂为界分出大凉山和小凉山。黄茅埂以西，一系列的短小山系和谷地、盆地称为大凉山，黄茅埂以东受金沙江强烈侵蚀切割的破碎山系称为小凉山。从这个角度来讲，大凉山的"宽"对应着小凉山的"窄"。

大凉山给人以"宽"的直感，秘密在于发育一系列的断陷盆地和宽缓河谷。当地人将这种相对平阔的山间平原称为"坝子"，群山之间皆有"坝子"。断陷盆地与河谷地貌发育是大凉山地貌的一大特点。四川三大平原，其中有两个就位于凉山。它们在构造上受到南北向断裂带的控制，呈雁列状或串珠状，面积数平方千米至数百平方千米，形态多呈狭长形，盆地内沉积物达数百米，甚至超过上千米。

上新世，新构造运动使安宁河断裂带重新复活，安宁河两侧的山体抬升，谷地相对下沉，堆积了厚达数十米的松散沉积物，形成面积达7000多平方千米的安宁河谷平原，它是仅次于成都平原的四

这里常见一种像手风琴一样折叠的山脉和峡谷。这种充满"叠嶂感"的景观是横断山区所独有的一种自然现象。上图拍摄于大断崖。摄影/李忠东

川第二大平原。平原两侧均为突起山脉夹峙,河谷温暖,全年日照时间长达 2600 小时,冬无严寒,夏无酷暑,成为最适合于农作物和果木、蔬菜生长的地方,也成为最适宜人居的另一个天府之地,这里出产的水果、蔬菜、鲜花成为成都人最爱,这里的阳光和春天也成为外地人的最爱。

除安宁河平原,河谷内还分布着会理、会东、昭觉、布拖、越西等山间盆地。盐源盆地是凉山州仅次于安宁河平原的平阔之地,面积达 825 平方千米,它与安宁河谷之间以雅砻江相隔。盐源盆地因富含盐铁而著名,盐源县也因盐铁之利成为凉山州的另一个富饶之地和军事文化中心。从 20 世纪 80 年代起,对盐源毛家坝老龙头

墓葬所进行了四次考古发掘，一个可与古蜀媲美的"青铜王国"日渐浮出水面，双马人纹铜树形器、三女背水铜杖首等明显具有北方草原文化的影子；而编钟、铜鼓、铜案等却又是古滇国的重器；川西高原石棺墓中常见的山字格剑、铜铃等也出现在这里；甚至巴蜀文化的典型器物三角援戈、巴蜀图语带钩也出现在这里。在这些青铜器中，我们能清晰看到滇、昆明、邛、冉駹、古蜀等的影子。但盐源盆地的考古中发现，筰人的遗物以兵器为主，似乎繁华与富庶同时也带给这里祸乱和战争。

"凉"与"热"

在现代人的印象中，攀西地区温暖如春，是宜人的阳光河谷。南北走向的谷地，有利于南方暖湿气流北上，而青藏高原和重重山脉则挡住了北方冷空气南侵，再加之金沙江、大渡河、雅砻江河谷焚风效应形成干热气候，高原强烈充足的太阳辐射能量，让这里的安宁河谷等干热河谷温暖无冬，成为国内著名的阳光康养地。

但认真研究凉山州气候资料便不难发现，凉山州其实存在两个气候奇异区。凉山州的年均等温线大致由南向北、由东向西逐渐降低，但在会理、会东、宁南一带，20℃、18℃年均等温线均不约而同绕行到这里，成为年均气温唯一超过20℃的区域，形成一个高温异常区，这里也因此成为全州的"热点"，这得益于金沙江干热河谷的加热之功。这里不但温暖，而且盛产热带、亚热带水果，石榴、芒果、牛油果成为阳光给予这里的最佳馈赠。

现代人心中的阳光地带，古人却无感。凉山在彝语中意为"高

甘洛小药山曾经是一个冰川侵蚀过的地方,留下众多的古冰川遗迹。上图为牛角海古冰蚀湖。摄影 / 李忠东

因为山体宽大,寒冷空气经常难以翻越,因而在这里聚集徘徊,造成这里异常的低温和降雪。上图拍摄于大风顶。摄影 / 马春林

寒之地",古籍中也常常提到大凉山区的"凉"。2022年我在甘洛考察时就曾在牛角海遭遇过一次大雪,差一点被困山上。而在甘洛县南部的斯觉镇,当地老乡告诉我们,这里每年积雪的时间达三个月以上,每到雪季不少外地游客闻讯而来,俨然成为凉山的雪乡。大凉山区的腹地,昭觉、布拖、美姑、甘洛一带很"冷"是当地人人皆知的常识,随我考察的凉山文旅局工作人员诗薇就告诉我,每次到布拖、昭觉出差都要多带衣服,因为这里太冷了。大凉山区的"凉",在气象资料上也有充分显示,在凉山州的年等温线上,这里形成一个12℃的低温区,显得十分突兀,成为除西部木里极高山区外,凉山州的"寒"极,也是凉山州的第二气候异常点。对于这个问题我专门请教了凉山州气象台的巫前文台长。他告诉我,凉山州的热极和寒极的确存在,造成大凉山区腹地较为寒冷的原因主要是因为大小凉山山体宽大,海拔较高,从北面和东面来的寒冷空气经常难以翻越,因而在这里聚集徘徊,造成这里异常的低温和降雪。加之这一区域湿度大风也大,人的体表"冷感"更加强烈。"不过,我们得感谢大凉山的寒冷。"巫台长告诉我说,"正因为有大凉山对冷空气的阻挡,才有西昌安宁河的温暖。"原来安宁河谷的温润得益大小凉山的庇佑。

《越嶲厅全志》说这里"山水崎岖,势要险阻,坤维西峙,峻岭无双。诚滇蜀之咽喉,为西南之锁钥"。顾祖禹《读史方舆纪要》说这里"连接滇蜀、隔阂番戎,为边陲形胜之地",历史似乎更关注这里的战略地位。但对于这片土地而言,自然与居民才始终是这里的主人。自然和居民从来不是这片土地的布景和演员,布景换来换去,演员来来往往,居民选择居住的环境,也在改变自然。就像凉山既是大自然的"凉"山,又是人类生存的"热"土,再如河流是阻隔,而峡谷却是通道,最终他们都会达成妥协,成为休戚与共的一种和谐。

中心与边缘

大小凉山曾经是边远之地,秦朝统一中国前后,虽有蜀郡太守张若"取笮及楚江南地",也曾将邛笮一带"通为郡县",但终因鞭长莫及,"汉兴而罢"。西汉时期,汉武帝经略西南夷,司马相如奉命"通零(今多作"灵",编者注)关道,桥孙水,以通邛都",之后在此设郡置县,开始了中原王朝对这里的管治。但在《史记》《汉书》中,这里只是"巴蜀西南外蛮夷也"。这个"蜀之西"的"徼外夷"一直是边远之地。这里在历史上也一直是中原王朝与吐蕃、南诏、大理的边境,传说中宋太祖"玉斧划河",反映出位于大渡河以南的这里一度成为大理地方政权属地。

但边缘和中心,从来都是相对的。对中原王朝也许是边地,但对于古代的巴蜀和西南夷以及今天的西南地区而言,它却是一个中心。

从秦汉开始,便开始有西南和西南夷的概念和称谓,虽然"西南"区域地理概念及范围的历史演变在各时代略有差异,但云、贵、川、渝却始终是其核心组成部分。假如,我们要为云、贵、川、渝组成的西南地区寻找一个中心,这个中心最好是西南主要山脉的交会融合之地,主要河流的承转过渡之域,并且还是西南地区多民族、多文化交汇融合的大走廊,这个地方会是哪里呢?这个想法促使我打开西南地区的行政区域图,四个省的行政区划的几何图形,大致像一个旋转了90度的梯形,我尝试对这个梯形的南—北、东—西、东北—西南，西北—东南八个极点进行连线，发现这四条线在版图的中央形成一个三角区，这个三角区正好落在凉山州。由于西南地区背倚青藏高原，构成西南地区的四个省的省会城市成都、重庆、贵阳、昆明均呈扇形拱卫在青藏高原及四川盆地东部，四个城市与西昌的连线如扇骨向外辐射，统领这把扇子的"扇柄"便是西昌。我们也可以把这四个城市连线比喻成一张向东部突出的弓，"张弓搭箭"的位置也是西昌。

令人惊讶的是，在凉山州的中部，沿安宁河谷，有一条古老的商贸通道，古称"蜀身毒道""灵关道""南丝之路"。它们细若游丝地蜿蜒在南北相间的山水之间，北连巴蜀、中原，南通云南、南亚，成为荒凉中的繁华地带。

提到以成都为起点南亚为终点的南方丝绸之路，总是难免与北方丝绸之路做比较，而南方丝绸之路穿行的安宁河谷，更是让人联想到河西走廊。安宁河谷与河西走廊实在有太多的相似之处，都是夹峙在山脉之间的宽缓河谷，都是中原与外域的文化、商贸大通道，都是汉帝国向外拓展的重点工程，都是历代王朝的重点经略要地。西域诸国与西南夷何等相似，碉楼营屯与烽燧堡城多么曲异同工。历史学家许倬云说："开发西南地区有一个特殊现象，就是行政单位叫做'道'。道是一条线，不是一个点，也不是一个面。从一条线，慢慢扩张，然后成为一个面，建立一个行政单位……汉帝国的扩张，是线状的扩张，线的扩张能够掌握一定的面时，才在那个地区建立郡县。"经略西域如此，经略西南夷亦如此。河西走廊如此，安宁河谷也是如此。

繁华与寂寞

在历史的长河中,社会也许并不真正了解凉山,他们常常把凉山描述成一个贫困落后的地方,并努力维持这种形象。而也有人面对凉山时带着自己的主观美化,有人将这两种不同看法概括为"契诃夫式"的和"川端康成式"的。什么才是凉山最真实的现实呢?其实凉山既是边地,又是中心,既贫苦又繁华,甚至既是寒冷的"凉"山又是温暖的"热"谷,就像它的地理一样,宽与窄之间既矛盾又和谐。

南方丝绸之路是一条重要的文化、商贸大通道,沿途碉楼营屯众多。上图为位于喜德县登相营。摄影 / 李忠东

在凉山州的人口构成中，汉族占据了35%，这是历史上就已经形成的格局。据历史文献记载及考古发现，早在秦汉时期，安宁河流域便有大量汉族居住。《后汉书·郡国志》记载说，越巂郡辖十四城，户十三万一百二十，口六十二万三千四百一十八。由于少数民族在历史上一般都不上户籍，因此专家认为，他们大多数为汉族。从安宁河谷发掘出的大量汉砖、汉阙、汉墓都证明汉族进入大小凉山是比较早的，而且这里的繁华由来已久。

从汉代起，历代都将移民和军屯作为统治和管理边地的基本国策，尤其是元明时期，朝廷在这里推行军民屯田及卫所制度，大量汉族人被移居安宁河谷屯垦，这些屯垦官后代大多落籍为民。到了清代，大量"汉佃"流入凉山，这些汉佃在凉山的奋斗历史被保留在汉族墓碑上，如在昭觉一汉族农民李培的墓志铭上就这样写道："风闻巴布（凉山）地土肥饶，迨嘉庆二年（1797年）同滇南同人踏看，给照开辟斯土于八年。"

安宁河谷的富庶不仅是现代人的真切体会，连远道而来的马可·波罗也感受到了。在他著名的《马可·波罗游记》中不仅记载了邛海的珍珠、山中的美玉、能产麝香之兽，同时还提到一种其味甚佳的由小麦、稻米、香料所酿之酒。

而在历史上，凉山又曾经是封闭而贫穷的。直到20世纪中叶以前，除安宁河谷和交通沿线有汉族人居住，如美姑、昭觉、布拖这些大凉山腹地彝族聚居区，外人要进入都是很困难的，甚至连政府、官吏进去都要费些周折。"封闭"似乎是很长一个历史时期对大小凉山的固有印象，尤其是远离安宁河谷商贸走廊的区域，群峰环峙，沟壑纵横，山水相阻，相对孤立与封闭的地理环境，对这里的观念意识和思维方式影响颇深，19、20 世纪，很多到此的外国学者都视凉山为独立王国，但自然地理的天然屏障，一方面让这里曾经相较周边更显落后，但另一方面又使这里的传统文化得以完整保留，并且按照自己的方式延续与发展。安宁河谷的繁华与现代，大凉山的贫苦与传统既是一种对应，也是一种和谐。

家园与走廊

凉山州既是历史上多民族的古老家园，也是一条族群迁徙的大走廊、大通道。据文献记载以及考古发掘证明，远在石器时代就是人类生活于此。在安宁河流域共发现大石墓 232 座，从春秋战国时期到西汉、东汉达到极盛。这些"大石墓"其规模甚至超过岷江上游、雅砻江流域的石棺墓，据说墓主人极有可能便是汉代的邛人部落。邛人曾经是西南夷中堪与夜郎、滇人鼎足而立的强大的部落，他们占据了安宁河谷，醉心于开疆拓土，却在东汉年间逐渐消失，也许融入大量移民而来的汉族人之中了。大石墓中出土大量双耳陶罐，尤其是陶罐上的"水波纹"均显示这里的邛人与游牧的羌人存在着紧密联系，而大石墓墓室的修砌方法也与羌人高超的碉楼修砌技术有异曲同工之妙。

2023 年，我在美姑的一个彝族人家的火塘前，听到毕摩祭司唱诵《指路经》。这个经文一般是为亡者引导魂魄回归故土。魂归故土，既是彝族的生死大事，又是关于其族源的文化密码。提到彝族的族源，就不得不提到彝族史诗《俄勒》，它既是彝人的千古绝唱，也是彝人关于其远祖的集体记忆。更为神奇的是，《俄勒》将生命起源归

安宁河谷。摄影 / 詹灵

功于三场雪,而将万物分为有血与无血,这种带有自然演化而非神创论的生命起源与现代科学不谋而合。

  彝人关于祖源最古老的记忆来源于一次洪泛传说,先民由原来的世居之地迁至洛尼山(今云南会泽一带),后分为六支,史称"六祖"。凉山彝族的祖先相传便来源于"六祖"中的曲涅、古侯两部,他们居住于昭通一带,大约在春秋时代的中期分两支跨越金沙江进入凉山。当年祖先进入凉山的迁徙路线就是毕摩祭司引导亡魂返回故土的路线,毕摩口中所念"祖先迁徙路,教你来认清",说的也

金沙江峡谷中的溪洛渡。摄影/唐晓军

是这个意思。如美姑就是曲涅、古侯两支先民进入凉山的必经之路，于是便有"生前不过尼木美姑，死后也要经过此地"的说法。

而彝族更为古老的起源，则有点讲不清楚。先后有"东来说""西来说""南来说""北来说""濮人说""土著说""卢来说""卢戎说"……似乎每一个方向都有可能。在众说纷纭中，主张居住于西北的氐羌人南下进入金沙江流域与土著融合，渐而形成彝族的北来说得到更多的认可。

这也许是大小凉山历史上的一次划时代民族大融合。起伏不定的山脉，大河深切的纵横峡谷，形成遗世独存的边僻之地。于是便有《史记·西南夷列传》记载"自滇以北君长以什数，邛都最大；此皆椎髻、耕田，有邑聚"，有了汉晋时期的邛、筰、僰、旄牛、濮人、斯叟、摩沙等，唐宋时期的勿邓、丰琶、两林（总称东夷）以及乌蛮、马湖蛮、栗粟、磨些、净浪、阿宗、蛮僚等，明清时的倮罗、西番、么些、摆夷、回回、羿子等。

凉山，既是边地，又是中心，既贫苦又繁华，甚至既是寒冷的"凉"山，又是温暖的"热"谷。名目繁多的民族、部落，都曾在这片土地上扮演过他们的角色，交融与糅合。凉山对大西南乃至对中国的意义，全都与此相关。

螺髻山，"冰"与"火"的世界

> 静若处子的螺髻山，湖光掠影的螺髻山，见证冰河时代的鬼斧神工；温泉成瀑的螺髻山，熙来攘往的螺髻山，奉出"地壳活跃"的地热奇景……螺髻山如少女般姿容秀美，也如暖男般沧桑深沉。

在凉山州起伏不定、貌似平常无奇的山脉之中，螺髻山算是一个不凡的崛起。它北起于西昌邛海之南，沿普格、德昌交界南下，接宁南、会理两县交界的鲁南山，南北延绵80千米，东西宽20千米，主峰海拔4359米。"螺髻"一名，源自其主峰高耸入云，宛若女子青髻。

"螺髻山开，峨眉山闭"是明代进士马中良在《游螺髻山记》对螺髻山的赞语，在普格当地流传颇广。但这句话该当何解，却又不得而知，仿佛是要说螺髻山幸好低调，如若对外放开，恐怕就没峨眉山什么事了。但螺髻山也并非一直低调，相传螺髻山在汉唐时期，曾为佛教名山，绀宫庙宇，鳞次栉比。但唐末之后，佛教在这

螺髻山是西昌盆地边缘不凡的崛起,同时也是一座地质圣山和文化名山。摄影/杨建

里日渐衰落,所谓"隐去螺髻,始现峨眉"。清代,佛教在螺髻山曾一度复兴,曹洞宗以紫遗山(螺髻山)寺院为本院,"开山工程浩大",先后建有两阁十三寺,但好景不长,很快这里又再次衰落,如今仅留遗址。

螺髻山不仅是一位知性美人,而且天姿绝色,神秘莫测。恰如20世纪30年代历史学家朱契登螺髻山后所描绘的,"大地茫昧之中,河山若隐若现,不知此身在何处,更不识其为天上人间。"

螺髻山地形条件特殊,气候也很奇特,以变幻无常而远近闻名。这里位于华西雨屏带的南端,华西雨屏带是中国著名的降水带,丰沛的降水在低山和平原形成绵绵细雨,在高山区则形成大面积的降雪。螺髻山的年降水量在1200毫米以上。由此,山间时而彩霞万丈、蓝天相映,时而云蒸雾锁、峰林隐现……真有如处子的性情。

不过,也有人认为螺髻山称得上山中"伟丈夫":那雄浑高耸的山体,又拥有极为陡峭的绝壁;重峦叠嶂之间,布满嶙峋的怪石,都是几十万年前古冰川留在这里的遗迹。

在地质构造上,螺髻山处于攀西裂谷的核心位置。沿这条著名的构造带,分布着一系列的谷地和盆地,成为横断山极其难得的阳光暖谷和粮仓果乡。所以当最高峰海拔4359米的螺髻山突然从海拔1500米的西昌平原拔地而立,巍峨的山色倒映在邛海湖光,其雄阔之势以及带给谷地人们的想象便可想而知。

触摸78万年前的冰河时代

从西昌出发,沿邛海西岸南行约30分钟至普格县的螺髻山镇,然后汽车离开谷地盘桓向上,气候慢慢变得阴冷而多雨雾,植被也变得浓密。在索道下站换上长达2.5千米的缆车,十余分钟的运行时间,便从海拔2470米骤然上升至3460米的上站,车厢下云雾飘来散去,植被从阔叶林带、针阔混交林带直至以云杉、冷杉为主的针叶林。

多雾和寒冷是很多人对螺髻山的深刻印象。西昌县志载,山中"阳蒸荫郁,烟烟温温,静而为岚,动而成风,升而出云,降而作雨"。这种湿润多雨雾的气候与山下以阳光月城著称的安宁河谷、西昌平原形成极大反差,许多不知就里的游客穿一身清凉薄衣便突至山中,冻得瑟瑟发抖,出租羽绒大衣的服务也因此出奇的好。

横切至清水沟,然后越过一个冰碛物堆积而成的终碛堤,螺髻山最大的湖泊黑龙潭出现在眼前。山雾恰好退去,翠墨色的湖泊深嵌在群山密林,如一块用绿色丝绦精心装饰的墨玉。

螺髻山不仅以"山"名,也以"湖"名。螺髻山内布满深潭秀湖,有"三十二天池""七十二水泊"之说。其中黑龙潭规模最大、名气最盛，也叫"大海子"，算螺髻山必游的景点，可是为什么要来这里看一个湖呢？

远观黑龙潭的湖面，略呈不规则长方形，深嵌在浓密的针阔混交林中，潭水如墨，然而当你走近潭边，掬起潭水，水却又是清亮的。覆盖在湖底的腐殖层成为湖水的神秘底色，如有蛟龙盘踞，这是黑龙潭名字的由来。

所谓内行看门道，黑龙潭的真正"可观"，其实在于它的科学价值。黑龙潭湖线平直，南侧的浅水区形成了一个小岛与一些半岛，那些都是冰川形成的"鲸背岩"。巨石的脊背圆润而平滑，形成一道平缓对称的抛物线，远观还真如海中游弋的蓝鲸。这种表面光滑

黑龙潭。摄影/杨建

的岩石，是冰川经过时，对底部岩石磨蚀而形成，常发育于南北两极的大陆型冰川区，而在螺髻山山岳冰川地貌区发现，实属罕见。

黑龙潭作为冰川湖泊，类型也很独特。古冰川作用区较为常见的冰川湖主要有两种：一种是冰川所携带的物质堵塞河道形成的堰塞湖；一种是冰川对底部岩石进行掘蚀、刨蚀，形成洼地积水形成的冰蚀湖。而黑龙潭是融合了二者特征的"混血儿"——在冰川掘蚀形成冰斗的基础上，再经后期冰碛物堰塞而形成，叫"冰川侵蚀—堰塞型湖泊"。

在黑龙潭湖周，分布的古冰川地貌可远观，也可近玩。抬头看山峦的形状，可以分辨出"角峰""刃脊""古冰斗"；穿越湖畔密林，可以搜集"冰川漂砾""羊背石""冰川擦痕""磨光面"等。黑龙潭附近这些古冰川遗迹的种类之丰富、特征之典型、分布之密集、可见度之高，曾经俘获过一众学者的心。

1938年，著名地质学家袁复礼就曾对螺髻山进行过地质调查。20世纪60年代，时任中国科学院副院长的李四光，也曾指导地矿部门对螺髻山进行第四纪冰川科考。

冰川围谷中的湖泊群

越过一道古冰川形成的陡坎，我们进入一个巨大的冰川围谷之中。冰川围谷，也叫粒雪盆、冰窖，是冰河时期冰川屯冰的基岩洼地，也是谷冰川的源头。身在围谷之中很难见其尊容，将航拍器升空，但见围谷如盆，三面群山环抱，山的上部冰斗、角峰、刃脊环立，之下冰缘作用形成的石块若海若河。再之下则是青黛色的暗针叶林，云杉、冷杉等林冠整齐，层次分明。

冰川湖泊是古冰川作用区较为常见的一个冰川遗迹，据不完全统计，螺髻山有终年积水的大小湖泊50余个，大多数为分布于海拔3650米的冰川围谷和冰斗中的冰蚀湖，形态上多呈圆形或椭圆形。这些冰川湖泊围绕在螺髻山主山脊四周的围谷之中，形成多个湖泊群。我们眼前的珍珠湖群就是湖泊数量最多，游客最容易走近的湖群。

湖群中，印象最深的是仙草湖。仙草湖是一个近圆形的湖泊，直径约150米，面积约1.8万平方米。其湖的名称来源于湖的四周大量生长的水草，围绕在湖畔的水草占到了湖泊面积的五分之一，从空中看极像镶着金边的玉佩。水草的颜色随季节变化，夏天嫩绿，深秋金黄。尤其到了秋天，站在浓妆艳抹的湖光山色之间，秋风乍起，

仙草湖是典型的冰蚀湖。摄影 / 李忠东

湖中秋草随波荡漾摇曳，画面十分动人。而湖的南岸是被冰川改造过的丘状山体，线条圆润光滑，这正是前面提到过的羊背石或鲸背岩，其上云杉、冷杉树冠参差优美。

这里有世界最大的冰川"疤痕"

当年李四光考察螺髻山后，对这里的冰期进行了重新划分和厘定，此后这里俨然成为冰川学研究的圣地。那么螺髻山到底是怎样被冰川刻画、雕琢的呢？

6500万年以前的新生代时期，印度洋板块"北漂"，对亚欧板块多次碰撞、俯冲、挤压，造成螺髻山以断块山形式，振荡式地逐次抬升。当抬升达到雪线，便形成了不同规模的冰川，并一次次被冰川侵蚀、被冰川塑造。

研究表明，螺髻山受到的"冰期大侵袭"共有4次。最早的一次发生于约78万年前的中更新世早期，最鼎盛的冰川作用，发生于大约10万年前的晚更新世早期和中期，壮观的冰川围谷、冰斗、U形谷等，都是这两次冰期冰川所塑造。你可能很难想象，对螺髻山造成影响的冰川运动，最晚的一次距今仅3000年左右，那时的凉山，甚至已有了青铜文明——第四纪冰川的鬼斧神工，离我们并不算遥远。

全球气候迅速变暖，冰川急速消融，螺髻山奉上的古冰川遗迹，可以让人们重温地球的冰川史，建立科学的古冰川地貌档案。

据说，螺髻山拥有72座冰川角峰。角峰一般是冰川流动、不停刻蚀山坡的作品，往往如金字塔般陡峻。喜马拉雅山的珠穆朗玛峰

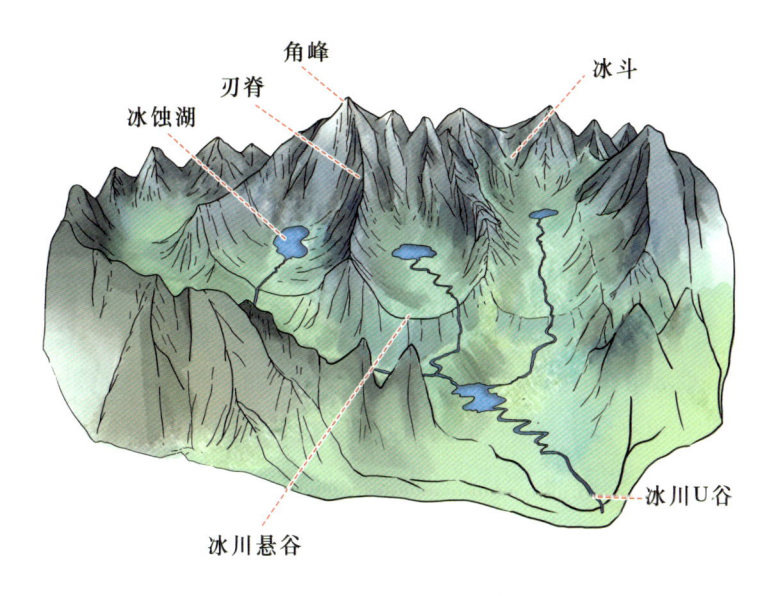

冰川地貌示意图。绘制／杨金山

和欧洲的勃朗峰，都是巨型的角峰。

螺髻山最著名的冰川遗迹是"冰川刻槽"——古冰川流动时，其携带的岩块对两侧基岩刻蚀形成的凹槽。螺髻山的冰川刻槽数量之多、规模之大，举世无双。

黑龙潭出水口附近的岩壁上，如一条巨大裂缝，又直又长的是3号刻槽。其上方不远处，整个岩壁形成一个宽大的冰溜面，高四五十米，长约百米，四道大型冰川刻槽，每道都深约半米、宽达一两米、长十至二十米不等，略向下游倾斜着，它们就是4号刻槽。而3号、4号刻槽都不是纪录保持者。

螺髻山最大的1号刻槽，位于清水沟海拔更低的位置，在一条鲜有人行走的山路上。它是目前世界公认的最大刻槽,长约 40 米,最大宽度为 3.5 米,深达 2 米,刻槽如平卧的 U 形半管,内壁和外缘皆被冰川磨蚀得相当光滑,若俯身细看,被冰川磨光的表面,还可见许多平直的细小条纹,它们是冰川所挟裹的石块刻画岩壁留下的痕迹,称为冰川擦痕。

其实螺髻山除了已经发现和认定的 4 处冰川刻槽之外,前几年又有学者在 1 号冰川刻槽对面岩壁上发现更长更宽的另一条冰川刻槽,在西坡也有多条冰川刻槽被发现。在青藏高原等古冰川作用区,偶尔也能见到冰川刻槽,但都不如螺髻山的冰川刻槽数量众多,保存完整,规模巨大。我想这可能得益于两个原因,一是这里岩性特殊,

"冰川刻槽"是古冰川流动时,其携带的岩块对两侧基岩刻蚀形成的凹槽。螺髻山的冰川刻槽数量之多、规模之大,举世无双。上图为已知全球最大的 1 号冰川刻槽。
摄影 / 杨建

构成螺髻山的岩石主要为抗风化能力较强的火山碎屑岩,刻槽形成之后更容易被保存。二是这里的冰川作用异常强烈,冰川在运动过程中对两侧山体的刻蚀十分频繁而有力,从而在山体上留下这一道道"疤痕"。

丰沛的降水是螺髻山古冰川发育的重要原因

在螺髻山,一旦上到索道上站,其实就已经进入了古冰川作用区的核心区域,这里几乎所有的地貌形态都与冰川有关。沿着步游道沉浸在湖光山色、森林花海,同时也仿佛进入了古冰川遗迹的博物馆。尖峭林立的角峰,薄如刀口的刃脊,宽坦如盆的冰窖,若勺若瓢的冰斗,层叠起落的冰坎,星罗棋布的湖泊,光洁滑润的羊背石、冰溜面,巨型笕槽似的 U 形谷冰川刻槽,如堤如垄的冰碛堆积,如峰如柱的冰缘岩柱,还有大量的漂砾、石环、锅穴、冰川擦痕等,几乎包罗了古冰川运动所能形成的各种遗迹,其富集程度极为罕见。

看到这些随处可见的冰川遗迹,尤其是被磨得光滑圆润的山体、深嵌在岩壁的刻槽,难免有一种疑问,螺髻山在冰河时期冰川规模到底有多大,冰川运动的力量又有多大呢?其实研究表明,在冰川最盛时,从螺髻山 4359 米的主峰到 2000 米左右的山麓,几乎被冰雪所覆盖,围绕群山的每一条沟壑都填满了冰凌,无数的冰河蜿蜒如长龙,这是何等壮观景象。螺髻山古冰川的形成除了海拔高度、地形条件的优越之外,气候亦是关键因素。这里位于华西雨屏带的南端,华西雨屏带是我国著名的降水带,这里的年降水至少在 1200 毫米以上,丰沛的降水为冰川的发展提供了丰富的物质保证。

而冰川遗迹也不只发育于我们能到达的清水沟中上游，实际上在螺髻山山麓清水沟、拖木沟沟口，张文敬先生便发现了大量的宽尾冰川遗迹，这也证明在冰川时期，这里山谷冰川的补给充分，冰量充足。

亦瀑亦泉，大漕河温泉瀑布

其实，在螺髻山漫长的地质历史上，与冰为伍是很晚近的事情。放眼更漫长的地质史，此地则发生过多次的火山喷发，伴随着反反复复的海侵海退。

大约3亿年前，螺髻山一带曾是一座孤岛，悬浮于大海。直至2.5亿年前，孤岛终于彻底告别海洋，上升为陆地。伴随青藏高原的快速隆升，新生代时期的构造运动，将螺髻山塑造成冰雪覆盖、冰河肆虐的高山。3000年前，这里的冰河时代结束，冰川消失，万物生长，各种精灵才纷纷以此为家园。

构成螺髻山的不同种岩石——火山熔岩、火山碎屑岩、灰岩、砂砾岩、白云岩等，得以完整记录了这座山的形成历史与演化细节。除此之外，这座山还以一种活态的景观，证明其仍处于地壳运动的活跃时期，这就是温泉。

天然温泉的出露，往往与地壳运动、断裂构造有关。螺髻山东西两侧，皆为断裂构造所围限——东侧的则木河断裂、西侧的大铜河断裂，都有众多温泉出露，它们使螺髻山成为久负盛名的温泉胜地。

告别螺髻山的"高海拔"，沿248国道、顺则木河而下，向普格方向行驶，在荞窝镇北端的两河交会处离开主路，再沿大漕河峡谷溯流而上。一路上壁立千仞,溪涧深幽,湍流翻滚,大约行 5 千米,便能远远听到瀑布水流撞击岩石发出的轰鸣声,这就是则木河断裂带上绝无仅有的"大漕河温泉"。

瀑布从沟谷北岸的灰岩裂隙中喷溢而出,在布满绿苔的泉华台翻滚,然后分成数股倾泻而下。温泉的蒸腾之气,瀑布跌落深潭的水雾,瀑布撞击岩壁飞溅的浪花,纷纷扬扬,弥漫在空谷。瀑布从陡崖跌落的咆哮,河水在河床怒吼,游客在山谷的喧哗,又都混在一起,很是热闹。

前几年,温泉大规模开发之前,有一座藤木桥跨过大漕河,游人可以由此绕过瀑布,到瀑布后面的岩缝沐浴,身下是翻涌的泉水,头顶是倾泻瀑水,体验感极佳。

调查表明,螺髻山这处温泉瀑布是重碳酸镁型泉水,泉水无色、透明、无臭、无味,水温常年保持 36℃,经水质检测,温泉水甚至达到饮用水标准,可以直接饮用。

天下温泉众多,瀑布亦众多,但既是温泉又是瀑布,二者合二为一者少有。既可沐浴,又自成景观的,也唯此温泉瀑布,称它独绝天下的奇景也不为过。1994 年这里便列入四川名泉,2013 年被世界纪录协会认定为"世界最大温泉瀑布"。

地质学家袁复礼、李四光偏爱螺髻山,使这里成为冰川学研究的圣地,包括北京大学、南京大学在内的数十家科研机构,崔之久、谢又予、张文敬等冰川大咖都纷至沓来,将身影和脚印留在这里的山川岭谷。

在众多的研究者中,张文敬先生是我最熟悉和佩服的一位。他曾经于 2010 年和 2011 年两次领衔螺髻山的科学考察,考察区域人迹

则木河断裂带上"大漕河温泉"是一处罕见的温泉瀑布。摄影/杨建

罕至，他曾在考察记中写道："螺髻山就是我们了解地球几百万年以来发展变化……演替过程的一个鲜活的窗口，是我们地球历史气候变化的活化石，是中国第四纪古冰川遗迹天然博物馆。"

是什么原因造成佛教在螺髻山几兴几衰，已不得而知。但有时想想，螺髻山还真是一个低调的地方，这里自然风光无与伦比，物种生态优美原始，古冰川遗迹多彩奇异，无论哪一方面都有成为"天下名山"的潜质，却默默无闻地躺在邛海一隅，任山下熙来攘往。

也许，螺髻山的低调才是最大的幸运。

大湖如链：
云南高原的断陷湖群

> 在云南高原，分布着众多的大湖，它们有一个共同的身份："断陷湖"。来自地壳的洪荒之力拉扯、塑造出的断陷盆地，宛如一座座"大地之匣"；高原之水的汇集，则聚集成地匣中的颗颗"珠翠"之湖，并折射出湖山、湖水、湖岛、湖城、生态等多方面的美和光华。

公元1524年，正值壮年的杨慎因直言谏议事，被廷杖削籍，谪戍云南永昌卫，也就是今天的保山。在前往谪戍地的途中，他路过滇池，望滇池壮丽景色，写下了《昆阳望海》这首诗，诗中写道：

昆明波涛南纪雄，金碧滉漾银河通。平吞万里象马国，直下千尺蛟龙宫。天外烟峦分点缀，云中海树入空濛。乘槎破浪非无事，已斩鱼竿狎钓翁。

显然，滇池的浩渺让阅尽人间美景的杨慎颇有些激动，后来他又意犹未尽写下《滇海曲》十二首组诗、《春望三首》等诗来赞美滇池。杨慎谪滇35年，大多数时间均居于滇池之畔，他游历在川滇之间，写下大量诗词游记，但给他印象最深的，也许就是云南高原上的大湖。有明确记载,杨慎到达过的大湖便有邛海、滇池、抚仙湖、星云湖、杞麓湖、洱海等。在抚仙湖,他甚至留下"天然图画胜西湖"的感叹。

在古代,云南高原是蛮荒瘴地,因之成为著名的流放地,其名声虽险恶,但这里的美景却并非没有知音,杨慎便是最好的知音。

盆山相间,断陷成湖

中国是一个多湖泊的国家,据《中国湖泊生态环境研究报告》,面积在 1 平方千米以上的湖泊就达 2600 多个。然而我国湖泊数量虽然众多,但却主要分布在五大湖区,这五大湖区分别为东部平原湖区、东北湖区、蒙新湖区、青藏高原湖区、云贵高原湖区。受地理地貌及季风气候的影响,这五大湖区各有其区域特色,如青藏高原以闭流咸水湖和盐湖为主,东部平原湖区多为洪泛沉积湖泊,而云贵高原的湖泊得到西南季风带来的降水补给,均为外流淡水湖(程海除外),且均受到断裂带的控制,是典型的构造断陷湖。

虽以云贵高原来命名湖区,但云贵高原的湖泊却主要分布在云南高原。据统计,云贵高原的 11 大湖,全部位于云南高原,其中就包括全国面积排名第六的滇池,以及淡水湖中深度排名第三、第四的抚仙湖和马湖。

打开云贵高原的地图,我们发现一个规律,那就是云南高原的大湖泊,湖形均为长条形或椭圆形,均沿南北方向展布,也就是南北狭长,东西窄束,长宽比普遍在 3~5 倍,湖泊在空间上往往成群分布,几个湖由北向南呈串珠状排列,如滇中的阳宗海、抚仙湖、

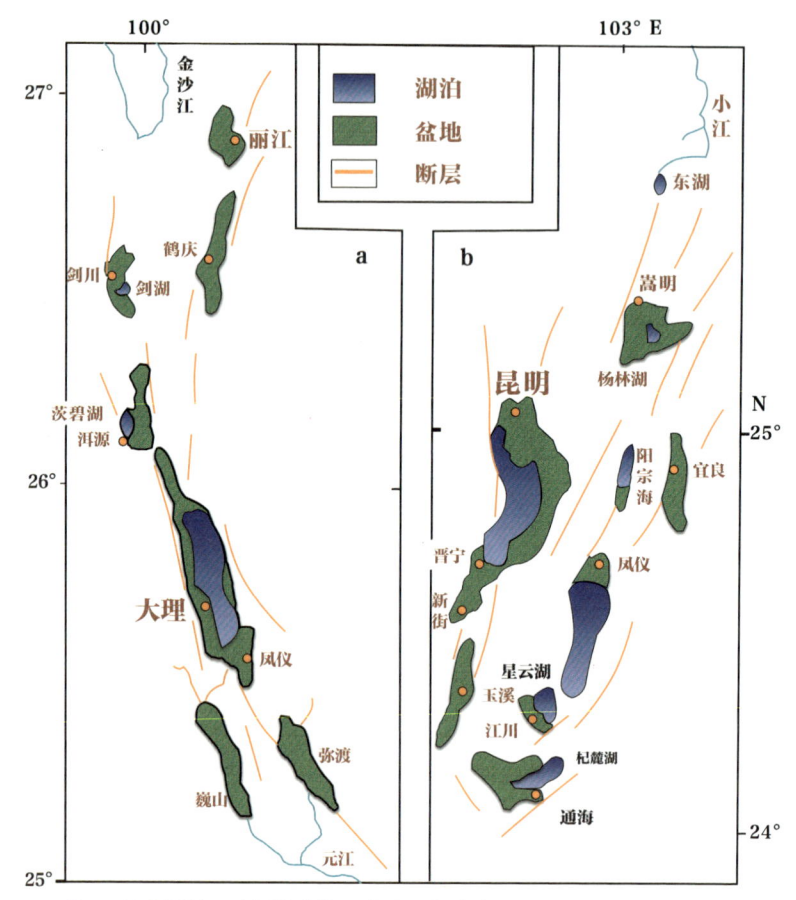

注：a 为金沙江—元江断裂带　b 为小江断裂带

金沙-元江断裂带与湖泊关系示意图。资料来源朱海虹《云南断陷湖泊的形成和晚新生代的沉积及其演化》，清绘/李馨宇

星云湖、杞麓湖以及最北部四川境内的马湖；滇西的剑湖、茈碧湖、洱海。如果再打开云南高原的地质构造图，我们还会发现，这些湖泊大多伴随在断裂带旁边，湖泊延展方向也恰好与断层的走向一致，甚至有些湖夹峙在两个断层之间。如滇中湖群主要集中在小江断裂带和普渡河断裂带，滇西湖群受到元江断裂带和近南北向程海断裂带的控制。邛海、洱海、程海等均夹峙于近南北向断层之间。

但也有例外，如石屏县的异龙湖、通海县的杞麓湖，因为同时受到北西、北东向断裂带的控制，湖的形态呈北西、北东向展布。

说到云南高原的断陷湖，我们就得把视角放到更为广阔和久远的时空。在地球表面地貌格局形成过程中，青藏高原的隆升是最为重要的地质事件。由南向北一路漂移数千千米的印度洋板块与亚欧板块的激情碰撞，不仅导致青藏高原的快速隆升，还导致地壳物质向东西两侧流逸，其最直接的结果就是形成南北走向的横断山脉，并且导致南侧云南高原所在的川滇菱形断块向东南滑移，带动两侧的断裂产生拉张，从而形成一系列的断陷盆地。

与北侧和西侧的横断山脉一脉相承，云南高原的山脉和河流皆为南北走向。但和横断山紧凑山脉、深幽峡谷相间并行又有所不同，云南高原同时兼具高山和高原特征，山脉和河流延伸到这里，多少显得有点"力不从心""随心所欲"，地貌上舒缓了许多，多出了许多宽阔的"坝子"。也就是说横断山的窄束蜂腰最终演变成云南高原山岭和盆地相间并列的格局。具体表现就是沿着断裂带形成一系列南北走向的短轴山脉和长条状的断陷盆地。而断陷盆地的底部，往往在不同地质历史阶段汇水形成断陷湖盆，规模较大的断陷湖盆大致分为三列，从东至西分别为滇中的昆明、澄江、玉溪、江川、

四川的马湖，是构造断陷的基础上经地震堰塞所形成的复合成因湖泊。摄影/杨建

通海、曲江、建水等；西昌—楚雄的西昌、德昌、元谋、楚雄等；滇西的丽江、剑川、鹤庆、洱源、永胜、大理、巍山、弥渡、宾川等。这些盆地在地质历史上大都有古湖泊存在经历，有些湖泊还曾彼此相连，后因地质环境变化，大多数湖泊或干涸或萎缩。即便如此，云南高原仍保留了数量众多的大湖和深湖，如滇中的滇池、抚仙湖、阳宗海、杞麓湖、星云湖、异龙湖，滇西的程海、洱海，四川境内的邛海、马湖，四川与云南交界的泸沽湖。这些湖泊周边和盆地地势平阔、土地肥沃、气候温润、物产丰富，成为人类起源、部族聚集之地，在千百年的历史演进中成聚、成邑、成都，孕育出一个个部族、方国，人类的文明因此在这"边远之地"生根发芽，开出五彩之花。

断陷盆地和断陷湖的出现，说明地壳的活动非常强烈，沿着湖泊分布的断裂带往往也是著名的地震带，如今天我们还能在一些湖泊附近找到地震留下的遗迹，如程海湖畔的红石崖，便保留了1515年6月17日永胜8级地震留下的地震断层、天坑、滑坡带等遗迹，其场面宏大，保存完整，是我国较为典型的地震遗迹。形成滇中湖群的南北向断裂带，历史上也曾多次发生7级以上乃至8级地震。水深达158.9米的抚仙湖水下，至今淹没着一座因地震沉入湖底的古城（也有专家认为是古滇国都城、后来神秘失载的汉代俞元县城）。四川境内的马湖，则是构造断陷的基础上经地震堰塞所形成的复合成因湖泊，专家们在马湖的湖堤和四周发现大量古地震堆积，证明它极有可能形成于11万年前的数次史前大地震。

拥有最多的深水湖，最美的色彩

断陷湖的另一个特点就是湖水普遍较深。云南高原11大湖中，最大水深超过20米的便有抚仙湖、马湖、泸沽湖、程海、洱海、阳宗海、邛海等，其中最深的为抚仙湖，最大水深达158.9米，在全国淡水湖中排名第三，马湖最大水深134米，在全国淡水湖中排名第四。而星云湖、滇池、杞麓湖、异龙湖则属于浅水湖泊，滇池最大水深仅6米，因而在11大湖泊中它的面积最大，但蓄水量却不足抚仙湖的十分之一。

在高原看湖，最令人惊叹的是湖水的颜色，湖水总是那么蓝，蓝得不可思议。尤其在高天流云的衬托下，天空的蓝和湖水的蓝相互呼应。在没有明显污染的情况下，湖水的透明度和水色往往和深度有关，湖水越深，透明度越高，水色越蓝。云南高原的断陷湖大多为深水湖，透明度普遍很高，水色呈碧蓝和浅蓝，成为色彩最美的湖泊。

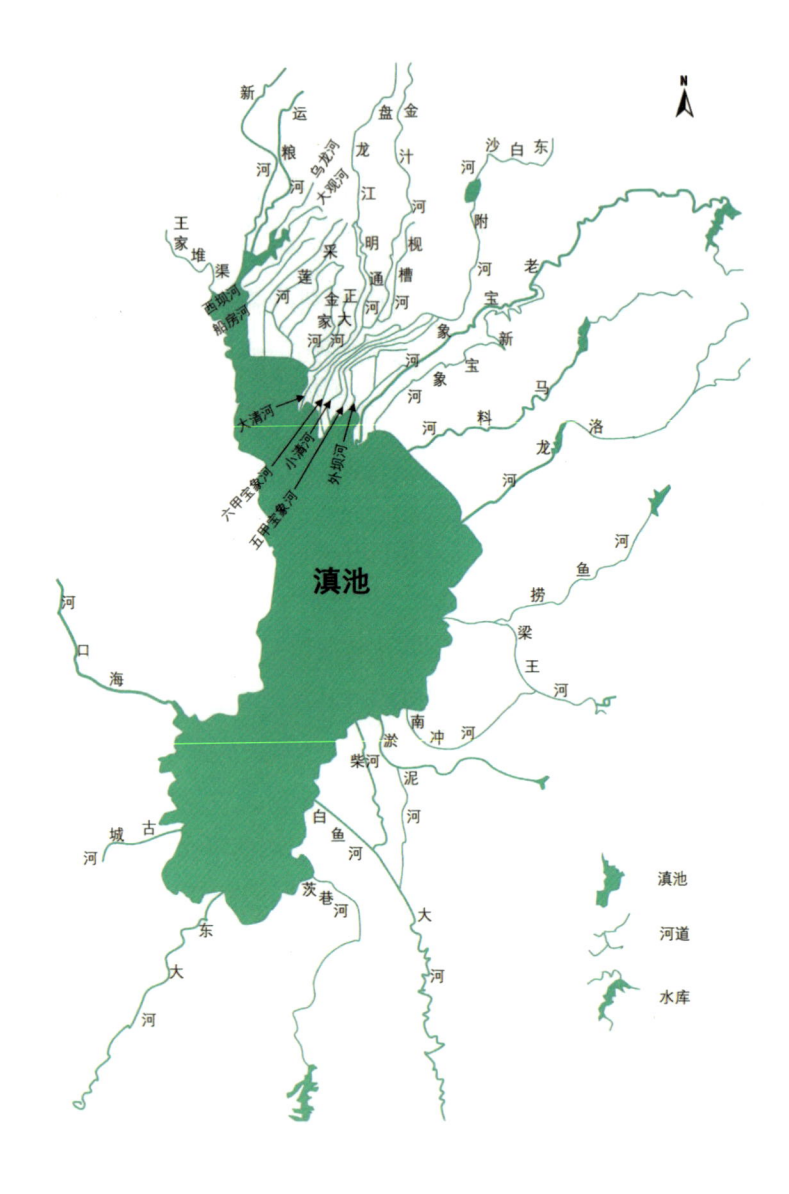

滇池水系图

洱海。摄影 / 吴土星

滇池。摄影 / 杨建

抚仙湖。摄影 / 熊立军

如抚仙湖的透明度可达7～8米，是我国目前已知透明度最大的湖泊，星云湖与之仅有一山之隔，但两湖水色和透明度相差极大。

　　云南高原大湖的湖水从何而来，又到了何方？这是一个有趣的话题。打开云南高原水系图，我们发现这些大湖并不同属一个水系，而是分属长江、澜沧江和珠江水系，这三大水系可以说是中国南方最为重要的水系。云南高原的11大湖泊中，滇池、马湖、邛海、泸沽湖均属长江流域的金沙江水系，而程海尽管位于金沙江流域，却是一个封闭湖，并没有明显的出水口。滇中的抚仙湖、星云湖、杞麓湖、阳宗海、异龙湖等皆属于南盘江水系，湖水最终向东经南盘江、

邛海，城、山、湖相依。摄影/杨建

西江汇入珠江流域。而滇西的洱海，则从湖的南端流出，向南流入漾濞河，最终汇入澜沧江。细观这些湖泊，同聚于云南高原，最终向北、向东、向南各自奔流，最终又归于太平洋的东海和南海。

云南高原的湖泊皆为在断陷盆地的基础上汇水而成，也都处于盆地的低洼处，湖水大都来源于湖周山地的河溪，如洱海大小入湖河流就有117条，包括有名的苍山十八溪。滇池北部也有20余条大小河流呈梳状注入。这些注入湖泊的河溪普遍流域面积不大，大多细小短促，少有明显的主干河流注入，这是高原断陷湖与河道性湖泊最明显的不同。纳众溪以成泊，融千水终流芳，它们是高原之水的收纳中心和停泊港湾，河溪在此稍作停留之后，便开始浩浩荡荡地远征。

湖与山的探戈

2023年8月的一个清晨，摄影师杨建给我发了一张邛海的航拍照片。在这张照片中，泸山屹立在画面的最上方，画面中部和左侧是蔚蓝色的邛海主湖，画面的最下方，湖汊纵横，湿地如翡。右侧，红白相间的建筑与湿地相接，西昌城款款依偎在旁边。这几乎是云南高原大湖的标准照：山色空蒙、水光潋滟、水鸟翔集、村郭城邑相依，满满全是高原断陷湖的独特气质。

在青藏高原藏北地区，我们常常见到浩渺的大湖，如纳木措、色林措、扎日南木措等，单之蔷先生称之为"中国的大湖地带"。但这个大湖地带位于青藏高原的荒野地带，山与湖远远相望，关系并不紧密，且没有古城名镇的加持，终究显得荒凉。而云南高原的断陷湖的最大特点就是湖泊的一侧往往是巍然而立的山或断层崖，从而形成山体—断层崖—山麓洪积扇群—湖滨冲积平原—断陷湖—湖滨城市的完整组合，如邛海西岸的泸山、滇西的西山、洱海的苍山、泸沽湖的狮子山。站在山崖或山顶，可观大湖浩渺，城郭灯火。而站在湖畔，山色、城影倒映湖中，山、湖、城三位一体，相得益彰。

杨建在滇池便居住在西山脚下的高峣，他自然常常登上西山东望滇池和昆明城，"东瞰滇泽，苍崖万丈，绿水千录，月印澄波，云横亘顶"，对于高原断陷湖独特之美，杨慎相当有心得。

说到湖山之美，苍山洱海当是典范。

洱海西侧的苍山最高峰海拔4122米，洱海水面海拔1974米，相对高差达2148米。所以当苍山突然从大理盆地拔地而立，巍峨山色倒映在洱海湖面，其雄阔之势以及带给盆地人们的震撼便可想而知。学者唐晓峰说一个都城的建立总是要与岳域发生关系，总是要有"名山"来"岳镇方位"。如果真是这样，那么历史悠久的大理古城，苍山恐怕就是佑其长久繁盛的地望所在。而实际上唐开元二十六年（738年）南诏建立之后，发展至第六代南诏王异牟寻时，

马湖海马石。摄影 / 杨建

亦于唐兴元元年（784年）仿效中原在南诏境内封禅五岳四渎，苍山成为五岳之首，号曰中岳。

形态狭长的洱海夹峙在东、西两条南北向的断层之间，长宽比超过6∶1，两侧均为断层形成的断层陡崖，湖岸线相对平直，环盆地周边有上百条溪流注入洱海，其中便包括著名的苍山十八溪。湖西岸河流冲积形成的湖滨平原，田畴纵横、农舍井然，是白族传统聚集之地，大理古城即位于此。洱海湖汊甚少，但有多处岬角，犹如一把把长长的弯刀伸入湖中，湖的东岸有玉几岛、金梭岛等湖区残留的小岛或者半岛。这些小岛、半岛以及之间的湖湾成为白族渔民的聚居之地，也是游客休闲度假，观赏湖山美景的绝佳之地，如洱海东北岸的双廊半岛、南国风情岛等。

登苍山以观洱海，则是一种特别的观景方式。苍山十九峰的巍峨壮观与洱海秀丽风光在这里相映成趣。为了方便登山观海，在苍山海拔2600米的半山腰修建了一条长达18千米的玉带路，一路既可体验苍山清幽，又可远眺洱海壮美，尽情感受大理古城遗韵。

半湖碧水半湖花

说起湖泊湿地，我首先想到的是四川与云南交界处的泸沽湖，这个深嵌在群山之中的构造断陷湖，因湖畔世居神秘的摩梭人而著名。泸沽湖由明水区和沼泽区组成，明水区位于湖西部，是泸沽湖的主湖区，最大水深105.3米，平均水深为40.3米。而沼泽区是湖东岸因排泄不畅形成的草海，浅湖之滨苇荡如毯，芦花纷飞。虽然草海只占泸沽湖面积的12%，却让泸沽湖成为"湖泊—沼泽结合型"

水域，给烟波浩渺的泸沽湖增添了几分婉约柔情。

云南高原湖泊中的浅水湖，湖岸线弯曲，多形成湖湾、岬角，湖滨往往形成湿地带。即便是断陷形成深水湖，一侧为断层陡崖，湖岸陡峭平直，另一侧则往往平阔舒缓，湖岸曲折。平缓一侧或河流出入口，如河溪排泄不畅，往往淤积形成大面积的沼泽湿地。除泸沽湖外，邛海、洱海、马湖、滇池、星云湖、杞麓湖、异龙湖都有大片湖滨湿地。

每年8月，海菜花盛开的季节，便有不少游客慕名到泸沽湖湿地，去看这种飘浮在湖面的白色"精灵"。洁白的花瓣，鹅黄色的花蕊，在湖面摇曳，水波荡漾，光影交错，犹如一幅流动的莫奈油画。每到这个季节，不仅是泸沽湖，马湖、洱海等湿地，海菜花也宛若繁星坠落水面，如梦似幻。这种沉水植物，根生水底，花叶依靠纤细的茎牵漂浮水面，摇曳多姿，因而被戏称为"水性杨花"。实际上，海菜花高洁优雅，并不随波逐流，它们对生长环境的要求极为苛刻，需要清澈纯净水环境才能生存，因而被视为湖泊水质的风向标。

而洱海上游洱源县的茈碧湖中，还生长着一种奇特的睡莲，因为只生长于茈碧湖及苍山的少量湖泊，因而取名茈碧花或茈碧莲。这种罕见的水生花卉，花瓣洁白、花蕊金黄，开花时清香四溢。它们每年7～8月盛开，每天仅在上午11时开放，下午5时左右闭合，因而又称"子午莲"。

云南高原地处低纬度、高海拔、亚热带气候区，降水充沛，气候温和，而断陷湖四周因为有群山环抱，有利于区域性小气候的形成和发展，因此成为生物多样性丰富多彩的区域，海菜花在这些湖泊中的大量出现，也间接证明这些湖泊的生态环境，尤其是水质处

海菜花。图片来源 / 图虫创意

紫水鸡。图片来源 / 图虫创意

于良好状态。

据研究表明，云南高原湖泊湿地的水生植被群落包含了全世界热带分布、北温带分布、东亚分布、极高山地理成分和淡水湖泊特有植物群落类型大部分成分，而且珍稀濒危和特有物种比例高，不仅具有国内湿地大部分水生植物群落，还具有长江中下游平原湿地所不具有的北极高山类型杉叶藻群落、云贵高原特有的波叶海菜花群落和高寒湿地特有的高山水韭群落等。

云贵高原湖泊湿地特殊的地理位置，温暖湿润的气候，良好的生态环境，成为众多鸟类栖居之地，尤其是雁鸭类等冬候鸟的越冬寓所和鸻鹬类等过境鸟类的停歇地和加油站。每年冬天红嘴鸥都要从数千千米外的西伯利亚飞抵滇池越冬，浩渺的湖水、巍峨的西山、优美的红嘴鸥，构成了一幅绝佳画面。黑颈鹤、中华秋沙鸭、赤麻鸭、黑鹳、灰鹤、彩鹮、东方白鹳等数十种水鸟均以云贵高原的湿地为越冬地或临时停歇地，其中全球约有三分之一的黑颈鹤在这里过冬，而有着"世界上最美丽的水鸟"之称的紫水鸡则是滇西湿地的旗舰物种。据统计，云贵高原大型湖泊湿地共记录到水鸟128种，占中国水鸟种类260种的49.23%，其中24种被列入国家重点保护野生动物名录或濒危物种红色名录，再次说明了云贵高原湿地是中国水鸟集中分布区之一。

因湖兴城，湖色倾城

1984年7月1日的下午，刚从中国科学院南京古生物所硕士毕业的侯先光，再一次来到抚仙湖东北岸的帽天山，寻找一种曾经生存

马湖金龟岛。摄影／杨建

于寒武纪的高肌虫化石，他已经在这里工作了一个多星期，却依然两手空空。正当他准备离开的时，鞋跟不小心剐落了一片松动的岩层，一块形状奇特却又保存完整的化石露了出来，这是一块寒武纪早期的无脊椎动物化石，从此打开了一个5.3亿年前的寒武纪生物世界，后来科学家将这个古生物群命名为"澄江生物群"，它几乎包括了今天地球所有现生生物门类的最早演化形成，和全球最著名的澳大利亚埃迪卡拉生物群一样，成为地球第一次"生命大爆发"的最早起点。

云南高原不仅仅是地球生命大爆发的起点,也闪烁着人类起源的星火,800万年前的禄丰古猿、开远古猿似乎证明云南高原是人类起源地之一。元谋盆地发现的距今60万~50万年(也有学者认为距今170万年)的云南元谋人遗址,可能是最早进入云南高原的古人类,之后昭通人、西畴人、丽江人、昆明人等古人类也相续来到这里,最终云南高原成为历史上多民族的古老家园和一条族群迁徙的大走廊、大通道。

人类在选择自己的家园时,总是喜欢依山傍水之地,云南高原湖泊山水相依,盆地平阔,自然成为最优的安居之所。那些北方部落冲突、中原逐鹿的失败者,丢兵弃甲,落荒而来,也将部族的希望播撒在湖山之间,在中原王朝鞭长莫及的领地,与当地部族相互融合,生生不息。战国时期,一支叫"滇"的部落便是以滇池—抚仙湖为中心逐渐发展壮大,最终建立了拥有数万人的古滇国,并且创造了高度发达的青铜文化。而在滇池以北,另一支叫作"邛"的部族,也在"邛海"之滨开疆拓土,建立邛都国,他们皆"魋结,耕田,有邑聚",过着诗意无比的田园生活。而在大理盆地,以苍山洱海为根基,"昆明人"也建立了古昆明国,他们"皆编发,随畜迁徙,毋常处,毋君长,地方可数千里",过着逐水草而居的游牧渔猎生活。如今,我们仍能通过抚仙湖畔的江川李家山遗址、邛海湖畔的大石墓遗址去窥探那个时代的辉煌。

先秦至汉以邛海、盐源盆地为中心的邛笮文化,以滇池、抚仙湖、星云湖、杞麓湖为中心的古滇文化,唐宋时期以洱海为中心的南诏—大理文化,堪称云南高原古代文化最为明亮的星辰。

我曾多次考察云南高原,那些依山傍湖的城市总是给人很深的

邛海湿地。摄影 / 杨建

印象,我也有不少朋友每年都会到外地度假,他们选择最多的也是西昌、昆明、澄江、大理这些湖滨城市。我国都市中,以湖为骄傲的大概有三座,西湖之于杭州,东湖之于武汉,滇池之于昆明,而这三个湖,西湖 6.38 平方千米,东湖 32.8 平方千米,滇池 309.5 平方千米,面积正好以一个数量级递增。而这三个湖与城市的关系也相当有意思。西湖位于杭州城中,精巧而优雅,历代的文人墨客泛舟其中,于藕花香榭之间吟啸纵歌,俨然把西湖当成会客厅和锦绣花房。东湖与武汉相嵌相融,令人常常迷惑,是陆地嵌入水域,还是水域缠绕城市。滇池辽阔而豪迈,昆明居湖之北隅,城市与滇池仿佛一对恋人,既相互依偎,又各自独立。不仅是滇池—昆明,云南高原因湖而兴的城市大都如此，城市居湖一隅，既亲密，又互不相扰。因湖兴城，湖色倾城，大湖既是城市发展的根基，也给城市带来旖旎风光，仿佛是专属于这座城市的私房湖。而古城名镇深厚的文化底蕴、人文气息也彰显出大湖深邃内涵和非凡气质，湖也因城而扬名。

云南高原处于青藏高原、四川盆地、南亚次大陆等几个地理单元交会过渡地带，自古便是中原、古蜀通往南亚的重要通道。历史上不同时期形成的古道，如蜀身毒道、灵关道、南方丝绸之路、茶马古道、五尺道等都细若游丝地蜿蜒在南北相间的山水之间，将这些因湖而兴的城市连接起来，沿途的西昌、昆明、澄江、石屏、江川、通海、大理、剑川以及丽江、香格里拉等灿若星辰，成为这片土地上最为耀眼的明珠。

描述大尺度的自然地理是不容易的。云南高原的这些湖泊，貌似单纯的湖光山色，其实它们并不完全是自然之物，我们在寻找它们的来龙去脉时，人文总是自然而然地出场。它们是与人类有着某种呼应的精神山水，断裂带决定着它的分布和形态，而它们影响着这片土地的历史和未来。

湘西,
云贵高原边缘的台地峡谷

> 湘西正好位于云贵高原东部边缘的斜坡地带,也是高原向河湖平原过渡地带。地壳持续强烈的抬升,地形变化形成的落差,巨厚的碳酸盐岩,流水经年累月的切割、潜移默化的溶蚀,最终形成这片中国最为壮观的岩溶台地峡谷群。

提到湖南省湘西土家族苗族自治州(后简称"湘西"),人们总会联想到恶匪,在历史上,湘西确实以"匪患"闻名。自宋朝起,这里就是历朝统治薄弱区域,匪患猖獗。而匪兵之所以热衷选择这里安营扎寨,正是看中了这里复杂的地形。武陵、雪峰两大山脉纵贯,境内沟壑纵横,峡谷、溶洞都是很好的藏身之地,也是抵御清剿的天然屏障,而山林中丰富的物产,也给了他们与外界隔绝仍能生存的条件。如今,匪患已成为历史,但这方清秀山水成了人们观赏和游玩的好去处。

湘西拥有壮丽的高原切割型岩溶台地

2017年，因为湘西世界地质公园申报工作，被邀请前往考察。从湖北的恩施下高铁后，我们开车经龙山前往吉首。一路上看到一座座犹如豆腐块似的山，山顶几乎水平，四周绝壁直立，犹如一面面长墙绵延几千米，这种壮丽的景观给我留下了深刻印象。到达吉首市后，中国地质科学院岩溶地质研究所的同行告诉我，我在路途所见的地貌是岩溶台地。

岩溶台地是指山体为石灰岩，顶部相对平缓，四周为陡崖，类似于平顶山或桌状山的一种岩溶地貌。在云贵高原的东部边缘普遍发育着这种地貌，如湖北省恩施市、湖南省湘西土家族苗族自治州、贵州省东北部和重庆市。

破碎的岩溶台地。摄影／向文军

台地的内部又是另一个世界。上图为位于十八洞村鬼洞中的褶皱。摄影 / 向文军

我们知道云贵高原是一个岩溶高原，大约两亿年以前，整个高原基本上处于一个长期被海水淹没的海湾，堆积了深厚且面积广大的石灰岩。云贵高原又是一个巨大的夷平面，在高原内部发育着成片的喀斯特地貌，地上峰丛林立，地下则暗河和溶洞纵横交错。而在云贵高原的东部边缘，由于密集的构造断裂、巨大的高差加之水系丰沛，导致流水切割作用极其强烈，形成众多窄且深的峡谷。在断裂带之间则是相对平坦的如豆腐块状的岩溶台地，这种岩溶台地与广西桂林的典型喀斯特景观有所不同，是一种特殊的喀斯特地貌。

据统计，这一区域成规模、形态完整的岩溶台地多达 40 余个。尤其是湘西一带，形成的岩溶台地类型丰富，岩溶台地之间多为深切的峡谷，峡谷的绝壁上发育悬挂式洞瀑，景观组合十分特别。

岩溶台地的形态和规模，其实有规律可循，离高原腹地越近，距构造带越远，台地的面积越大，完整性越好；反之岩溶台地越破碎、规模越小、形态越不完整。按此规律，岩溶台地可分为半解体、完全解体和残余三种类型。

以湘西的岩溶台地为例，我们可以用"豆腐块"来形象地解释这三种不同发育阶段的岩溶台地。初期阶段的半解体台地已出现破裂，但还是相对完整的豆腐块，主要分布在湘西的花垣县、吉首市和凤凰县一带，包括禾库—雅酉岩溶台地、双龙岩溶台地。完全解体岩溶台地是已完全从云贵高原边缘脱离的孤立台地，主要分布在洛塔乡和靛房镇，包括洛塔岩溶台地。地貌以孤立的台地、封闭的陡崖以及其上发育的溶丘洼地和洞穴系统为主要特征。残余型台地是已经完全离散破碎化了的小型岩溶台地，犹如豆腐渣，处于即将

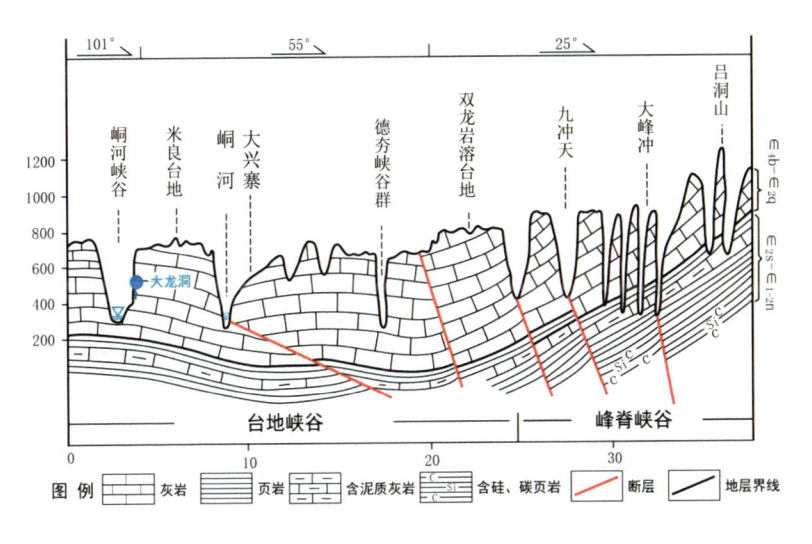

台地峡谷示意图（资料来源《湘西世界地质公园综合考察报告》）

解体消亡阶段,主要分布在古丈县和保靖县,典型代表有杨家河岩溶台地。

湘西岩溶台地的美是在水平方向上展开的,从空中俯瞰,一块块平整的台地"悬浮"在大地上,薄雾轻笼,如空中楼阁;从山谷望去,一面面绝壁蜿蜒如同长墙;而置身于其中,岩溶台地面上的洞穴、天窗、瀑布、岩柱等景观,让人目不暇接。

洛塔岩溶台地是岩溶台地的典型代表

洛塔岩溶台地位于龙山县洛塔乡,这里地处湖南、湖北和重庆交界处的武陵山脉腹地。据传"洛塔"之名,源于境内一座顶部平坦如桌、四周悬崖峭壁环峙的山。这座像桌子一样的山,就是典型的岩溶台地。

利用航拍器得以从空中俯瞰它的壮美。无人机从台地对面的一个坡地升高,随着高度的不断上升,恢弘雄伟的全貌慢慢出现在显示屏上。从空中看,洛塔岩溶台地犹如一个豆腐块,整体为一个孤立的宽缓向斜台地。台地东北—西南走向,面积达82平方千米,海拔1000～1437米。

而从平视的角度,洛塔台地从平缓的谷地拔地而立,四周绝壁断崖如削,崖壁一般高为100～300米,如巨大的空中楼阁,或如飘浮于大洋的诺亚方舟。夕阳中,裸露的崖壁一片赭红,蔚为大观。

沿着台地中部流水切割的沟谷进入台地内部,则又是另一番景象。整个洛塔台地上,俨然是一个喀斯特世界。已发现溶洼漏斗106个,大小溶洞314个,是世界溶洼漏斗和洞穴分布密度最高的地区之一。

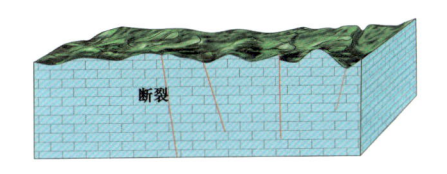

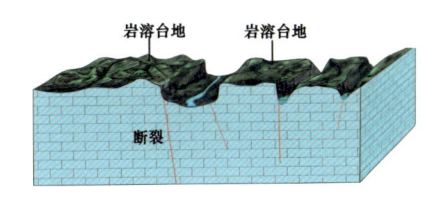

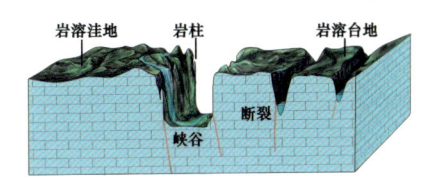

台地峡谷形成模式图－杨金山绘

整个向斜台地峰丛—洼地、石芽—石林、伏流—盲谷、天窗—洞穴、峡谷—岩柱、河流—瀑布等组合地貌类型多样，被誉为"中国南方岩溶台地的典型代表"。其中，杉湾石林、五虎赶六羊石林、溪沟石林连片分布，出露面积 10 平方千米，是全球亚热带剑状石林的杰出例证。

天窗是地下河或溶洞顶部通向地表的透光部分。洛塔台地的灵洞天窗群地处洛塔向斜西北翼，沿北东方向在 240 米距离之内，居然发育有五个呈线形排列的天窗。天窗与天窗之间以天生桥相接，而底部则有地下洞穴与天窗相连。进入底部，时而泻玉流光，时而漆黑如夜，时而一线瀑布沿天窗坑壁飘然而下，纷纷扬扬。

  2017年，我们在卫星图上发现洛塔以北的皮渡河峡谷与酉水峡谷之间的岩溶台地上密布着许多大大小小的凹坑。从空中看，这些凹坑像一个个的弹坑，到现场之后才发现是罕见的天坑群。经调查，在30余平方千米的范围内便发育有15个天坑，其中最大天坑直径可达650米，深达260米。但由于这一区域位于岩溶台地边缘，天坑受皮渡河的切割，地下河消退，天坑的形态已不够完整了。

  洛塔岩溶台地是高原边缘切割型岩溶台地的典型代表，这些残

洛塔天坑－向明海

留的岩溶台地、多级夷平面和高海拔地下河洞穴系统，完整地记录了新生代地壳间歇性抬升的地质历史，也可以说是岩溶高原解体与演化过程的重要例证。

岩溶台地往往与深幽的峡谷相生相伴

清晨，我们在花垣县金龙村寻找开阔地拍摄，阳光像追光一样从对面崖壁的顶端打下来。光线所及之处，崖壁立刻由青灰色变成橙红色，原来暗淡无光的岩溶台地和峡谷瞬间被点亮，像聚光灯下辉煌夺目的炫丽舞台。

湘西的岩溶台地主要分布在张（家界）—花（垣）断裂、麻栗场断裂和古（丈）—吉（首）断裂带之间，从而成为一个相对独立的地貌单元。在这一地貌单元内，更次一级的断裂构造广泛发育，流水沿断裂带侵蚀和溶蚀山体，形成网状岩溶峡谷群。加之第四纪以来的新构造运动，地壳快速抬升，原有溶蚀谷地中流水的下切和溶蚀速度加快，使峡谷进一步向纵深发育，峡谷变得越来越长，越来越深幽。

密如蛛网的峡谷分为线形峡谷、V字形峡谷和箱形峡谷。线形峡谷主要受到大型节理裂隙的控制，呈"地缝式"线性展布。坐龙溪峡谷位于古丈县酉水南侧，是线形峡谷的典型代表。峡谷全长6.5千米，平均谷深80余米，最深处可达130多米，谷内平均宽度3～5米，最窄处仅容一人通过。峡谷内绝壁如刀切斧劈，逼仄深幽。穿行在谷中，深涧窄如一条缝隙，仰望可见一线蓝天，瀑布长垂于两侧，脚下则是古木藤萝倚壁而生。

V字形峡谷从峡谷顶部向峡谷底部空间迅速收紧，呈狭长带状，这些峡谷长度不一，短的在 3 千米左右，长的则可达 43.3 千米（洗车河峡谷），峡谷深 100～400 米不等，部分峡谷壁上发育瀑布群。代表性 V 字形峡谷有洗车河峡谷、猛洞河峡谷、大峰冲峡谷、十八洞峡谷、猛西河峡谷等。

箱形峡谷主要位于保靖、花垣和吉首一带，这些峡谷长度大多在 10 千米以上，峡谷宽度 200～1200 米，峡谷深度在 100～400 米不等，规模宏大。最为典型的箱形峡谷就是峒河峡谷群，由德夯峡谷、龙洞河峡谷和牛角河峡谷 3 条巨大峡谷及 30 余条中小峡谷组成的峡谷带。与其他岩溶高原峡谷相比，峒河峡谷群纵横交错，与破碎的岩溶台地相互交织。从卫星图上看，峡谷像网子一样割裂、缠绕着

台地边缘发育的岩柱。摄影 / 向文军

岩溶台地。

峡谷的两侧还普遍发育着岩柱。岩柱是岩石沿垂直裂隙崩塌而成的孤立柱状石峰，在峡谷边缘最为常见。从高处往下看，岩柱群高低错落，形态各异。尤其是清晨，峡谷烟雨迷蒙，云雾缥缈，岩柱悬浮半空，恍若微缩的张家界峰林。

绝壁上的洞中悬瀑

山势高峻，峡谷深切，加上雨量充沛，在岩溶台地的边缘和峡谷两侧崖壁，往往发育瀑布，地处营盘溪与酉水河交汇处的芙蓉镇，就修建在一个溢宽达70米的梯级瀑布之上。

尽管早有思想准备，但是当我来到双龙岩溶台地外围陡崖——布瓦壁时，还是被它雄阔的气势所震惊。绝壁高至少500米，呈圈椅状，三面崖壁直上直下，完全壁立，另一面则开口与峡谷相接，其形态如巨型的天坑。绝壁的中部，一帘瀑布从崖壁上的洞穴中喷涌而出，直泻谷底，瀑水撞击岩壁之声，响彻峡谷。

不仅在布瓦壁，在几天考察中，大龙洞、小龙洞、雷公洞等均为这种悬挂在半壁的陡崖洞瀑，它们的落差均超过200米，气势磅礴。

这种瀑布又称为悬挂式洞瀑，是发育于湘西岩溶台地边缘最具特点的瀑布。它是地下溶洞或暗河中的地下水体，从崖壁上岩溶洞穴口流出，悬挂于崖壁而形成的瀑布。这种瀑布形成的关键是地表河流下蚀加强，切穿地下洞穴，洞穴水系汇入河流。然后，在地壳抬升作用下，岩溶台地沿断裂带破碎解体，地表河流的侵蚀速度远远大于地下河的向下溶蚀的速度，峡谷越来越深，而洞穴则被抬高

大龙洞悬瀑。图片 / 图虫创意

洞中飞瀑。摄影 / 向文军

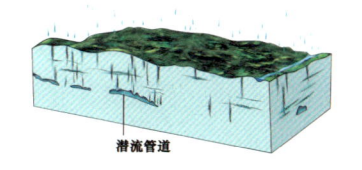

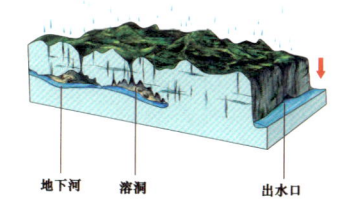

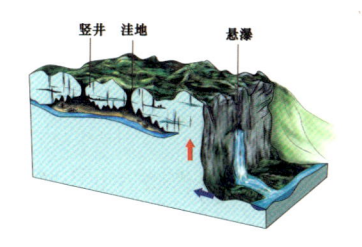

台地高悬洞瀑形成模式图。绘图／杨金山

残留在崖壁高处，原来在地下溶洞或暗河中水平流动的地下水体，顺着陡壁下泻，形成悬挂于谷壁，形成高位悬瀑。

湘西岩溶台地—峡谷的形成大致有三个时期。首先，流水沿断裂、节理、裂隙侵蚀、溶蚀，形成台地、溶丘、溶沟、洼地、干谷、岩溶洞穴、地下河等。洛塔岩溶台地、双龙岩溶台地、米良岩溶台地便是这种地貌。然后，随着地壳抬升，流水下蚀作用加剧，在台地溶丘地貌基础上，沿着构造裂隙形成规模较大的峡谷。其岩溶地貌的特征表现为岩溶台地及峡谷相间分布，台地面上发育有岩溶峰丛—溶丘—洼地，台地边缘为残留岩墙—岩柱群，峡谷底部或两侧崖壁往往分布有地下河或悬瀑。台地峡谷继续发展，先前形成的峡谷不断下切并拓宽，台地面积不断缩小，上万年以后，台地型地貌最终发育为峰脊峡谷地貌，峡谷、溪河密集，峰脊高耸于溪河之间，纵观呈峰，横看成岭，陡崖上可见多层溶洞，如吕洞山峰脊峡谷岩溶地貌。峰脊峡谷型岩溶地貌继续发展，最终将发育为岩溶准平原。

最美的峡谷，遇上最美的桥

领略峒河峡谷群最好的地方是德夯。德夯，苗语意为美丽的峡谷，而矮寨大桥就是最佳的观景平台。

桥的功能是连接，是"渡"。但中国的古代文化中，桥的内涵似乎特别复杂。如西湖断桥，一端跨着北山路，另一端接通白堤，不但没有断，而且还因许仙和白素贞的爱情，增添了浪漫色彩。桥在这里早就超越了交通的范畴。进入当代后，桥的修建越来越现代化，规模也越来越大，但桥在传统文化中的意境和内涵却越来越淡薄。尤其是高速公路大桥，仅用于通行车辆，站在桥上看风景的机会也就没有了。

但矮寨大桥却是一个例外，这里不仅天堑通途，自成一景，而且桥本身就是一个绝妙的观景平台。唐朝的诗人贾岛在诗中写道"过桥分野色，移石动云根"。这是一幅立体的活动画面，仿佛你能看到一桥横跨于云间，山、石、峰、树皆在云雾中飘移浮动。贾岛仿佛写的就是这里。

矮寨大桥。摄影 / 杨建

矮寨大桥是吉首至茶峒高速公路中的重点工程。之所以重点，是因为不得不跨越险峻的德夯峡谷。这条峡谷，全长 15 千米，谷深 300～430 米，受到北（北）东向和北西向两组张性断裂控制，呈十字交叉于德夯苗寨，连同次级峡谷，构成一个由德夯峡、玉泉溪、九龙溪、新寨河组成的"X"形峡谷群。峡谷内发育着密集的中小规模断裂、节理裂隙，岩墙、岩柱发育，形成天问台、姊妹峰、驷马峰、、椎牛花柱等数十个岩墙—岩柱群。峡谷末端和两壁发育流纱、银链、玉泉等多条瀑布，它们时常云遮雾绕，宛如仙境。

德夯大峡谷壮阔磅礴，对大桥的建造来说却是巨大麻烦。但它又成就了大桥的非凡。矮寨大桥曾经创造了诸多世界第一，如曾是世界上跨度最大的深切峡谷桥梁（全长 1073.65 米，悬索桥的主跨为 1176 米）、世界上第一座塔梁分离式悬索桥。

但这座大桥最为惊艳还不是这些世界第一。在设计上，大桥分为两层，上面是公路而下面一层专门为观光而设计。这让我们可以站在桥上看风景。观光廊桥上设有玻璃栈道，身下便是万丈的峡谷和田舍俨然的苗寨。人行其上，仿佛云中漫步。最美的峡谷，遇上最宏伟的大桥，难怪BBC要送给它"世界最美大桥"的美称。

2017年，从矮寨大桥的桥头，又在修建了一条高空观光栈道。栈道悬挂于悬崖半壁，部分地段干脆采用玻璃铺设，人行其上，身旁是千仞悬崖，脚下是万丈深渊，其惊险不可名状。

而问天台是峡谷中正在形成的岩柱，三面临空，峭壁悬谷，顶部平台不过数平方米，仅有一条小径通其上。立于峰台之上，诸峰列峙，深涧盘雾，如入仙境。

罕见的红石林

说到湘西的岩溶台地峡谷，我们不得不从这里的物质组成说起。湘西位于扬子地台区东南缘，毗邻华南陆块。这里保存了扬子地台演化历史的完整沉积序列。

在地质上，常常将确定和识别全球两个时代地层之间的界线的唯一标志，称之为"金钉子"。这一概念源于美国铁路修建史上"金钉子"。"金钉子"相当于给全球年代地层"打样"，它的成功获取往往标志着一个国家在这一领域的地学研究成果达到世界领先水平，其意义绝不亚于奥运金牌和世界杯获得"大力神杯"。全球地层年表中一共有"金钉子"110颗左右，截至2017年7月，已经正式确立的有69颗，其中我国共有11颗。而在我国的11颗"金钉子"

中，就有两颗位于湘西岩溶台地峡谷。

在组成湘西的物质中，有一套岩石十分引人注目，这就是奥陶系红色碳酸盐岩，因为它形成了十分罕见的红石林。

碳酸盐岩是由方解石、白云石等碳酸盐矿物组成的沉积岩，主要在海洋中形成。碳酸盐岩大多数呈灰黑色或灰白色，只是在极其特殊的环境下才会形成红色的岩石。湘西的红色碳酸盐岩形成于距今约4.8亿年前的早奥陶世。当时古地理环境为扬子海域湘西北浅海，在炎热气候和高能条件下，接受紫红色碎屑和瘤状碳酸盐沉积形成紫红色瘤状灰岩等。从全球碳酸盐岩沉积环境和出露颜色来看，红色碳酸盐岩并不多见，仅在古生代的扬子地台、印支地块等少数台地浅滩相沉积区出现，而形成石林就更为罕见。

从全球岩溶石林来看，红色石林仅在中国湖南、重庆、四川和贵州以及泰国沙墩等地极小范围内出露。湘西的红色碳酸盐岩石林出露面积超过84平方公顷，是全球迄今发现的规模最大、分布最集中、发育最奇特的红色石林景观。

红石林主要分布于古丈县西北部红石林镇和永顺县芙蓉镇境内的酉水—猛洞河河谷两岸，相对高差595米，地势东南高，西北低，总体呈一个从东南向西北酉水河谷倾斜的大斜坡，红石林发育在海拔350～550米地带，以花兰—坐苦坝和列夕—克必两地段发育最好。在约30平方千米范围内，发育着1000多座红色和彩色的石柱，石柱高3～30米，形态各异，组合形式多样，成簇成片分布于山顶、斜坡、洼地、沟谷等各种地形。

每一个石林单体都发育溶槽，岩石在竖向上向内凹陷，呈扇形卷曲，溶脊边缘锐利如刀。此外，有些地方，强烈的溶蚀作用甚至

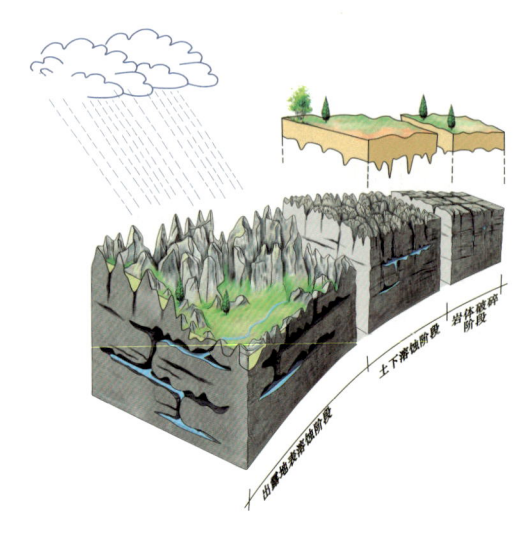

石林形成模式图。绘图 / 杨金山

将岩层溶穿，在石林的岩体形成可以对望蓝天的溶穴。这些溶穴或小如孔洞，或如天窗，或如拱门，或如天生桥，妙趣横生。更为奇绝的是，构成石林的岩石表面均匀地密布着龟裂纹构造，给石林穿上了"豹皮纹"的外衣，煞是好看。经过归类，石林大致分为剑状、尖状、柱状、蘑菇状、薄墙状、塔状、棒槌状和锥状等，石林颜色随季节、光线变化，尤其晨昏时分，在柔和的阳光斜射下，石林通体赤红，与四周绿树碧草相映成趣。有趣的是红石林总体为"下部叠层状，上部火焰状"，这是上下差异溶蚀和地表差异风化共同塑造的结果。

特殊的地理位置，复杂的构造系统，强烈的地壳抬升，然后就

红石林

是酉水和沅水不紧不慢、经年累月的切割与雕凿。大自然的演进历史和细节被认真地刻画在这里，丰富而优美的景观就像魔方的每一个色块，都在试图拼凑、诠释着湘西的"神秘"。在这片神秘的土地之上，一代一代苗族、土家族人是这里的主人，他们带给这片山水无限温暖与生机，创造了属于自己的文明和文化，也给了文学家和艺术家取之不尽的灵感。

2020年，依托云贵高原边缘的这片奇异美景，湘西成为联合国教科文组织世界地质公园，它的壮阔与神奇正慢慢为人所知。

（本文作者：李忠东，张晶）

跋

　　这本书的内容，大体熟悉，一部分是我在《中国国家地理》作编辑时策划编辑的稿子，另一部分是从作者的公众号"侠客地理"上精选的。相较于书稿的阅读，以前的阅读显得支离破碎，全然不如展卷阅读来得立体和系统。这是一本既有广度，又有深度的书，把中国西部苍茫、雄浑、秀丽与神奇的地理景观，做了多维度的解读。

　　我们了解自然，除了亲临其中，另外就是学习，而学习的渠道，一部分是纪录片，一部分是历史典籍，一部分是游记。这些游记更多的是个人的主观感受，但像《从阿尔泰山到横断山——地质工作者手记》这样一本从地理科学角度来描写中国西部的书并不太多。书的内容北起中国最北界的阿尔泰山山脉，南达横断山，其跨越的纬度之大，地域之阔，是为本书的广度。

　　为什么说它是一本有深度的书呢？这得从专业的角度来看。本书作者是一位资深的地质工作者，参加工作之始，便从事一件很辛苦的工作——区域地质调查。所谓区域地质调查，那就是在指定的区域，勘查这里的地质构造、岩性和矿产，所有的工作都必须实地测量、考察和记录，做不得一点假，数据与认知，都是一步一步走出来的！再后来，他又从事旅游地质工作，经年累月地行走，积累了丰富的素材，也让作者觉得地理是如此有趣。那些坚硬的石头，色彩各异，年龄不同，有的缘何又"长"在一起？那些古老的地层，又如何"骑"在了年轻的地层之上？这些，无不是地球演化的历史。

我们的祖先，很早就利用自然的馈赠制作陶器、青铜器、金银器，这些自然元素是从哪里来的呢？中国传统的地理学，涉及过一些，但并不系统，直到18世纪，法国博物学家布封（1707~1788）对矿物中的金属元素、半金属元素和非金属元素作了详细描述，人们才逐渐认识到上帝创造世界是件不太可能的事。后人对布封评价颇高，如达尔文就曾说布封是"现代以科学眼光对待特种起源问题的第一人"。

之所以提到布封，是因为他在很大程度上影响了两个对自然科学作出巨大贡献的重要人物，一位是达尔文，一位是洪堡。洪堡被称为现代自然地理学的奠基人，他与达尔文一前一后前往美洲大陆探险和考察，在大尺度的旅行中，逐渐形成了达尔文的物种起源思想和洪堡的地理学概念。

自此以后，才开始了全球的地理大发现。其中有一位博物学家来到了四川和横断山区一带采集植物，很多年以来，我们都把他称为植物学家，直到21世纪，最新的译本才改称其为博物学家，他就是《中国——世界园林之母》的作者威尔逊。在这本书中，他结合地质和地貌，描写了他从湖北宜昌入川的各种见闻，直到今天，这些对于自然的描述也称得上准确与精妙，在阅读文字时，那些场景在脑海中形成的画面，如同身临其境。

由于种种原因，这些重要的非虚构文学读本，在中国很长一段时间内没有得到普及，特别是在我和忠东上学时那个书荒年代。直到今天，很多人一提到地理，就会觉得枯燥乏味，这个问题与我们所受的教育或教育环境有极大的关系。我们想想，如果当年的地理课老师能把地理讲得生动有趣,那么,地理会是一个极其有趣的天地。因为地理学,其核心是研究人地关系,与人类的生产生活有密切的关联,比如说季风,如果单纯在课堂里讲授它的形成以及计算,会让人摸不着头脑,再计算一下洋流,其结果就是让学生越来越失去兴趣。但是,换一种方法,走出课堂,走进大自然,以在地为核心,开展一些野外实践,那又将是另外的结果,正如一个地理学家的观点:"地理学,是用考察来验证知识。"

地理学习为什么要从在地开始?其一,这是学生的家乡,他们非常有必要了解自己家乡的地理;其二,就在身边,成本极低,而且可以反复实践。地理老师如果结合地理课本的知识,带着学生多在野外实践,善莫大焉!而这本书,会与很多人的家乡有关,阅读相关文章之后,你会对家乡有完全不一样的认知。对于旅行者来说,这无疑是你去到这些地方的知识指南。

这本书,除了涉及地貌景观、地质成因等科学知识,还是一本优秀的非虚构文学读本,是对真实地理的文学描述,拍案叫绝的精彩叙述、与天地对话的想象,给读者带来了愉悦的阅读体验,《从阿尔泰山到横断山——地质工作者手记》正是这样一本传神之作。

我最早阅读的书稿,还是没有排版的纯文字稿,字里行间能感受到西部大野的苍茫辽远和雄奇峻秀,不逊于视频的表达。缘何?考察、阅读、思考和笔耕不辍等多种原因,缺一不可。

在中国,这样的地质工作者成千上万,但是,能把这些经历、认知用文学形式来表达和传播的人却并不多,因为写作又是另一个领域的高峰。我在《中国国家地理》杂志做了十几年编辑,深知优秀的科普作家非常难得,李忠东就是其中难得的一位。他能写出这样优秀的作品,与他喜欢文学、喜欢阅读有必然的联系。用行万里路、读万卷书来评价李忠东,一点也不为过。

在短视频、快体验的时代,写作和出版,是一件费力不讨好的事情,从个体的角度,其付出与回报不太能达到一个平衡。即便如此,这也是一本值得人们静下心来阅读的书。我借此机会,倡导大家多读书,阅读,能让我们更多地了解世界,认识自我,同时,希望更多的人阅读此书,这本书是了解中国西部的重要开端!

《中国国家地理》资深编辑
中国国家地理·美食地理 总经理 刘乾坤